本书得到以下项目的资助：
国家自然科学基金项目：复杂艰险高原铁路建设对沿线城乡空间影响机制与规划调控研究（52478701）
四川省科技厅重点研发项目：公园城市的韧性协同规划设计研究及示范（Q114620S01005）
四川省文物局课题：乡村振兴背景下四川乡村石窟景观研究（42）
绿色理念下四川石窟寺环境整治设计研究（KYNN202236）

考古遗址
景观规划设计

张毅　邱建　李纯◎著

西南交通大学出版社
·成　都·

图书在版编目（CIP）数据

考古遗址景观规划设计 / 张毅，邱建，李纯著.
成都 ： 西南交通大学出版社，2024. 11. -- ISBN 978-7
-5643-9880-4

Ⅰ. TU986.2

中国国家版本馆 CIP 数据核字第 2024BA4486 号

Kaogu Yizhi Jingguan Guihua Sheji

考古遗址景观规划设计

张 毅 邱 建 李 纯 著

策划编辑	张 波 覃 维
责任编辑	韩洪黎
封面设计	原谋书装
出版发行	西南交通大学出版社 （四川省成都市金牛区二环路北一段 111 号 西南交通大学创新大厦 21 楼）
营销部电话	028-87600564 028-87600533
邮政编码	610031
网 址	http://www.xnjdcbs.com
印 刷	四川玖艺呈现印刷有限公司
成品尺寸	185 mm × 260 mm
印 张	13.5
字 数	278 千
版 次	2024 年 11 月第 1 版
印 次	2024 年 11 月第 1 次
书 号	ISBN 978-7-5643-9880-4
定 价	80.00 元

前言 FOREWORD

中华文明圣火千古未绝，可谓大风泱泱，大潮滂滂！华夏土地上分布着数千处古文化遗址，是悠久文化遗产的重要组成部分。这些遗址不仅记录了中国古代文明的发展脉络，也是现代中国社会文化多样性和连续性的体现。保护大遗址，就是保护中华民族的历史记忆和文化根脉。但是考古遗址保护也面临着如城市化进程中的冲突、环境变化的威胁等挑战。为了更合理地推进对考古遗址的可持续性保护与利用，2009年国家文物局印发的《国家考古遗址公园管理办法（试行）》，明确了国家考古遗址公园是“指以重要考古遗址及其背景环境为主体，具有科研、教育、游憩等功能，在考古遗址保护和展示方面具有全国性示范意义的特定公共空间”，要求其管理机构履行“依法履行文物保护”“实施遗址公园规划”等职责，这标志着国家考古遗址公园保护事业进入全新的规范化发展阶段。

新的事物总是伴随着新的探索与改进，过去的保护措施和规划设计在新的形势下也存在研究不足、规划设计方法滞后、缺乏系统性等突出问题。本书的研究正是围绕考古遗址保护与景观规划设计融合的痛点和难点开展。

作者在2011年开始攻读博士学位时期，正值第一批13处国家考古遗址建设的探索期。在导师邱建教授指导下，尝试从景观规划设计的前沿视角对考古遗址进行审视，并于2013年在《中国园林》发表论文《国家考古遗址公园及其植物景观设计：以金沙遗址为例》，阐释了考古遗址公园集考古、科研、教育和游憩于一体的多重职能空间属性，也由此拉开了围绕考古遗址景观长达数年的深入研究序幕。在随后数年间，取得了一系列科研成果并成文发表，逐步夯实基础，不断反复梳理提炼，一步步优化结构思路，直至形成相对完整的理论框架。

本书分为上下两篇，上篇理论探讨：从价值分析入手，全面阐释了考古遗址景观的内涵与外延，提出了考古遗址景观规划设计的核心理念包括保护与传承的平衡、最小干预原则、环境可逆化、展示一致性和可持续性等方面，应尊重遗址的文化本质特征，同时提升整体景观品质，以更好地服务于公众，实现地域文化的可持续发展。在此基础上，系统地构建了设计方法；下篇案例分析：通过具体的案例分析，展示规划设计理念和模式在实际应用中的效果。这些案例包括三星堆遗址、金沙遗址、宝墩遗址等国内相关项目实践，也概要分析了国外类似项目情况以及它们对于周边片区和游客的影响。

撰书过程中，时任四川省建筑设计研究院有限公司董事长李纯女士倾注了大量心血与宝贵经验。同时，特别感谢时任四川省建筑设计研究院有限公司副总经理高静女士、西南交通大学副教授贾玲利女士对本书提供的帮助与指导。此外，还向所有为文化遗产保护作出贡献的人们致以崇高的敬意。希望通过本书的探讨，能够激发更多人对这一领域的兴趣和参与。

考古遗址景观规划设计是一个复杂而细致的工作，它不仅涉及对历史的尊重和保护，还要求我们对未来的可持续发展有所思考，本书完稿前后研究持续10年有余，该成果仅代表一个阶段性完结，鉴于研究水平与当时的局限性，难以与时俱进、全面详实，不足之处敬请指正！

今天，周口店北京人遗址、良渚遗址等考古遗址已经成为世界文化遗产，四川的三星堆遗址和金沙遗址正在进行联合申遗，这些考古遗址代表着中华文明的底蕴，考古遗址景观为社会发展作出了显著贡献！新的时期，新的社会环境，考古遗址景观将继续面临新的挑战和机遇。技术创新、跨学科融合、公众参与等方面将成为推动这一领域发展的重要因素，我们的研究也将持续进行！

张　毅
2024年4月

目录 CONTENTS

上篇　理论探讨

下篇　案例分析

上篇 理论探讨

第 1 章 绪 论

1.1 相关概念

1.1.1 文化遗产

通常意义上的文化遗产由物质文化遗产和非物质文化遗产两部分组成（图1-1），人们多把物质文化遗产等同于文化遗产来理解，表示具有历史、艺术和科学价值的文物。从《保护世界文化和自然遗产公约》诠释的内容看，文化遗产包括人类文化遗址、历史文化名城、文物、历史重要建筑与纪念地。

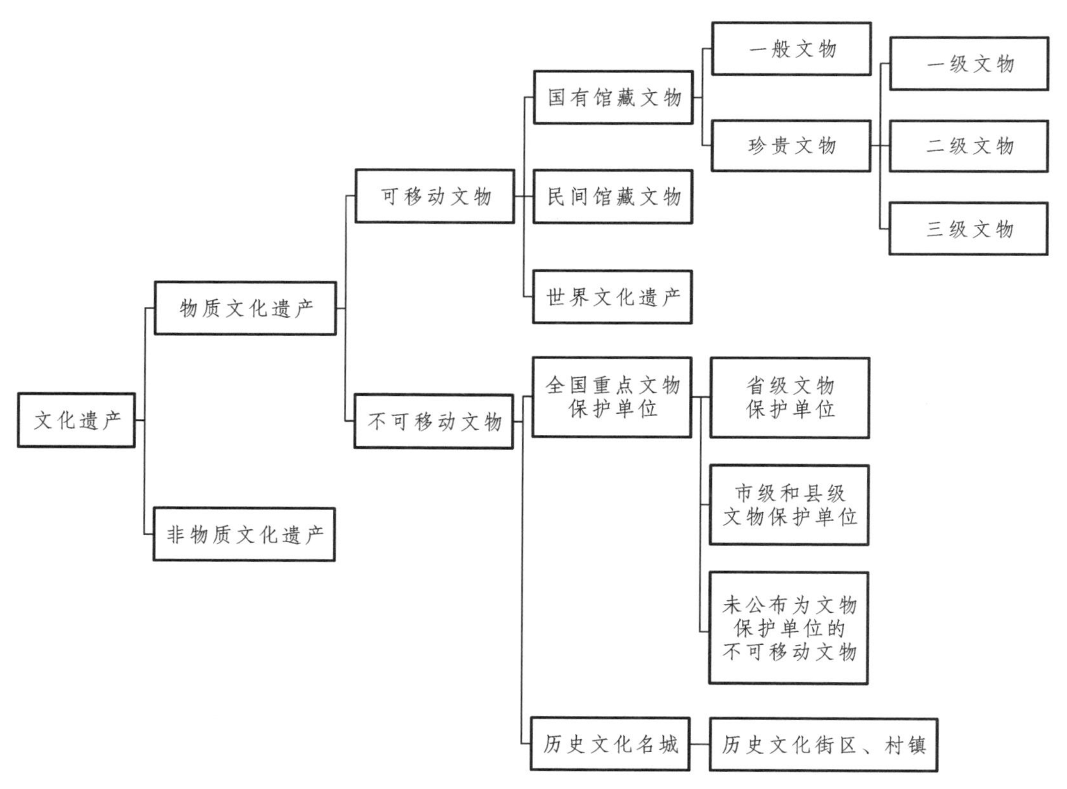

图 1-1　文化遗产体系

1.1.2 文　物

我国文物分为不可移动文物与可移动文物，在范围上物质文化遗产与不可移动文物很类似。不可移动文物分类方法主要有两种：一种是根据文物的类别，分为世界文化遗产，国家文物保护单位和历史文化名城、镇、村三大类；另一种是根据文物的性质，分为古文化遗址，古墓葬，古建筑，石窟寺和石刻、壁画，近现代重要史迹和代表性建筑等五大类。历史文化名城是比较特殊的不可移动文物，它和文保单位、历史街区之间存在“点”“线”“面”的关系。每个文保单位是点状分布，历史街区是线性肌理的串联，最后一定规模街区组成历史文化名城核心区域。2007年，在全国文物普查工作中，对不可移动文物进行了分类，认定为古文化遗址，古墓葬，古建筑，石窟寺和石刻、壁画，近现代重要史迹及代表性建筑，其他等六大类。

（1）古文化遗址：保留有文化堆积，分布范围明朗；各水域有科学、历史、艺术价值的遗存；有一定分布区域的古文明遗存；建筑物基础存在；经过考古发掘，原址的地形地貌没有重大改变。

（2）古墓葬：原造型结构尚存；整体搬迁至新的独立区域保存；经考古发掘，原址的地形地貌没有重大改变。

（3）古建筑：建筑物主体尚存；建筑物整体搬迁至独立的新区域；建筑物主体有修复，但原风格结构保留。

（4）石窟寺和石刻、壁画：洞窟尚在；石刻、壁画本体尚在；原体搬迁到独立保护的区域。

（5）近现代重要史迹及代表性建筑：与历史重大事件、人物、事物进程密切关联的建筑本体或遗迹存在；纪念重大历史事件的建筑物、构筑物，有标志性意义。

（6）其他：除上述几类外，有一定历史、科学、艺术价值的物体，如古生物化石。

1.1.3 遗 址

1972年联合国教科文组织出台的《保护世界文化和自然遗产公约》对“遗址”有定义：基于人类学、历史学、社会学和艺术学视角，具有突出的普遍性的独立或与自然结合的人类工程，包括古人生产生活过的群落、村社或城邦废墟。

1. 按形态分类

按遗址的形态可分为地面遗址和地下遗址。地面遗址，顾名思义指遗留在地面上的古代村落、城邦建筑的形态和痕迹。地下遗址，是指埋藏于土层中或表面被覆盖的建筑、生活遗迹或大型墓葬等。

地面遗址虽没有了当初建造时的形态和功能，但仍有部分遗迹保留在地面以上，如一些早期宫殿建筑的台基，一些古代城墙、围墙的残余。地下遗址是指遗址全部被覆盖于地下须经考古发掘才能分辨的遗址，如早期夏、商、周的城市和宫殿遗址大部分都是经过考古发现的。地面遗址与地下遗址按几何特征可分为点状遗址、线状遗址、面状遗址等。遗址文物本体大多呈平面形态，也有立体形态的，后者主要是最初依托于自然地形修建而遗留下来的遗址。遗址本体边界主要分为极不清晰、较不清晰、较清晰和清晰四个等级。边界的清晰程度对于保护范围的划定与保护工作的展开都影响很大。

2. 按属性分类

按遗址的属性可分为自然遗址和文化遗址。顾名思义，自然遗址是自然界经过地质变化、气候变迁等因素，在自然力的作用下形成的具有特定的科学、审美、文化价值的旧迹，包括地质和生物结构组成的面貌、地质地貌结构、危物种生态区等。文化遗址就是古代人类生产生活留下的遗迹，反映某一种或一定时期内文化的历史性、科学性、艺术性的物质佐证，包括古代建筑、水利、城址、墓葬等。

3. 按历史时期分类

按遗址的历史时期可分为：旧石器时代遗址，新石器时代遗址（含聚落、祭祀、墓葬等），古代城市遗址，古代建筑群和园林遗址，古代大型工程遗址，古代大型手工业遗址，古代帝王陵、大型墓葬群。

1.1.4 大遗址

我国为了更好地保护遗址，“大遗址”的概念在20世纪90年代应运而生。国家文物局在一次下发的文件中提出“大遗址”，但无相关法律条规解释。有部分学者提出自己的理解，如陈同滨认为：“大遗址指规模特大、文物价值高的考古文化遗址和古墓葬群。”后来考古部门明确了中国“大遗址”指的是在历史遗产中规模较大的相关物品，其特点包括：① 类别繁杂。可分为城市遗址、生活聚落遗址、墓葬群、工程遗存等。② 规模宏大。大遗址中保护区面积最小的是发现于成都的蜀船棺群，占地1.12万平方米；保护区面积最大的是泥河湾遗址，占地有惊人的5000平方千米。③ 分布范围广。大遗址广泛分布于全国26个省、自治区和直辖市。

按照位置不同，大遗址可分为：城市大遗址、郊野大遗址、荒野大遗址。城市大遗址指：城市位置历史上没有重大变迁，城市中保留的大遗址现今受现代化建设的影响，其生存环境堪忧，例如洛阳的隋唐古城遗址、西安的汉长安城遗址、成都的金沙遗址等；郊野大遗址指：遗址位于郊野或城乡接合部，其周边环境受城市区域规模扩大的影响正发生前所未有的改变，原住居民有迁移，原风貌难以保留，遗址的安全性与完整性被挑战，例如殷墟遗址、三星堆遗址、秦咸阳城遗址、阿房宫遗址等；荒野大遗址指：遗址地处荒野暂时避免了城市、乡村建设的威胁，基本格局和风貌尚可保持，主要的破坏因素是自然物理灾害的侵蚀，保护的压力最小，例如秦始皇陵、周口店遗址、马家窑遗址等。

1.1.5 考古遗址

有关古迹遗址，《联合国教科文组织世界遗产50年——关于评估政策演进的评述》中讲道：古迹被确定为建筑作品、具有纪念碑意义的雕塑和绘画作品，具有考古性质的元素或构架、铭文、洞穴住所和特色组合；遗址可以是人的作品，或人与自然相结合的作品，包含考古遗址的区域。就考古遗址而言，从考古学的角度狭义地解释：被考古发现存在于一定区域的地面或地面与地下关联的遗存，从年代上看属于古人类社会发展留下的残缺不全的远古、史前遗址，是弥足珍贵的遗产资源。广义上理解，具有一定规模和范围的在历史、艺术、科学等方面具有被普遍认可的重要价值的遗存，多深埋或部分深埋地下，与当代人类共同分享一定的空间环境。这样一来，经考古发现或需要继续考古研究的遗址皆纳入范畴内（图1-2）。

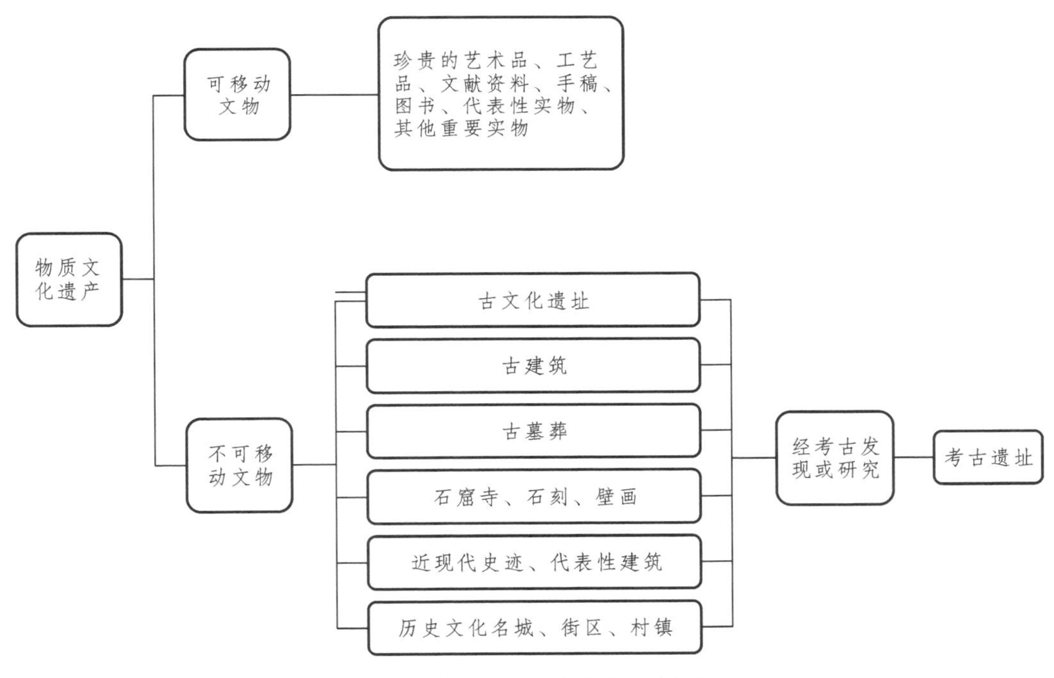

图1-2 考古遗址概念的体系分析图

1.2 国外文化遗产保护

（1）形成初期：主观性保护理念。

追溯到16世纪，拉斐尔有关古罗马文物的调查报告最早提出了文物保护的理念。后来这个理念发展出两个主要流派：①以法国的维奥莱-勒-杜克（Eugene Viollet-le-Duc，1814—1879）为代表的“干预派”，提出“修复文物就是把它修整得完完整整，不在乎其形式从来也没有过”。②以英国的约翰·拉斯金（John Ruskin，1819—1900）为代表的“反干预派”，形成于19世纪下半叶，主张文化遗产的维修工作只能基于其旧貌进行。这两种流派思想都有明显的主观性。

（2）发展阶段：形成环境整体保护观念。

《雅典宪章》提出：放弃风格修复、保护历史纪念物和艺术品所包含的真实信息，这一改变也对1964年出台的《威尼斯宪章》有指导意义，形成了保护与修复的主旨不是追求艺术风格的统一，而是在尊重历史基础上进行艺术品保护等系列理论。随着工业革命现代化建设给更大范围的遗产地区带来威胁，原有的保护理念与方法需要改变，一系列重要文件相继问世，例如《关于保护受到公共或私人工程危害文化财产的建议》《关于保护景观和遗址的风貌与特性的建议》《关于在国家一级保护文化和自然遗产的建议》等，影响最深远的当属联合国教科文组织通过了著名的《华盛顿宪章》，形成了整体性、与现代社会协调性保护的思想。

（3）成熟阶段：综合保护和管理遗产地及其环境。

这个时期通过了34个文件，其中比较著名的有《关于古建筑、建筑群、古迹保护教育与培训的指南》《奈良真实性文件》等，文化遗产保护理论研究更加深入。其主要特征：第一是保护对象范围的扩大。不仅将原本对遗产本身的保护转为对遗产及其周边环境进行整体保护，避免因孤立地保护某处遗址而导致其与城市失去联系。第二是采取新的方式，在社会的发展与变迁中保护历史文化遗产，处理好历史与当代的关系。第三是注重保护和管理遗产整体环境，倡导动态的保护。对文化遗产的价值认识从历史、艺术、科学、文化价值发展到文化背景和环境之间的重要联系。

1.3 国外古迹遗址保护

1.3.1 保护机构

1. 国际古迹遗址理事会（ICOMOS）

该理事会为不同国家多领域专家组成的以保护和修复古遗址为任务的非政府组织。ICOMOS从20世纪60年代至今，通过了一系列文件，为遗址保护作出了卓越的贡献，包括：代表保护与修复历史文物建筑方面重要的国际准则的《威尼斯宪章》，提出了“古迹的保护应包括一定规模的环境保护，对传统环境必须予以保存，古迹不能与环境分离”；《威尼斯宪章》《佛罗伦萨宪章》《马丘比丘宪章》等文件切实扩大了文物保护范围，不再是单纯的建筑个体保护，这种整体保护与展示的观点对大遗址意义非凡；在《华盛顿宪章》中阐述了遗址环境对于缓解外界威胁的积极意义，肯定了其与遗址一致的真实性、价值性。

2. 联合国教科文组织（UNESCO）

这是以保护遗址为工作内容的国际组织，其出台的《关于保护景观和遗址的风貌与特性的建议》，肯定了遗址景观的风貌与特征具有的积极影响力，要求保护工作应从天然形成的景观与遗址，拓展到由人工形成的景观与遗址，还强调了规划对于保护事业的重要性；后来的《内罗毕建议》提出了遗址周围环境的概念。

1.3.2 保护沿革

《雅典宪章》是第一个获得国际公认的城市规划纲领性文件，其“城市的历史文化遗产”一章中，首次提出“有历史价值的古建筑应保留，无论是建筑单体还是城市片区”。《雅典宪章》的实施促使超越文物古迹概念的历史建筑保护概念在世界范围内获得共识。

1956年12月5日，联合国教科文组织通过了《关于适用于考古发掘的国际原则的建议》，其中提出的几点建议对我国大遗址挖掘工作的开展有很强的借鉴和指导意义。规范管理体系方面，指出考古勘探和挖掘必须经过主管当局的许可；确立地下考古层的法律地位，并强调立法的重要性；建议国家考古机构尽可能是中央国家部门，应保障资金的正常供给等。强调考古遗址的公众教育意义，提出利用历史教学、学生参与等手段来激发公众对遗存参观的热情，并要求各成员国尽可能地为公众提供参观遗址的机会。遗址保护方面，指出应考虑到技术进步的可能性，在发掘较大的遗址时，可以考虑使遗址部分或整体维持不动；同时保证发掘者在合理期间对其掘获物的科学权利，提倡召开区域性会议和学术讨论；并提出在重要遗址上可能的话可以建立博物馆。

《关于保护景观和遗址的风貌与特征的建议》是在全球城市化发展的背景下，考虑到因土地开发、城市建设导致景观和遗址破坏加速的现象而提出的，于1962年12月11日通过。建议中提出的六点措施对遗址保护有很大的促进作用。

1964年5月25日通过的《威尼斯宪章》是对《雅典宪章》的继承和发展。《威尼斯宪章》认识到人类价值的统一性，为形成各国统一的保护原则提供了思想认知的基础，是国际遗产保护运动中一份具有里程碑意义的重要文献，在20世纪80年代传入中国后，逐渐被我国文物工作者接受。它是一份纲领性文件，未对大遗址做专门阐述，但其提出的文物保护宗旨及原则对之后的大遗址保护有着十分重要的指导作用。《威尼斯宪章》开篇便直接说明真实完整地传播历史古迹是每一个人的职责，阅读整个文献可以发现，通篇是对真实性、完整性内涵的阐述，并围绕核心思想探讨如何对“文物的历史信息”进行有效的保护。该宪章在第一条中便对“历史古迹”进行定义，将历史古迹的范畴从单个文物扩展到整个城市或乡村环境，强调了应全面整体地对待文物古迹，强调了文物环境在整个历史信息承载中的重要作用。文件认为历史古迹最大的价值是其承载着岁月的信息，成为人们古老生活的见证。同时在传达保护与修复原则时，一直强调不能破坏其历史价值。宪章中提到的“与环境统一原则”“可识别原则”“最小干预原则”仍是目前大遗址保护中的主要工作手法。随着各国文物保护工作的推进，《威尼斯宪章》作为纲领性文件，未能对各种复杂的保护行为给出更细节的指示，因此逐渐又在后续的文件中对其指导思想进行补充和阐释。

1994年《奈良真实性文件》中指出，对遗产的价值和真实性进行评判时，一定要在相关文化背景下才能进行，要对遗产的多样性给予更多的尊重。1996年《圣·安东尼奥宣言》中讨论了美洲在文物保护各方面真实性的含义。1972年10月17日—11月21日联合国教科文组织第十七届会议通过的《保护世界文化和自然遗产公约》是世界上首部专门保护自然与文化遗产的综合性条约，对世界遗产的保护起到了重要的作用，其中对大遗址保护的思考也影响深远。目前，国际上对“遗址”这一概念的理解基本都是遵循此公约中的规定，即“遗址”属于“文化遗产”的一种，在针对“遗址”价值评定过程中，主要是从历史、审美、人种学、人类学四个角度来进行考量的。

1.3.3 保护理念

现阶段，世界公认的遗址保护规划设计理念有三种：一是欧洲的严格保护遗址真实性与完整性原则；二是日本通过建立遗址公园对文物古迹进行保护与展示；三是美国形式多样化的风格与方式。

1. 欧洲

欧洲十分重视保存遗址的原真性，复原必须严格按照原工艺实施，真实地再现遗址的原貌。例如，英国弗拉格考古遗址公园保护的是距今3500年历史的青铜时代遗址，凡复原建筑要严格遵循古代建设方式与造型，展示的一段祭祀铺道也是高度模拟原始状态，公园内的植物配置是根据考古发掘资料设计的。德国柏林的夏洛滕堡宫博物馆是在遗址原地按破坏前同比例进行的全面修复，保证了格局的一致性与完整性，同时还结合周边自然环境，建设了博物馆、展览馆和象征景观。意大利对文物古迹的保护通常采用成片保护模式，坚持文物古迹与周边环境“整体保护”的思维，维持原有格局和风貌不变，任何变更都要经政府部门批准。

强调整体保护和合理利用，欧洲的文化遗产保护强调保护工作是多元、齐头并进的，将保护与资金、住宅建设、税收、政府职能、公众参与等联系起来，为保护工作提供良好的外部环境。1975年，欧洲议会为振兴处于萧条和衰退中的欧洲历史城市和文物古迹保护，发起了欧洲建筑遗产年的活动，并通过了《建筑遗产的欧洲宪章》，特别强调建筑遗产是“人类记忆”的重要部分，它提供了一个均衡和完美生活所不能或缺的环境条件。城镇历史地区的保护必须作为整个规划政策中的一部分，这些地区具有历史的、艺术的、实用的价值，应该受到特殊的对待，不能把它从原有的环境中分离出来，而是要把它看作是整体的一部分。书中指出“合理利用”的定义为：利用文化遗产提供的多种机会，但同时也要尊重遗产的伦理价值，让广大公众能够接近并且认识遗产，例如增强社区的意识和凝聚力，复兴贫困地区的社会经济，促进劳动力市场中最低阶层的就业，最终改善地方形象。例如，第七章的罗马尼亚南部地区案例研究和第十四章中更具一般意义的欧洲东南部的案例研究。

不断拓展遗产保护概念的内涵与外延，从保护宫殿、寺庙、教堂等建筑艺术品，发展到保护传统民居、作坊等反映传统人类生活方式的普通历史建筑；从保护单体的文物建筑到保护建筑群及其周围环境；从保护历史名街到保护历史名城；从保护有形物质文化遗产到保护口头非物质文化遗产。这也是整体保护的一种延伸。

鼓励公众参与，民间组织和当地居民的参与已经成为文化遗产保护工作的必然趋势，民间组织由于自身的非营利性使其能够在遗产保护的过程中更加注重遗产的非经济价值，从遗产的根本属性入手，更中立、客观地参与到遗产的保护工作中。不同社区代表和其他利益相关者的参与是维持政策长时间具有效力的重要力量，本书中的很多案例都充分说明了这一点，如第十章的法国玛尔西亚克爵士音乐节案例研究中可以看出公众在文化建设上的积极性。玛尔西亚克爵士音乐节由一个非营利性的协会管理，依靠众多志愿者的帮助。音乐节共有632名志愿者、30名行政管理人员、15个团队经理以及6个领薪雇员。一半以上的志愿者生活在玛尔西亚克或周边地区，另有一半由来自法国各地的学生和爵士乐爱好者组成（对他们的奖励是可以免费参加音乐会）。音乐节从一开始就建立了积极的战略伙伴关系，与众多公司和机构团体进行联合。音乐节的各类合作伙伴包括欧盟、比利牛斯大区理事会、热尔省理事会、法国文化部以及各种私人合作伙伴。目前，法国大大小小的社团组织共有18000多个，组成了一支庞大的文化遗产保护的民间力量，发挥着巨大作用，也越来越多地得到政府和民众的支持。同时为了加强政府对城市文化遗产的保护，防止出现地方政府在城市规划中可能对遗产造成破坏，法国文化部向各省派驻了建筑师驻省代表处，监督各省的城市规划，同时提出建设性的意见。为了普及文化遗产保护意识，培养保护人才，法国还设立了专门的遗产保护管理的专业。意大利的文化遗产保护工作社会化程度很高，这个国家本身具有的悠久历史，丰富的文化遗存，使人们把参与文化遗产保护管理当作国家的事业积极参与。这些公共组织主要是教会、学校和一些民间社团。各个组织参与管理的侧重有所不同，例如有的负责具体的保护，有的负责理论的研究，有的负责保护的规划评估，有的则负责资金的筹集。1877年成立的古建筑保护协会是英国最早的遗产保护组织，其成立的目的是对古建筑进行保护、宣传，并促进国家对文化遗产保护的专项立法活动。之后英国的社团纷纷成立，目的大多和前者类似。他们的活动也多是招募会员和志愿者，宣传协会的保护思想，出版保护类的书籍刊物等。

其他行业也大力支持，像欧盟、欧洲议会和欧洲旅游委员会等组织为文化遗产的保护做出了突出的贡献。欧洲议会成立于1949年，该组织通过成员国之间在经济、社会、文化、教育、科学、法律等各方面的研讨，采取一致的行动，旨在保护欧洲遗产，促进成员国的社会和经济进步。欧洲旅游委员会旨在提升欧洲的旅游形象，吸引更多的海外游客来欧洲旅游，他们认为欧洲的文化是吸引海外旅游者的重要因素。欧盟成立之初只是一个经济联盟，到二十世纪六七十年代文化逐渐成为欧盟的一个议题。1990年开始，欧盟采取了一系列有关文化旅游的行动，并认为文化旅游是一个新的亮点，能够保护文化遗产，提高欧洲旅游的竞争力，提供就业机会，缓解环境的压力，提高旅游产品的质量。欧盟开始参与公共文化政策，这体现在1997年通过的《阿姆斯特丹条约》第一百五十一条中。这一条款明确声明："共同体，尤其是欧洲议会应该致力于繁荣成员国的文化，各成员国之间、第三国和其他组织都要在文化领域积极合作。"这一方面形成了对公共文化遗产重要性的共识，另一方面也尊重和促进了文化的多样性。欧盟委员会发起了两个旨在直接促进欧洲文化发展的重要项目：文化2000（Culture2000）和欧洲文化之都项目。前者最初的执行期为2000—2004年，但一直延至2007年。项目的预算从2000年的每年约2亿欧元增加到2007年的每年4.08亿欧元。这一项目的目标是加速欧洲的统一化建设步伐、全球化进程和信息社会的建设，创造就业岗位，增加社会凝聚力与整合能力，刺激经济发展。欧洲文化之都项目自1985年就开始成功运作，当年雅典成为第一个欧洲文化之都。根据地区委员会的建议，修改了城市的评选标准，这样欧盟的新成员国就可以尽快成为文化之都。城市参选文化之都的热情和兴趣常被看作是社会经济动力，同样也是文化动力。例如格拉斯哥、里斯本和里尔等城市很好地体现了这个项目强调的哲学思想：如果管理得当，文化、旅游和区域发展将携手共进。欧洲某些相邻的城市或地区之间出现了文化旅游合作现象，并渐渐扩展到欧洲委员会各成员国。其中欧洲艺术城合作站是规模较大的一个，有11个欧洲国家的30个城市参加，他们的宗旨是发展文化事业，把文化活动和旅游服务推向大众。国家内部地区单元间的跨边界合作，通常情况下，是由具有同质的文化和历史特征的国家范围以外的欧洲内部地区以及相连邻国所共同完成的。第四章的西班牙犹太遗产网案例研究就体现了多边合作意识。西班牙犹太遗产网是一个非营利的联合组织，目前已经扩展到一些主要城市，其目的是保护西班牙犹太人遗产中的城市、建筑、历史艺术和文化遗产。在"网络"中，除了承诺维护文化遗产，还负责实施以西班牙犹太人遗产为核心的文化、经济和旅游发展政策，并促进必要的基础设施建设和动态化项目的发展。除此之外，由于欧盟采取了利用基金进行市场促销活动，推进了区域及跨边界合作，如罗马尼亚—塞尔维亚—匈牙利的多瑙河—蒂萨河—穆列什地区的旅游合作，在这一区域开发了跨境徒步旅行、自行车旅行和文化旅游。另一个例子是由保加利亚积极推动的欧洲东南部文化走廊项目。这一项目涉及9条穿越部分东欧及南欧国家的文化线路，并强调了沿着这些线路（跨国界）的文化旅游景观，为游客提供一个具有主题的整体文化游览体验。

2. 日韩

日本文化遗产大体上分为有形文化遗产、无形文化遗产、民俗文化遗产、纪念物、文化景观和传统建造物（街道）6大类。根据重要程度又可以分为国宝级文化遗产、重要文化遗产、历史遗迹、名胜古迹、天然纪念物、国家重点保护对象。

日本文化遗产保护共分为四个发展阶段：第一阶段，高速经济发展阶段下的早期地方保护，在19世纪中叶，日本开始了快速的工业化进程，自然环境受到破坏，民众开始有了保护城市历史风貌的意识。第二阶段，社会价值的转变和传统建筑物群保护地区的确立，这个阶段日本开始把城市风貌保护作为整个环境保护的基本方面，各类地方性的保护组织和团体兴起。第三阶段，经济泡沫导致的风貌破坏阶段，由于房地产市场调控失败，许多日本历史建筑在这个阶段受到了破坏，飞涨的地价促使了社会要求放松土地使用管制，提高城市开发强度，给城市风貌带来了“建设性”的破坏。我国目前也遇到类似的问题。第四阶段，城市风貌保护的共识、传统与现代的并重，在这个阶段，日本加大了通过立法措施来保护城市风貌的力度。中央政府也提高了对传统建筑群等历史风貌空间保护的财政预算。自上而下地，地方民众也自发地组织起了对城市历史风貌的保护。

原则上要求：一是文化遗产必须是历史性的，是传统的文化；二是那些得以传承下来的文化中被认为是具有珍贵价值的部分才是文化遗产，并不是全部遗留下来的文化都是遗产，即文化财的概念涵盖了对于文化本身的价值判断；另外，文化财是全民的文化财富，不属于地方或者个人，是体现日本国民文化基础的重要组成部分。

日本坚持利用“遗址公园”进行保护与展示，重视周边环境的协调性，提升其观赏价值。遗址公园的建设体现历史文化与人，人与自然和谐统一的联系。与欧洲理念一致，任何重建、修复都有考古资料的佐证与支持，展示的方式上多元化，这与日本民族文化强调对历史的延续，十分重视遗址文化价值的传承有关。例如，日本吉野里国家历史公园就采用了部分遗址原址展示和历史建筑仿制相结合的方式，使用复原设计和“重建”手段来“再现”历史场景。北坟丘墓被认为是埋葬吉野里部落历代王的特殊坟墓，公园复建了“环壕和村落”，以及能够体验各种娱乐项目的“古代荒原”等古环境。

韩国在遗址保护方面积极地向日本学习，对本土文化遗址的原貌及其背景环境保护小心翼翼，景观展示对一片瓦当、一块方砖等细部都精心处理，对遗址进行了全面和完善的保护。

3. 美国

美国的遗址保护理念，受国家开放文化影响颇深，多种手段并用，目的简单明了，只要能将历史的状态与资讯保存，让当代美国人知晓过去的样子与习俗足矣。主要包括以下三方面内容：

其一，民间参与，影响力大。

美国的历史文化遗产保护，肇始于民众自发的保护运动。以最早设在费城的美国联邦政府楼即美国独立宫为例，它是当年英国统治下的13个殖民地宣布脱离英国，通过《独立宣言》的地方。1816年宾夕法尼亚州政府已计划拆除该建筑，然后出售地皮。消息传出后，大批市民聚集起来强烈反对政府的出售计划，迫使费城市政府斥资7万美元购买了这块地皮，终于保留了这幢历史建筑和周围的土地，才有了今天这处国家独立历史公园和世界文化遗产。美国第一位总统华盛顿的故居，也是通过民间专门为保护这块遗产地而组织的芒特·弗农妇女联合会经过三年的不懈努力，募集到足够的资金，在1856年购买到所有权，使得华盛顿总统的住宅、坟墓及土地得以保存下来，成为重要的历史文化遗产。1773年波士顿倾茶事件策源地——旧南会堂的保护，是在当代居民组织“波士顿二十女人协会”的积极呼吁和筹措下，才在1877年用高昂的价格购买下旧南会堂产权，阻止了拆除，使这座美国独立战争前期的历史见证得以存留，并成为最早的美国历史博物馆之一。这些分散在各地的文化遗产保护民间团体在“二战”后更为活跃，在1947年组成了全国史迹理事会，又于1949年组成全国史迹信托组织。这些社团组织在美国的文化遗产立法、国民文化遗产教育、资金筹措等方面发挥了重要作用。由于美国的文化遗产保护来自民众的自觉意识并有民间社团的促动，有着广泛的群众基础，使得这项工作容易形成社会共识，有力保证了文保工作的开展。

其二，机构健全，权责分明。

美国的文化遗产保护机构也是在发展中逐步完善的。在国家层面上，首先表现在国家公园管理机构的建立。1872年，在环保人士及旅游业者的推动下，美国国会批准建立了世界上第一个最大的国家公园——黄石国家公园。这个占地898317万平方米、以保护自然生态环境为主的公园，开启了美国国家公园体系的先河。1916年成立了美国国家公园管理局，这个隶属于美国内政部的机构负责对全美国家公园进行管理。在国家公园系统内，既有国家湖滨、国家河流、国家海滨、国家荒野与风景河流、国家景观大道、国家休闲地等自然景观，也包括国家历史公园、国家战场公园、国家军事公园、国家纪念地、国家历史街区等人文景观，数量已近400处，其面积从几十平方米到数万平方千米不等，约占美国国土面积的4%。美国国家公园管理局还曾长期负责对国家公园之外的国有及私有文化遗产和自然遗产的保护管理事务。1966年成立的历史遗产保护咨询委员会是美国政府专门设立的旨在加强历史文化遗产保护、有效利用历史遗产资源的管理和咨询部门，也隶属于内政部管辖。它直接向美国总统和国会负责，提供有关历史文化遗产保护方面的咨询，审定国家历史文化遗迹名录、对遗产保护管理和立法提出改进意见，对影响遗产保护的开发项目和政策进行评估，指导各州及地方政府制定文化遗产保护法规，面向公众开展文化遗产的宣传工作等。美国各州也设有历史遗产保护办公室，其职能是根据联邦政府的要求，制定本州文化遗产保护预算及遗产保护方案，督促文化遗产保护工作的实施。地方市县也设有负责文化遗产保护的历史街区委员会，安排专人负责相关文化遗产保护工作。这样，从联邦政府的历史遗产保护咨询委员会和国家公园管理局，到各个州的历史遗产保护办公室及各个市县的文化遗产管理委员会，再到各地民间的文化遗产管理团体，形成了纵横交错、权责分明、相互配合的国家文化遗产保护系统。

其三，法律完备，有规可循。

美国联邦政府注重用法律的手段保护历史文化遗产。从最初的仅限于保护国有土地上的独立战争纪念物、南北战争的战场遗迹等政府所拥有的历史文化遗产，到私人拥有的历史文化遗产，都逐步列入了法律保护的范围。美国在1906年公布了《联邦文物保护法》，该法规定，未经政府部门批准，任何人不得盗用、挖掘、破坏或销毁政府拥有或掌管的任何历史或史前的遗址、古迹或古物。该法律尽管也不尽完善，但对之后的文化遗产保护产生了深远的影响。

1916年发布《国家公园系统组织法》，建立国家公园管理局，旨在“改善和规范作为国家公园、国家纪念地、国家保护区的联邦土地的利用方法和手段”。它为美国重要的自然和历史文化遗产的保护发挥了深远的影响和重要作用。1935年，美国联邦公布了《历史遗址与古迹法》，规定保护对国家有重大历史文化意义的古迹、建筑等文化遗产是一项基本国策，这些遗产包括那些属个人私有的文化遗产。这使得文化遗产保护的范围更为完整。1949年颁布《国家历史保护依托基金法》，据此建立国家历史遗产保护基金会，由基金会整合政府和民间的文化遗产保护力量和资金来源，拟定重要的保护项目，向政府提出政策建议，保证有效利用国家和民间的文化遗产保护基金。1966年发布的《国家历史遗产保护法》则标志着美国历史文化遗产保护进入了新纪元。该法吸纳了上述法律成果，提出国家负责认定并保护国土上的所有历史文化遗产，建立国家历史文化遗址的登录制度，国家历史文化标志地认定制度。这些文化遗产包括建筑物、历史街区、文物、遗址及相关构造物等，它们或与美国历史上曾做出重大贡献的事件有关，或与某些重要人物的生平有关，或体现一种类型、一个时代或一种施工方法的独特品质和艺术价值，或曾产生或很可能产生史前的或历史时期的重要信息。这些遗产入选的标准是根据其在美国历史、建筑、考古、工程和文化方面的重要性，并具有表现地点、设计、背景环境、材料、工艺、感染力和关联性等七个品质特性的完整性，时间超过50年。与此同时，提出建立国家各级历史文化遗产管理机构，在内政部设立历史遗产保护咨询委员会，作为美国政府管理和咨询历史文化遗产相关事务的部门。在各州设立历史遗产保护办公室，负责所在州的遗产保护法令的制定及管理事务。各州依据《国家历史遗产保护法》制定的遗产保护法律往往提出更高的保护标准并具有更强的针对性，如马里兰州制定的《精明增长和邻里保护法案》，旨在控制城市蔓延式发展，致力于保护历史性社区、农场和开敞空间；宾夕法尼亚州制定了《历史街区保护法》，督促地方政府划定历史街区并加以妥善保护。

其四，自然人文兼顾，保护利用协调。

美国历史文化遗产保护的一个显著特点就是把自然遗产与历史遗产融合在一起，从一开始就树立起建设供人游览的生态公园的理念。例如最早建立的黄石公园，是世界上最大的国家公园，其中有茂密的森林，奔腾的河流，喷吐的火山，奔跑的野兽，但也保留了美国最早的土著居民——印第安人的聚居地。而为纪念1863年南北战争的关键之战——葛底斯堡战役而重建的葛底斯堡国家军事公园，也建在当年的战场遗址，成排的火炮和南北军队对峙的栅栏，分布在青草萋萋的开阔原野上，周围的成片树林与散落的尖顶房屋、纪念碑刻坐落有致地排列在荒野上，整个军事公园绵延达十多千米。既保护了著名的军事遗迹，也保留了一片优美宜人的田园风光。美国的历史文化遗产保护是为了更好地展示文化遗产的历史价值、民俗风情、审美情趣和科技成就，让更多的人了解和分享它们所蕴含的多彩绚丽的文化，因此，不管是费城的国家独立历史公园，还是波士顿的自由足迹；无论是弗吉尼亚的芒特·弗农华盛顿故居，还是得克萨斯的圣安东尼奥历史街区，保护这些文化遗产的目的都是为了利用，而绝不是单纯为了保护。这种保护和利用相辅相成的协调理念在美国是显而易见的。

1.3.4 保护方法

1. 特征识别法

欧洲景观公约（ELC，European Landscape Convention）定义景观是“自然、人地或人际活动形成的，可以被人类感知的区域”。英国于20世纪90年代开始系统研究景观的特征，并由此发展为英国历史景观特征识别体系，1991年英国政府为编制《共同的遗产》一书，委托英国遗产协会（EH，English Heritage）提供宝贵的历史景观名录。专家借此机会向政府传达“历史景观管护不能局限在孤岛式的保护区或古迹”这一理念，提出历史景观管护应全尺度覆盖这一开创性的观点。专家建议从景观考古学的角度入手，加强对景观感知和遗产管理的理解，系统梳理景观的历史与现状，理解并引导景观的变化，建立全尺度覆盖的历史景观管护发展框架，指导未来景观的规划与管理。通过1993年的康沃尔郡（Cornwall）历史景观特征识别实践，相对成熟的体系进入大众视野。该法简称HLC，最早由考古学理论引出，不同于传统方法，其被视为事物存储库，佐证对过去特定地点和时代的人类适应、生存和定居过程。这种方法让人们接受了关于人与地区之间的动态关系，以及不断变化的社会和文化现象，重视人们对景观的感知。后来HLC被英国完善开发，成为一种基于GIS可确定、描述研究对象的景观形成过程中历史因素变化及其影响的一种方法。HLC通过定义、图示、描述和理解景观，然后评判下一步规划措施，实现高效保护与管理。

HLC体系摆脱了仅关注特定历史时期特定遗址类型的传统识别方式，认为所有的历史景观都有价值。体系注重景观的历史维度，强调景观在时间维度上的连续性，通过统一框架串联景观的过去、现在与未来，以景观在历史进程中的变化来得到景观在未来发展中的管护策略。使用HLC体系的方法步骤为：①确定识别描述的区域范围与资料来源；②收集历史地图、航拍照片、现状地图与照片等相关资料，结合景观现状定义景观特征要素、历史与时间维度，初步识别历史景观的特征类型；③通过实地调研修正初步定义的历史景观特征类型，补充特征要素的定义，找出每个区域历史特征的关键标识，构成关键要素，并将关键要素进行分类；④识别、描述每个历史景观的特征类型和关键要素，将每个类型的信息记录在特定的数据库中。

像英国Lincoln镇保护案例，把考古研究提供的历史信息和规划记录的土地空间利用改变，通过信息技术手段去分类、叠加、辨析，获得有价值的历史景观特征图。该图汇集了大量的遗产信息及信息间的关联关系，从而引导区域规划。

2. 原型保护法

顾名思义，即保持原状出发，要求设计是无意识的，核心是保持原始意象，展示新的面貌，表达出特定的美感和寓意。原型法旨在发现人们对事物的共同认知，掌握规律从而形成有共鸣效应的成果。原型法可以分为地域原型、自然原型、历史原型和艺术原型，历史原型多用于遗址景观保护中。

历史原型是对历史文明结晶的梳理，既有物质性，也有意象性，是当代特征与历史意象并举的景观。通过恰当地引入符合文化背景的信息，引发对特定历史事件、风俗、情感的向往，有利于更细腻地表达遗址的文化内涵。例如，德国杜伊斯堡老城的市场建筑遗址的保护设计采用原型法，只留下建筑基础，在建筑基础上加了白色金属框架复原原始建筑轮廓，而不是重修，这样更吸引过往游客和当地人的关注。其主要特征有：

（1）城市转型，留住记忆。

随着时代的发展，城市的某些职能也许会由于各种原因而衰退，甚至淘汰，随之会面临转型的命运。有魅力的城市建设，一定要有自己的定律，那就是活在当下的同时，喜新不厌旧，既勇敢地去创新和超越，又充分尊重和理解前人、前辈留下的任何现实。历史长河中的城市文化最好并置、叠加，不要消灭或覆盖。留住城市记忆，留住自然山水，有个性、有魅力、有创意的城市就会到来，一个伟大的城市也就随之而生。

（2）认清区位，把握机遇。

区位优势是指一个地区在发展经济方面客观存在的有利条件或优越地位，其构成因素主要包括地理位置、交通运输条件、自然资源、人口及劳动力等。一个地区经济的发展，需要扬长避短，充分利用本地各种区位优势，结合实际，把握机遇。对于有区位优势的城市，应该好好分析，认清着力点，将优势突出，挖掘机遇；对于区位尚不清晰的城市，也可以通过挖掘和探索，完善基础设施等，从而遇见机遇。

（3）有效合作，实现共赢。

城市乃至国家之间的有效合作，可以促进交通互通、信息互通、经济互通、文化互通等等，既可以激发城市间的活力，又可以使得城市获得更多的发展机会，更可以促进资本与智库的交流与分享。

3．城市历史景观方法（简称HUL）

在《关于城市历史景观的建议书》中提出了城市历史景观的概念，它是一种创新性的景观保护方法，强调维护“城市环境与自然环境之间、今世后代的需要与历史遗产之间可持续的平衡关系”，作为宽口径、综合性统领建成环境保护政策与实践的工具，着眼于城市的“层次”，将城市遗产保护与社会经济发展整合考量。《历史名城焕发新生——城市历史景观保护方法详述》以历史性的态度回应了可持续发展的诉求，强调在时间进程中管理城市的变化，以维持其独特的历史文化特征。历史景观特征评估方法已构建起完整的历史景观特征识别、评估与管理变化的体系，对保护区域尺度的历史环境具有一定借鉴意义，将有助于指导我国国土空间规划中全域历史保护与管理实践。

在景观的视角下，任何一个区域都有其文化和历史维度与属性。景观方法从过去将文化视为独立的区域或特定要素转化为如今强调全域历史维度及其可感知性，从根本上拓展了历史保护的对象及其保护方法。2011年，UNESCO通过的《关于城市历史景观的建议书》旨在促进遗产管理和城市发展的融合，明确“城市历史景观”兼具名词性的概念定义和动词性的整体方法的双重含义，展示如何将历史城市作为动态存在来进行景观整体的保护与管理。城市历史景观的概念克服了仅仅关注历史城区的想法，而将城市视为一个整体，强调考虑每一层有形和无形信息的重要性。班德林（Bandarin）和梵吴瑞（Ron van Oers）明确指出城市历史景观方法的核心是将历史城区与城市新区整合；泰勒（Taylor）指出实现城市历史景观管理的核心是动态的整体性，充满社会意义的时间与层次的联系；维尔波斯（Veldpaus）指出在这种基于景观的方法中，资源清单的存在以及价值和脆弱性的识别是制定城市发展政策的关键因素。城市历史景观方法不仅涉及多学科的参与，还需要遗产管理中其他利益相关方和社区的共同作用，支持城市实现更可持续、更有韧性、更包容的城市发展目标。该方法为文化遗产管理提供了一个综合的、基于价值的景观方法的实施工具包，以6个关键步骤和4个工具来促进其适应地方并执行。总体而言，城市历史景观的概念和方法已得到广泛理解，但目前实施目标与行动之间仍存在很大差异，在公民参与决策和城市发展框架创建方面仍有所缺乏。

用景观方法进行城市历史保护是文化景观界长期辩论的结果。遗产保护的景观方法主要可以从三个方面进行阐述：第一，景观是综合的，能够处理与物理空间、心理和功能过程相关的不同维度；第二，景观能够实现跨学科意义上的整合，融合不同学科视角；第三，景观是基于价值的，强调与景观相关的社区参与和协作，可以支撑不同的利益相关者就“什么值得被保护”进行跨文化的沟通并达成共识。以上三个维度恰好呼应遗产保护范式正在发生的重大变革，因此成为遗产保护的重要工具。景观方法强调将历史城市作为一个动态变化的时间整体来看待，作为历史的层积，链接了现在与过去、物质与非物质、实体与感知，并凸显了非普世历史价值的存在意义，通过景观，在历史保护和城市发展之间搭建起重要桥梁。

（1）城市作为历史的层积。

如果将城市视为一个整体，那么景观方法是将城市历史发展看作“层”的叠加，即强调纵向的深度；历史保护区的观念则是将城市历史发展视为“区域”的拼合，强调在平面上扩展。换言之，城市历史是互相联系的“层”，还是相对独立的“区域”，是景观方法与传统方法的分野。

景观方法不仅体现出空间完整性，而且体现出时间完整性。它将城市的历史作为一个空间整体来看待，跳出了以往历史城区保护常有的“历史”与“当代”的对立关系，不再割裂地看待保护区范围内外，而将城市作为一个整体环境去审视。同时作为一个时间深度的整体，景观方法以自然、文化整体动态演进的方式审视城市历史，对各时间阶段的历史痕迹进行梳理，找到层积之间的相互关系。这意味着要积极看待保护对象的有机更新，肯定城市发展对于保护本身的积极意义。

（2）综合整体性：链接历史与现代、有形与无形。

概括而言，历史与遗产的保护对象已经从20世纪上半叶关注纪念碑、个别建筑的美学和纪念价值，到20世纪60年代关注历史的整体环境和连贯性，20世纪90年代将遗产的概念扩展到历史城市整体环境和遗产的无形维度，再到如今扩展至城市的社会维度和动态历史层积过程，历史和遗产的概念已经发生了巨大转变——从纪念性维度到地域性维度再到社会性维度。

景观作为感知的区域无处不在，包括从荒野到城市的所有区域类型。历史保护的景观方法是超越“历史”与“保护区”边界，应用于整个城乡自然区域的管理方法。同时，景观方法通过在有形的物质遗存与无形的价值内涵之间建立整体的逻辑关系，将集体记忆、生活空间和社会精神保留了下来。

（3）中立的价值观：从知识精英的政治愿景到日常大众与精英的多元文化表达。

历史保护中时间层的历史价值不同。保护区的方法是通过专家来识别时间层的历史价值，经比较分析后选择某一个时间层的物质遗存作为保护对象，以能代表国家、民族文化的，经过精心挑选的遗产资源为主，但历史保护的范围及其时间断面选择在实践中经常成为争议的话题。城市历史景观的概念可以说是对广泛区域非普世历史价值的认可，对文化主体性、多样性与价值多元化的尊重，使得不同阶层的价值诉求都进入遗产研究视野，这是历史价值观的重要转变，即认同所有区域都有其历史意义与价值。那些日常的、普通的、曾被低视的文化或价值，“他者”的价值，甚至负面的或与艰辛的历史相关联的价值也被纳入历史价值体系中。

（4）从物质环境向感知领域的拓展。

当代景观概念的一个核心即景观必须是可感知可体验的，每个区域都是通过“被感知的过程”成为景观。这个过程包含从具体的观察/感知的“目标”到整个“视点”“视域”的标识与保护，或是考虑如“声景（Soundscape）”“气味景观（Smellscape）”等其他的感知范畴。景观的这种可以被感知的特征将历史景观保护的范畴从保护的具体对象延伸至人类整个观察与感知的过程。

（5）从“静态视野”到“动态演进”的保护方法。

随着景观方法进入遗产领域，保护的范围囊括了“更广泛的城市背景及其地理环境”，进一步强调了遗产的物质空间特征与地域文化背景之间的关联性和发展变化的动态性。当我们看待某个历史遗产，尤其是与人类活动密切相关的历史环境时，应该将现阶段的物质状态重新放入它所经历的景观变化脉络中，关注它的过去，预测未来的存在状态。

HUL方法目前有六条行动指导意见：①对城镇的自然、文化和人文资源进行普查并绘制分布地图；②通过参与性规划以及与利益攸关方磋商，就哪些是需要保护以传之后代的价值达成共识，并查明承载这些价值的特征；③评估这些特征面对社会经济压力和气候变化影响的脆弱性；④将遗产价值和它们的脆弱性纳入更广泛的城镇发展框架，这一框架应标明在规划、设计和实施开发项目时需要特别注意的遗产敏感区域；⑤对保护和开发行动排列优先级，为每个确认的保护和开发项目建立合适的伙伴关系和当地管理框架，为公共和私营部门不同主体间的各种活动制定协调机制，像在澳大利亚的巴拉瑞特项目。在德国，通过建立健全的法律体系，保障历史景观和相关精神资产的权益，保证《保护世界文化和自然遗产公约》的龙头地位，并确定了景观管理保护优先的原则。同时，强化行政管理体系，对有普遍价值的遗产负责，在城乡规划、生态环境、文物保护、自然资源管理等多方面的立法与行政管理健全、互补，责任明确、层级分明、各级联动，平衡生态与自然环境，城市发展思想以保护为基础，让历史文化遗产保护落到实处。

4. 景观叙事法

景观叙事法借助景观设计的意境表达，让观赏者在欣赏遗址同时，有种穿越时空的感受，更立体更身临其境地见证历史，了解文化背景，依据某些书籍、电影的内容为线索，营造有共鸣感受的场所。马修·波提格（Matthew Potteiger）和杰米·普林顿（Jamie Purinton）认为叙事是把想要表达的事件，通过景观手法按一定次序串联起来，更生动淋漓地表达中心思想，还归纳出专有名词：序列（Sequencing）、命名（Naming）、揭示（Revealing）、隐藏（Concealing）等。安·维斯特·斯本（Anne Whiston Spirn）为景观赋予了文学语言的属性，使得景观可以在被欣赏和创造时更加具有人文气息，促进景观与游览者之间的交流。安娜·约根森（Anna Jorgensen）、斯蒂芬·多布森（Stephen Dobson）、凯瑟琳·希瑟灵顿（Catherine Heatherington）通过对英国谢菲尔德市城市场地不同叙述方式的实验，发现景观叙事与景观遗产之间相互规律，旨在提升遗产保护的景观规划品质。

5. 线性遗址保护法

线性遗址保护通常参考借鉴遗产廊道的实施方式，线性文化遗产的发展起源，一般是从遗产廊道开始，再到文化线路，最后是线性文化遗产。遗产廊道注重不同价值的意义，在保护线形遗址的同时，寻求利用与开发，结合生态恢复措施和旅游开发手段，实现遗址更多的功能与价值，包括提供休闲、娱乐、教育功能，提升地区发展潜力，保持文化价值、生态价值和经济价值之间的平衡。全世界第一条国家遗产廊道位于美国的伊利诺伊和密歇根运河，为线性遗址保护做出探索贡献。

6. 结合建筑保护法

这是在物理、自然侵蚀严重的遗址附近或周边建立保护性设施或博物馆，结合建筑进行保护的方法，既保护了遗址的完整，又保证了出土文物和相关物品的安全，达到传承与宣传的目的。例如，为保护奥林匹亚遗址，建立了希腊奥林匹亚遗址博物馆，为市民提供参观体验、游乐的场所，在周边区域还衍生出运动博物馆和考古博物馆。

结合建筑保护遗址的方法不是指的保护建筑体，而是把建筑作为一种景观要素参与到整体保护规划中，实现场所的互动性。由于对于遗址保护认识的不充分，一些人为因素与自然因素共同造成了对于遗址及其附属文物的破坏，这也成为遗址保护建筑存在的一个根本需求——即应对复杂多变的遗址破坏因素。除人为破坏因素外，也需要根据遗址种类、材料等自身现状特点，采用合适的保护手段以便更好地延长遗址寿命，以利于可持续性的研究与利用。遗址保护建筑也是为了观众更好地理解遗址所蕴含价值与意义，使人们意识到对文化遗址进行保护的重要性。遗址展示的内容主要包括：遗址本体及其周边环境展示，遗址历史发展沿革的信息展示，与遗址保护相关的技术、技能及相关实践的展示，与遗址密切相关的社会活动展示，与遗址文化紧密相联系的其他文化的展示。与普通历史保护建筑不同的是遗址通常具有缺损性特征，有些保存不完整的遗址，观展群众往往很难从这些残垣断壁中了解遗址所蕴含的历史文化价值，因此通过遗址保护建筑寓教于乐的展陈方式能够更好地解释场所中蕴含的文化意义。

一些大遗址处于城市中心，应充分考虑城镇发展需求，承担城镇公共绿地或公共文化服务功能，通过考古遗址公园、遗址博物馆、城市公园绿地、步道以及特定环境景观、建筑或设施等，促进大遗址融入当代生活，成为特色公共文化空间。鼓励以大遗址为核心整合周边环境资源，结合城市更新、旧城改造、文化形象提升等，围绕大遗址价值内涵开展规划与设计，发展遗产旅游和创意产品研发等，形成区域带动的增长点，促进城镇历史文脉传承。

一些还在进行考古的大遗址，应以现状保护为主，做好科学研究、宣传教育、环境改善等基础性工作，辅以小规模陈列馆或适当的文物本体展示。在交通可达性好、周边资源丰富、地方发展水平较高、财政保障条件较好时，可建设遗址博物馆、考古工作站等设施，作为大遗址进行考古、科研、保护和展示的平台。并非所有的大遗址都可以利用。也就是说，大遗址首先要做好保护，做到文物保存现状良好，无重大安全隐患，保障人员安全和文物安全。其次要有大遗址保护利用的专门管理机构，权责清晰，能够切实履行对保护利用的监管职责。必须先期公布文物保护规划，或者文物保护区划和管理规定已公布执行，保护、展示有规可循。最重要的是，考古研究工作具有一定基础，并已编制中长期考古研究工作计划。针对遗址的具体情况，采取不同保护性覆盖的模式保护已发掘遗址，其中一类为仅覆盖遗址部分的保护方式，另一类为覆盖整个遗址，建设展示保护厅的保护方式。前者的优点是对于遗址的原真性和整体性保持较好；无顶盖，遗址坑展示区内自然光充足；遗址展示厅内无柱，无遮挡完整展示遗址现状。缺点是遗址部分暴露于自然环境下，如果处理措施不当可能不利于遗址的保护。后者的优点是对遗址原真性保持较好；局部开天窗，采光较好。缺点是遗址展示厅内的立柱对基础位置遗址面有一定破坏，对游览视线会有一定遮挡。

1.3.5 保护模式

历史文化遗产可持续发展是一个庞大的系统工程，文化遗产保护是其重要的组成部分。经过长期的探索、实践与积累，国外有很多国家的历史文化遗产保护逐步形成颇具特色的模式，尤其像美国、英国、法国、意大利、澳大利亚、日本等主要发达国家的保护机制相对完备。无论是重视历史文化遗产的保护程度，还是文化遗产的保护理念，都是值得我们学习和借鉴的。在社会转型期，分析国外历史文化遗产的保护机制，研究和借鉴其保护历史文化遗产的成功经验，对推动我国历史文化遗产的可持续发展有着重要的现实意义。

欧洲是将考古遗址的保护、展示与现代城市建设结合的先驱，其主要方式分为室内的博物馆保护和室外的公共园林保护，都注重保护遗址文化，增加公众的参与感。例如，英国的煤炭工业遗址公园，由反映不同历史时期不同工业技术特点的主题区域构成，向游人传达有关生命演化的奇妙过程，以及当地特产煤的形成过程，像儿童活动区域的主题内容是煤的形成和能量的循环过程。像意大利费拉拉城墙护城河遗址公园利用植物分割城墙遗址、护城河，覆盖了周围的环境形成观赏性绿地。德国明斯特的城墙遗址公园，在原城墙区域建立了花园，布置休息设施，最终形成带纪念性质的公共活动场所，寓教于乐。加拿大将遗址公园纳入城市绿地系统布局，承担相应的文化氛围职能，园中还增加了一些喜闻乐见的画廊、剧院等功能性建筑，配合一些餐饮性服务性建筑，成为城市的片区文化活动中心。

日本是投入建设遗址公园最多的亚洲国家，形成了一批风貌保持完整、各具特色的遗址公园，其主要的建设方式与欧洲大相径庭。由于日本森林覆盖率高达68%，且日本人秉持与自然共生的理念，使得遗留的木构建筑较多。日本沿用了我国宋朝时期的建筑技艺，建造了不少宏伟的木构建筑，如京都和奈良的一些建筑。在日本有一种有趣的传统保护的方式叫作“式年迁宫”。较为有名的是位于京都的法隆寺，每隔20年便要按照原样重新建造新殿。式年迁宫始于距今1300多年前的7世纪后半叶，直到1993年已经进行了61次式年迁宫。进行这样的活动自然会引起许多争议，有人认为这本身就是对文物的一种破坏。但式年迁宫还包含了将日本文化传给下一代之意。在式年迁宫时要将殿舍、神宝重新制作，其制作技术传自于1300多年前的最初的式年迁宫，因此现在依然可以制作出同古代完全一样的殿舍和神宝。像这样的技术传承从某种意义上来说也是一种保护措施。同时也体现了日本人对于传统技艺的敬意。式年迁宫作为一种特殊的形式流传下来，它的意义在于将原本只记录在古籍中的营造法式得以传承。该形式可以称得上是一部活的教科书，在学术方面能够得以借鉴。

1.3.6 保护机制

1. 合理的投入机制

国外历史文化遗产在资金投入上形成了一套长效的机制，从而在保护历史文化遗产的过程中起到关键性的作用。众所周知，持续充足的政府资金投入和社会的广泛参与是历史文化遗产保护的重要保证。

在发达国家，历史文化遗产保护资金的来源主要是政府、非政府组织、社会团体、慈善机构和个人（志愿者）多方参与的运作机制。其中，政府起主导作用。

美国对文化遗产的管理采用国家公园制度。联邦政府每年拨款20亿美元保护经费给国家公园管理局。与此同时，联邦政府还通过税费减免和降低门票价格等措施，鼓励社会各界对自然和文化遗产的投资。

在日本，逐步形成以国家投资带动地方政府资金相配合，并辅以社会团体、慈善机构及个人的多方合作模式。国家和地方资金分担的份额，由保护对象及重要程度决定。

一些发展中国家对遗产保护的投入也非常重视。例如：印度每年国家投入约合3.1亿元人民币；墨西哥每年国家投入约合14.2亿元人民币；埃及旅游点门票收入的90%上缴国库，再返还给文化遗产部门，用于文化遗产保护，政府每年用于伊斯兰古建筑的保护经费约合5000万元人民币。

2. 完善的保护体系

完善的保护体系主要是指科学、高效、精简、完备的管理网络体系，在保护历史文化遗产中发挥主导作用。

意大利是世界上最重视历史文化遗产保护的国家之一，建立了多层次的历史城市建筑保护和管理机构，并形成了保护机构网络。

美国国家公园系统由联邦政府内政部下属的国家公园管理局直接管理，国家公园管理局将全国50个州划分为7个大区，分别管理全国200多个不同类型的国家公园，每个国家公园都是独立的管理单位，公园的管理人员都由总局直接任命、统一调配，直接对国家公园管理局负责。所有国家公园的规划设计统一由国家公园管理局下设的丹佛规划设计中心全权负责。

澳大利亚对大堡礁的旅游管理包括一系列完整严密的计划，主要有分区计划、地点计划、管理计划和25年战略计划。这些计划从空间上覆盖了整个遗产区域，并对敏感地带和关键地点给予更细致和特别的管理。在时间上，除重视日常管理外，还注重战略管理，使大堡礁的保护和资源利用具有可持续性，而不仅仅看重眼前利益。这一系列的计划成为大堡礁旅游管理各项工作的指导，保证了整个旅游管理过程都贯穿对世界遗产保护理念的实现。

作为我国近邻的日本，在保护历史文化体系中的成功做法很值得我们借鉴。国家历史文化遗产保护由文物保护行政管理部门和城市规划行政管理部门这两个相对独立、平行的组织机构共同负责。与文物保护直接相关的事务归国家文部省文化厅，与城市规划相关的事务归国家建设省城市局。为了给政府决策提供高层次的参谋，使行政与学术有效地结合起来，地方政府机构中还设立法定的常设咨询机构——审议会，其作用是提供技术与监督。日本的国家公园由环境厅与都道府县政府、市政府以及国家公园内各类土地所有者密切合作、联合管理。国家公园的管理就是与公园的其他用途使用者达成某种程度的合作，通过合作管理体系来对自然环境进行保护。日本的国家公园建设往往是由政府与私人合作进行。一般情况下，基础性工程（如道路、自然小径、野餐地、停车场、野营地和厕所）由政府负责建设，而能够收费的设施（如客房和交通设施）则由私人投资兴建。

3. 相应的保护意识

开发与保护、社会效益与经济效益等观念，都会对历史文化遗产保护产生重要影响。许多国家从本国的实际情况出发，采用分区管理和分级管理结合、地域文化和民族文化相结合、旅游开发与生态保护相结合，以实现历史文化遗产可持续发展。许多国家都采取措施保护本国的传统文化，如法国、韩国等国都十分注重保护和弘扬本国的传统文化，增强人民的民族自豪感，在取得良好的社会效益和经济效益的同时，吸引公民自觉加入保护历史文化遗产的行列。英国同样十分注重开发文化遗产资源，旅游业十分发达。伦敦两日一次的白金汉宫皇家卫队换岗仪式，几乎每次都吸引数万至数十万游客。日本也一样，积极发掘民俗文化资源，吸引旅游，增加收入。日本一年一度的烟火大会，是日本人最有特色、最为普遍的传统活动之一，也是日本之夏的时令风物，仅东京的烟火大会，每年有近百万人观看，吸引了大批外国游客。此外，国外在保护历史文化遗产的过程中，始终坚持可持续发展的理念，如坚持旅游设施与生态系统相协调，引导健康旅游行为，避免对文化遗产的破坏。马来西亚的古那穆鲁国家公园和尼亚国家公园的接待设施都是两层的传统民居建筑，它们的高度都低于当地森林的高度，其色调大多是木色，采用分散在森林中的布局。许多建筑是依生态环境有序而建，因此许多古树和名贵林木并没有因建设而受到破坏，在公园内没有建筑物是用水泥和石块构建的。在澳大利亚的大堡礁绿岛公园，游客不许带走任何自然物体（包括贝壳），违者将被处以高额罚款。在新西兰的卡巴提岛，游人在上岛观鸟前，必须经过一天的相关知识培训，然后洗澡消毒，不许自带食物和背包，上岛后的行为须举止文明，岛屿上也没有明显的建筑设施，当游客离开时，可见到这样的标语："除了你的脚印，什么都别留下"。

4．完备的法律保障

国外保护历史文化遗产的经验表明，遗产保护法律先行。国外普遍采取的方法是不仅立法保护，而且法律保护体系和法律监督体系同样完善。早在1913年法国就制定了《保护历史古迹法》，成为世界上第一部保护文化遗产的现代法律，1962年又制定了《历史性街区保存法》，亦称《马尔罗法》。1930年，英国政府制定了《古建筑法》，对于保护古建筑做了具体规定，1967年又制定了《城市环境适宜准则》。1943年，德国立法规定改变历史建筑周围500米环境要得到专门的批准，1962年又进一步制定了保护历史性街区的法规。与此同时，俄罗斯、匈牙利、西班牙等国家都先后制定了有关法律。意大利专门立法对历史文化名城实施成片保护，房屋拆迁、维护必须依法，不得擅自修缮。俄罗斯立法规定世界遗产区域内不准乱拆乱建。

1885年，加拿大联邦政府就颁布了国家公园行政法令，现已有6部与保护国家公园相关的国家立法。其中，在体制方面有《加拿大遗产部法》《加拿大国家公园局法》，在自然遗产管理方面有《加拿大国家公园法》，在文化遗产管理方面有《遗产火车站保护法》。

澳大利亚非常重视立法的地位和作用，目前已建立起十分完善的遗产保护和旅游管理的法律法规体系。《大堡礁海洋公园法》（1975）是关于海洋公园的基本法，其法规为海洋公园的建立、看护和管理提供了框架。昆士兰州政府制定的《昆士兰海洋公园法》（1990），对邻近海域的保护提出了补充规定。此外，还有一系列关于大堡礁的专项立法，如《大堡礁海洋公园法（环场管理消费税）》（1993）、《大堡礁海洋公园法（一般环场管理费）》（1993）、《大堡礁地区（禁止采矿）条例》（1999）、《大堡礁海洋公园（水产业）条例》（2000）、《环场保护和生物多样性保护法》（1999）等。澳大利亚关于大堡礁法律法规的条款很细，可操作性很强，避免了执法的随意性，减少了执法过程中的摩擦。

日本为了有效地保护和充分利用自然风景区，颁布了《自然保护法》《自然公园法》《都市计划法》《文化财产保护法》等16项国家法律，以及《自然环境保护条例》《景观保护条例》等法规文件，形成了日本自然保护和管理的法律制度体系，并且日本国家公园保护都有完备的法规执行。1960年，韩国政府颁布了《无形文化财产保护法》。此外，在欧洲，诸如法国、德国、芬兰、挪威等国，在近半个世纪中，先后都颁布了相关的文化遗产保护法案，建立了严密的保护机制，形成了文化遗产保护的法治秩序和良好的人文环境。

1.4 国内考古遗址保护

1.4.1 保护理论

以《中华人民共和国文物保护法》（简称“文物保护法”）为基础，以《中国文物古迹保护准则》为指导，参考《威尼斯宪章》基本原则，再结合我国发布的《关于加强文化遗产保护的通知》《西安宣言》《绍兴宣言》《北京文件》，共同组成了我国文物保护事业的理论框架，为保护事业作出重要的贡献。

在涉及遗址及其环境方面，《西安宣言》指出“古遗址的重要性和独特性源于与背景环境之间所产生的重要联系，涉及精神与物质多个层面”，该思想把对遗址周边环境的认识拓展到非物质范畴去理解。

1. 基础理论

目前我国《文物保护法》提出的“保护为主、抢救第一、合理利用、加强管理”，是保护工作最基本的方针，与过去的“有利于基本建设，又有利于文物保护”不同，显著提升了文物价值的地位，体现了可持续发展观。

（1）文物保护单位分级保护理论。

中国历史悠久，文化遗存丰富，文化多种多样，文物部门通过综合分析不可移动文物的价值、影响或作用，将文物保护单位划分为全国重点、省级重点、市级重点和县级重点保护单位几个级别，分别对应不同的保护管理部门、力度与措施。这种文物保护单位分级保护理论，是根据中国国情研究定制的，由政府“划出并区别情况设置专门机构或者专人负责管理”，有利于文物单位的保存、完善、发展与利用，让文化遗产千秋万代传承发扬。

（2）历史文化名城、镇、村保护理论。

第一批全国24座历史文化名城公布于1982年，后来通过不断地摸索与总结经验教训，逐步构建起一套保护名城、名镇、名村的理论，其核心思想是通过科学规划达到合理保护城镇格局和传统风貌的目的，有效地保障了历史街区和建筑的完整性、真实性，维护好历史与现代城市发展的关系。

（3）保护风景名胜理论。

从国家设立风景名胜区伊始，名胜古迹就与之紧密联系在一起。风景名胜区多包含历史文化古迹，自然风光与文化痕迹浑然天成，两者有机结合，这种独特的文化景观是古迹的价值与自然风景一体化的结果，因此风景名胜的保护模式也借鉴文物保护单位分级保护方式。

2. 价值认识

《中国文物古迹保护准则》的第4条就指出，对文物古迹价值的评估是文物保护工作首要的。2006年，联合国教科文组织召开的“第二届文化遗产保护与可持续发展国际会议”，明确指出遗产地的规划、管理和监测都是基于价值的管理过程，体现以价值为驱动的遗址保护理念。

关于文物古迹价值的认识，2015版《中国文物古迹保护准则》在原来的历史、艺术和科学价值基础上，增加了社会价值和文化价值。社会价值与文化价值主要是原有价值的延伸解释，体现与社会、人、环境的辩证关系，有利于在城市动态发展状态下与时俱进地保护文化遗产的核心利益。

文物保护部门要从遗址的本质属性和价值出发，掌握科学保护的规律与方法，获得更多行业技术的支持，理解遗产对环境、社会进步、文明发展和社会经济多方面的贡献，才可以避免被社会建设人为破坏。

《中国文物古迹保护准则》提出了文物古迹保护的几条原则，包括不改变原状、真实性、完整性、最低限度干预、保护文化传统、使用恰当的保护技术、防灾减灾等。

就古遗址方面而言，对考古遗址则需要划定可能的地下文物埋藏区域，提出相应的管理要求。对环境或景观有控制要求的文物古迹，可以划定环境或景观控制区域。环境和景观控制区具有建设控制地带的性质，应纳入当地城乡规划。文物保护规划还应考虑安防、消防、避雷等保护设施的建设，文物古迹价值展示等规划内容。考古发掘应优先考虑面临发展规划、土地用途改变、自然退化威胁的遗址和墓葬。有计划或抢救性考古发掘、因国家重大工程建设进行的考古发掘，都应制定发掘中和发掘后的保护预案，在发掘现场对遗址和文物提取做初步的保护，避免或减轻由于环境变化对遗址和文物造成的损害。经发掘的遗址和墓葬不具备展示条件的，应尽量实施原地回填保护，并防止人为破坏。经过评估，无条件在原址保存的遗址和墓葬，方可迁移保护。

规模宏大、价值重大、影响深远的大型考古遗址（大遗址）应整体保护。大型考古遗址，也称大遗址，主要包括反映中国古代历史各个发展阶段涉及政治、宗教、军事、科技、工业、农业、建筑、交通、水利等方面历史文化信息，具有规模宏大、价值重大、影响深远特点的大型聚落、城址、宫室、陵寝墓葬等遗址、遗址群。大遗址保护和展示应以考古先行为原则，充分考虑利益相关方的意见，坚持最小干预原则。在确保遗址安全的前提下，可采取多种展示方式进行合理利用。具有一定资源条件、社会条件和可视性的大型考古遗址可建设为考古遗址公园。

安阳殷墟遗址、洛阳隋唐洛阳城遗址、成都金沙遗址和西安大明宫遗址等大遗址保护工程和考古遗址公园的建设，为解决遗址保护利用、阐释展示、利益相关者权益的实现、旅游发展、民生改善等问题提供了基于考古学研究的新模式，为文化遗产保护和经济社会共同发展探索了新的解决方案，是当前新型城镇化背景下各利益相关者实现共赢发展的有效途径，既实现了考古遗产的可持续发展，维护了文化多样性，又使文物保护的成果真正惠及地方，惠及民众，产生了良好的社会效益和经济效益。

3. 场域理论

场域理论源于社会心理学领域，该研究指的“场域”包括了场地、事物、人物、文化活动等诸多因素，其中非物质的部分可以理解为场所精神。就遗址保护而言，“场域”更多地体现出整合各种因素前提下对大环境的整体规划利用。关于遗址，其周边的环境随社会城市发展在不断变化，运用场域精神指导规划就要保证场所精神得到认可，要区别历史原始的、正在变化中的和民众接受意愿形成的风貌与气质，要注意把控每一种情况存在的分寸。原始的就必须确保真实的体现，展示出来的不能混淆视听，变化中的应记录变化的过程和节点，最后才能达到人们想要的具备一定观赏性和舒适性的场所。“场域”理论的运用，以历史考古研究为基础，树立整体保护的理念，对价值有恰当的判断与归纳，在大的范围内研究保护的方式。

4. 文化景观理论

文化景观一词源于人文地理学，它的概念最早出现在风景画里。到了19世纪开始探讨原生态自然景观向文化景观的转变，不少欧洲著名学者对此进行研究。美国的索尔（C.O.Sauer）提出了文化景观定义：“确定的文化族群创造结合自然环境的景观形态。文化是内因，自然环境是载体，共同构成特定的景观。”

1992年召开的世界遗产大会修订了《实施〈保护世界文化和自然遗产公约〉的操作指南》，把文化景观分为三类：①人类有意识创造的景观；②有机演进的景观；③关联性文化景观。这样一来凸显了文化景观独立的重大意义。

2011年，联合国教科文组织通过了《关于城市历史景观的建议书》，肯定了遗产保护领域里文化景观的地位与价值。

随着时代发展和各种理念的优化，文化景观的关注度也在发生变化。文化景观不仅仅作为供人观光与游憩的环境，更是反映复杂文化、社会背景的公共空间。“文化景观”提出源于欧洲，亚洲国家在此基础上理解并修改。亚洲地区文化景观中有关农业景观赢得普遍重视，但是，必须正视绝大多数亚洲文化景观为名山胜地，其他类型数量呈断崖式下降，不如欧洲文化景观体系完整。

近年来，不少亚洲国家在文化景观建设方面成绩斐然，像日本拥有地区先进理念，专门建立“文化的景观”的新型文化财类别，其专属法律定义：地区人民生活或者生产以及地域风土人情形成的对理解我国生活或者生产不可或缺的景观地。这一定义显示，日本很重视文化景观在现代社会中的传承性，通常去日本旅游，一定对它的古城、港口、渔业生产地等景观地流连忘返，由此可以看出文化特征对当地景观的影响力。这些成果离不开日本多年研究与实践的积累，小寺骏在20世纪40年代提出了当时的制度对随着城市化而出现的景观保存问题的不足之处。稻垣荣三在20世纪50年代，提倡重视遗迹保存。20世纪80年代，日本集合建筑学、考古学、历史学、地理学、社会学等多学科专家进行了大分县国东半岛村落遗迹综合大调查，把小崎地区的农村景观定义为新时期文化景观。总结起来，目前日本的文化景观表现为三类：一是历史城镇与建筑作为主体景观，深刻影响城市规划与发展，如高桥康夫所说城市建筑学应反映文化的景观的由来；二是通过整体规划保全景观的存在，依据各地区特点，制定相宜的保护策略；三是依靠生态学观念，保证生物多样性基础上，维持地方生态系统的正常持续。

1.4.2 保护方式

1. 建设方式

对于遗址本体不是采取全部复原，而是根据遗址的损毁情况进行分类，对部分遗址复原重建，例如复原保存较完好的部分建筑、复原遗址原有的空间格局等。对于其他部分则采取适当修复，或者仅结合景观形成良好的游赏环境。具体到遗址景观规划中，包括以下三种方法：

（1）建立博物馆。

遗址的文化资源具有不可复制性，建筑师在进行遗址博物馆建筑设计的时候，一般都结合现有的技术条件，平衡生态环境保护、遗址保护和旅游开发的矛盾。遗址博物馆建筑的选址、造型、功能都跟遗址保护密切相关，实现遗址的全面保护这一观念被广大建筑师所认同。遗址博物馆设计的程序性决定了遗址博物馆建筑要同相关学科密切配合，如考古学、生态学、博物馆学等。

与普通博物馆不同，遗址博物馆保存与展示出土文物的同时，还应保证遗址本体的安全，继续开展考古发掘研究工作。通常，遗址博物馆与遗址公园联系在一起建设，要么直接在遗址上方修建，最大限度地保护遗址不受外界自然环境的威胁，例如西安大明宫丹凤门；要么在遗址本体附近合适位置修建，博物馆建设要求对遗址及周边环境影响较小，以便展示复原遗址、出土文物、相关史料等，例如金沙遗址陈列馆选址于经勘探无重要文化堆积的地点，避免对地下遗存的破坏。

（2）土方回填。

当现有技术无法对遗址本体进行有效全面的保护时，采用回填恰当的材料覆盖遗址，回填达一定深度后在其地表种植草坪、低矮植物或铺设砂砾碎石，对地下遗址格局分区示意，像殷墟遗址、兵马俑遗址等在发掘后大面积进行了回填。

（3）分区保护。

通过在保护区整体规划上的分区，对遗址及其周围环境进行分级保护。一般划分为遗址核心区、保护区、环境影响区，将保护与旅游功能在空间上分离。核心区往往对遗址进行基于其原始状态的整体性保护，更加强调对遗址原场地的尊重，突出遗址的原真性展示。保护区和环境影响区允许更多的游憩等活动。殷墟国家考古遗址公园、周口店国家考古遗址公园用到了这种方式。

2. 环境展示方式

（1）室外展示。

将遗址本体置于室外非掩护状态下，以最原始条件面对公众，残缺的城垣、石窟等大型遗址多采用此法。露天保护展示方式，就是将遗址按原样进行展示，不对其采取任何遮蔽的方法，将遗址本体直接置于露天条件下，向游客直接展示的一种简洁的形式。这种方式的特点是对遗址文化及其周边环境的干预性最小，能够展现遗址及其环境的原真性状态。采用露天保护展示方式的遗址一般规模较大，且抗自然风化能力比较强。露天展示可以使遗址与周边环境有一个很好的连接，从而更直接、清晰地向游客传达遗址的历史文化内涵。城墙、宫殿、寺庙、石窟等大型工程类遗址一般采用此种保护展示方式。

（2）回填展示。

遗址考古发掘后用砂石、土壤等材料进行填埋，回填后用植物、砂石示意原有格局，局部模拟复原。回填保护展示方式是指对于一些规模巨大，难以对其进行人工遮掩，同时以土、木为主要构成材料，不宜进行露天展示的遗址采取回填保护展示的形式。一般是在遗址被考古发掘，研究、记录工作完成后，采取适当的方式、选用合适的材料对遗址进行回填、覆盖，以此进行保护。在进行回填时，应在遗址和回填材料之间采用特殊的材料将两者隔开，为日后进一步研究时能够快速揭开遗址原貌提供方便。回填覆盖完全后，可在回填层以上对遗址中的台基、建筑或环境进行选择性的模拟复原展示，或者在遗址上方利用绿化标识、碎石标识等对遗址分布范围或格局进行示意展示。这样一方面能够保护遗址免受自然和人为的侵害，另一方面也向游客准确地传达了遗址本体所具有的历史文化信息。

对于夯土、土坯遗址来说，回填保护展示是一种有效的保护形式。殷墟遗址就采取了回填保护展示的方法，遗址在发掘后对其部分进行了回填，同时在遗址上方采用浅根系植物对地下遗址范围、布局形式等进行了示意展示，既直观、简洁地传达了遗址信息，又对遗址起到了很好的保护作用。

（3）覆盖展示。

遗址上方修建保护性建筑设施，可防止遗址受到自然界侵害，分为全封闭、半封闭等覆盖方式。覆盖保护展示是目前遗址保护展示中最为常见的一种形式，常见的博物馆或展示厅都属于此种形式的展示。具体是指对于一些小型遗址或者大型遗址的局部，露天展示时容易受到人为或者自然环境的侵害，或者露天展示不能很好地完成遗址信息对游人的传达时，可采用在遗址上方修建封闭或半封闭的厅、棚、地罩等建筑物或构筑物进行保护展示。西安大明宫丹凤门遗址采用的则为完全封闭式的场馆展示形式，汉阳陵宗庙遗址则采用玻璃钢覆盖形式。室内展示既可充分利用各种高科技手段营造良好的人工环境，对遗址进行更为有效的保护，也可从图、文、视、听等设施方面进行有效组织，结合挖掘遗址提供更为丰富的听觉、视觉和空间效果。

（4）修复展示。

根据考古研究资料，将原来破碎、残存状态遗址修复完善，重见天日。修复保护展示即以考古发掘研究的科学资料为依据，在最大限度地保证遗址原真性的情况下，将倒塌、散落、破碎的遗址规整回原位或将其修补复原到一定程度的方式。修复保护能为公众再现一个形象的感官认识，是一种对普通观众来说比较直观的一种保护展示方式。需要注意的是，采用修复保护展示的方式时要防止以假乱真的不负责任的现象，修复保护展示不应损坏遗址的真实性，应能真实、客观地反映遗址的原真形态。

（5）重建展示。

根据考古研究对遗址复原重建，此方式多用于建筑体或建筑群保护。对于单体或小规模建筑群体，可采取在原址或异地进行复原、重建的措施加以展示，此即为遗址重建展示。重建也必须根据考古资料和文献资料进行复原，尊重遗址的原来样貌，包括遗址部分复原重建、遗址整体复原重建和遗址异地重建等。

（6）遗址模型复原展示。

为了更形象、直观地向游人展示遗址的原状风貌，从整体宏观把握遗址的宏大气势，可以在遗址周边经调查不存在遗址的地方，根据文献史料、研究资料等将遗址原形按照一定比例缩小并用材料制作出来，向观众展示微缩模型景观。微缩模型一般用于复原展示大型城址、宫殿群等。

1.5 小 结

1. 研究的重要性

国家考古遗址公园是我国针对考古类大遗址的保护、展示及利用率先提出的一种大遗址保护新模式，我国经过多年对国家考古遗址公园的研究和实践，在推进社会经济发展、公共文化服务、文物安全等方面起到了重要作用。

（1）考古遗址公园研究的基础性作用。大遗址价值的发掘与阐释，保护与利用，离不开理论研究的支撑，考古遗址公园研究在大遗址保护利用中起着基础性的重要作用。要将理论研究贯穿于大遗址保护利用全过程，不断廓清大遗址价值内涵，明确保护重点，丰富展示内容，拓展传播渠道，全面阐释中华文明起源和发展的历史脉络、灿烂成就以及对人类文明进步的突出贡献。

（2）考古遗址公园研究的引导性作用。大遗址的保护利用情况复杂、水平参差不齐。一些大遗址还存在考古研究滞后、价值提炼不足、利用策略偏差、展示体系欠缺，甚至盲目建设、过度开发等问题。加强考古遗址公园研究，总结多年的实践经验，对大遗址保护利用具有引领意义。充分挖掘、研究大遗址承载的丰富的科学信息、历史记忆、文化精神和社会认同，有助于提升大遗址展示利用水平，推动国家考古遗址公园高质量发展，促进文物事业走向更加科学的永续保护利用之路。

2. 多学科的重要性

世界遗产始终是由两个部分构成，一是广泛被承认和采纳的共识与原则，即所谓的公约，还有《实施〈保护世界文化和自然遗产公约〉操作指南》（简称《操作指南》）、国际文件等，即所谓的工具；另一部分是随着认知发展水平和实践的深入而不断的更新，各个学科也都参与到其中。随着遗产类型、遗产实践不断扩大，参与的领域、学科越来越多，单一学科的认知很难把控全局了。

回顾一下早期知识体系，虽然《保护世界文化和自然遗产公约》是1972年才开始生效，但相关的知识体系的酝酿和建设早在19世纪初就已经开始。例如在艺术史、建筑学领域，受到18世纪以来艺术保护与修复理念的影响，19世纪到20世纪初，对古迹和建筑物的恢复和保护是当时建筑师和工程师们的关注重点。目前遗产界所使用的概念和保护原则，如古迹（monument），真实性（authenticity）等，均是来自于这一阶段的实践与思考，并在联合国教科文组织推动的国际交流中获得了共识。几百年来，西方文化遗产保护运动对建筑遗产的关注，其中很多保护观念与原则都已成为《操作指南》中的关键概念。例如在遗产保护中重要的文件《威尼斯宪章》，也是以建筑学家为主体所形成的文件。

3. 景观视角的重要性

1984年，文化景观作为讨论农业遗产的框架首先被提出，当时发现很多农业景观既是自然地，满足自然遗产的评价标准，又符合当时的标准，即属于“自然和文化要素的结合体”，世界遗产自然和文化的二分法受到了挑战。这是文化景观进入世界遗产的契机和目的。那么，文化景观的提出，能够为世界遗产项目的推进，解决什么问题呢?

1987年，澳大利亚乌鲁鲁-卡塔丘塔国家公园作为自然遗产被列入名录，由于巨岩同当地土著人的宗教和文化有着密不可分的联系，相关组织决定启动对文化景观的专题研究。1992年，第16届世界遗产大会正式通过“文化景观”这一概念，并制定了相应的标准，成为世界文化遗产的一个新的类型。1993年的《操作指南》中，关于文化景观的条款得到了专家的认可。同年，在之前以自然遗产列入名录的新西兰汤加里罗公园采用了新的标准，成为第一处文化景观。文化景观的出现，首先是为了弥补西方传统理念下自然与文化二分所带来的问题，其次是与可持续发展理念结合。文化景观能够说明人类社会在自身制约，自然环境提供的条件下，在内外社会经济文化的推动下，发生的进化及时间的变迁。1995年，菲律宾科迪勒拉山的水稻梯田和葡萄牙里斯本的辛特拉文化景观列入遗产名录。同年，世界遗产委员会从1987年开启的文化景观专题研究报告完成，一是亚洲地区稻作文化和梯田景观，二是亚太地区关联性文化景观，涉及亚太地区的一种文化特征，也是对西方传统遗产理论的挑战。回顾文化景观的发展脉络，文化景观在世界遗产中经历了从学术概念到遗产类型的转变。世界遗产的各种概念和类型的不断出现，是世界遗产认知、观念变化和实践发展的过程。很多时候，实践是走在前面的，而概念是基于实践产生的，因此概念反而具有一定的滞后性。例如日本纪伊山地的圣地与参拜道是我们所熟知的一处遗产线路（Heritage Routes），它在2004年以文化景观的类型列入世界遗产名录的，但是不妨碍大家将它作为文化线路或是遗产线路进行研究。因为在它列入世界遗产时，遗产线路的概念尚未出现，直至2008年，国际古迹遗址理事会才通过《文化线路宪章》，此后遗产线路才正式成为世界遗产的新类型。

4. 前沿发展趋势

第一，侧重实务，高度的实践化和情境化。与哲学等内生性较强的学科相比，世界遗产与遗产实务的联系更为密切，具有高度实践化和情境化的特点。

第二，具有专门知识和技术。世界遗产的各种专业委员会和咨询机构为世界遗产贡献专门的知识和技术。例如评价标准中的真实性和完整性，都有专门的机构来提供解释。

第三，世界遗产尚未成“学”，还缺少专门的理论与方法。世界遗产如果要成为一个独立的学科，它与其他学科的区别何在？当然，对文化遗产是否成学的讨论也在进行之中，所以讨论世界遗产学可能是一个更加遥远的课题。学科发展史是梳理学科知识体系的重要参考，但由于世界遗产尚处在学科构建的过程之中，在学科尚未成熟的情况下，从学科发展史的角度或学科构建的角度总结知识体系比较困难。

第 2 章　考古遗址公园

2.1　遗址公园

2000年国家文物局批复的《圆明园遗址公园规划》中提出了“遗址公园”的概念，关于其解释目前尚无明确统一的标准，普遍接受的定义是：出于保护遗址及其环境的目的规划建设的公共开放的绿地，利用遗址文化内涵为主题，实现游览、教育、科普、娱乐等多功能合一。遗址公园给游客近距离了解遗址文化的机会，创造身临其境的景观环境，提高了空间的文化品位。遗址公园的建设不仅使遗址得到了有效的保护，也改善了当地的生态环境，为当地居民提供了一个休闲娱乐的理想场所与弘扬古文明、展示优秀历史文化和进行爱国主义教育的基地。

遗址公园大致分为三类：一是遗址在园内有所保留的公园，成为公园景观和内容的一部分，如北京的土城公园，残留的古城墙结合护城河一起被有选择地保留在带状公园内，但是和它所处的环境本身没有太多相互依存的关系。二是遗址本身可以成为公园。我国绝大多数历史园林自身都有成为公园的条件，这种园林，即使建筑不存在了，但是建筑遗迹与周围的历史环境还是相互依存，与其被赋予的文化内涵一起构成了一个完整意义上的景点或景区，如圆明园遗址公园。三是考古型的遗址公园，它强调的是对文物遗存与相关环境整体性的保护与展示，并强调文物的真实性展示。与遗址公园相比，国家考古遗址公园是更晚出现的，单霁翔认为现阶段国内外保护、发掘、研究、展示大遗址的较好方式是建立国家考古遗址公园。考古学家张忠培先生认为，文物中大遗址是龙头地位，保护与利用是工作的重心。保护和利用是一对共生关系，仿佛车子的两个轮子，一起驱动才可发展。

国家文物局把遗址、考古、公园三个概念整合，在国家层面合并成新的概念，即考古遗址公园。以重要遗址及其背景环境为主体，具有科研、教育、游憩等功能，在遗址保护和展示方面具有全国性示范意义的特定公共空间，旨在促进考古遗址的保护、展示和利用，规范公园的建设与管理，进一步弘扬遗址文化。

2.2　国家考古遗址公园

“国家考古遗址公园”是我国根据大遗址保护与利用的实情提出了一项切实可行

的，能够实现遗址保护与城市发展双赢的可持续发展的新模式。这种模式体现了文化遗产保护更加贴近群众，服务于群众，让群众参与其中的新理念；另外，这种模式在有效地保护与展示大遗址的同时，能够使大遗址有机地融入城市发展的轨道中来，改变了以往经济落后、环境恶劣、各项事业发展停滞的遗址保护区状况，实现了环境的美化、文化与科教事业发展的新局面。国家考古遗址公园概念的正式提出，更加规范了遗址公园的建立条件和内容，也体现了国家对大遗址保护工作的重视和信心。一般从以下几方面考量公园的建设标准：①遗址价值：遗址的历史、科学、艺术价值重大，在全国范围内具有突出代表性。②公园规模与内涵：遗址公园范围内必须包含集中体现遗址价值的核心部分、区域及相关内容。③区位条件：交通可达性、相关资源、周边设施、社会经济。④基础条件：政策支持、资金支持、利益相关者支持、土地权属、管理权属。⑤环境条件：空气、水、噪声等环境质量，公共卫生，景观环境。

2.2.1 主要类型

（1）城市型考古遗址公园，其规划设计应平衡遗址保护和城市公共空间的关系。位于城市建成区的考古遗址公园，与城市关系更为密切，其规划设计的重心是在城市不断发展变化中有效保存和利用考古遗址资源，难点在于保持自身特色的同时成为社会认可度较高的城市空间。周边城市发展的大环境下，对考古遗址公园的格局、类型、分布、功能等需求会更加细化。公园规划设计思路更类似于专类公园而非综合公园，既是遗址保护的有效手段，也是现代化城市发展中展示城市历史文化的重要方式，同时可兼备社区公园、带状公园、街旁绿地等功能，满足市民对于城市宜居性逐步提高的要求。在设计方法上可以根据遗址本体类型、遗存保存程度、功能属性区分、空间分布特征、文化生态系统完整性等各方面因素，通过对遗址的价值提炼以及必要的景观重塑，形成具有一定主题性质的公共文化空间。秉承以人为本、为普通大众服务的理念，在保护遗址及环境原有的历史特色和传统风貌的前提下，以周边居民的基本生活权利为底线，将考古遗址公园与城市文化功能结合在一起，作为城市文化的一部分进行文化设施等方面的规划，规划设计为能够满足公众基本的休闲游憩需求并具有特殊文化魅力的考古遗址公园，做到文物保护与文化服务的共同发展。

（2）城郊型的考古遗址公园，其要在保护利用遗址的前提下提前应对城市建设的拓展。位于城市郊区的考古遗址公园，遗址可能还未受到大规模城市建设的破坏，部分区域仍保留有与遗址风貌相协调的传统建筑，有些区域则存在遗址与周边建设景观不协调的现象。此类考古遗址公园规划设计的重心是在保护利用遗址的前提下提前应对城市拓展可能带来的矛盾，协调遗址保护与周边产业经济发展的关系。难点在于对于遗址的价值挖掘和阐释，在尊重原真性、延续历史文脉的同时，进行适当的景观塑造，利用遗址资源拓展文化旅游职能，满足市民生活需求，提高城市生态环境质量。

（3）乡村型考古遗址公园，其规划设计实现遗址保护和周边业态及生态环境的融合。位于偏远乡村的考古遗址公园，建设压力相对较小，考古研究、文化宣传和旅游职能更为突出。此类考古遗址公园，规划设计重点在于结合周边乡村发展，实现遗址保护和周边业态及生态环境之间的平衡，突出科研和教育功能。难点在于对公园设计中历史文化表达的整体性把握。对考古遗址所蕴含的文化内涵的表达，与地方特色文化要素进行提炼融合时，应做到主线清晰，逻辑分明。设计方法上，可在遗址保护核心区范围以外，依托考古遗址公园规划设计设立科研文化活动基地，不仅要满足遗址公园的保护、科研等功能性要求，还要尊重遗址的本体特点，有选择地进行遗址公园的景观规划，从而形成完整的景观系统。对于部分自然条件相对优越的区域，可将遗址周围的人文资源和自然资源纳入展示功能内容之内，丰富展示内容和效果。对于人文资源较为丰富的区域，可考虑遗址区域及周边重要文化遗产的展示利用，产生聚合效应和规模效应。通过规划设计方式的创新，构建集遗址保护与展示、文化观光、生态农业、休闲旅游等于一体的考古遗址公园。通过文化表达方式的创新，适当结合现代科技手段，提供一种能让游览者投入历史文化体验的环境，从而引发公众兴趣、提高公众参与性。

（4）荒野型考古遗址公园，其可在完整保护遗址及其赋存环境的同时实现人文和自然资源协调发展。不同于需协调城市发展的城市考古遗址公园的设计模式，位于荒野地区的考古遗址公园需要承担的城市职能较少，自然条件相对优越，此类考古遗址公园规划设计的重点在合理保护和展示考古遗址本体及其周边环境，对于考古遗址进行整合性保护利用。难点则是在遗址保护的基础上，带动自然资源的保护和建设，实现人文与自然资源协调发展，形成完整的文化生态系统。

2.2.2　基本特点

（1）性质：国家考古遗址公园是不完全开放的空间，主要目的是保护、抢救、展示遗址，辅以改善遗址环境，为公众提供一定的公共活动空间。

（2）服务对象：国家考古遗址公园服务对象是公众和遗址本身，甚至是遗址比公众更重要，简言之，遗址公园服务于保护遗址，抢救遗址，进而向公众展示遗址，服务于公众。可以说，遗址公园的服务对象是遗址第一。

（3）功能：遗址公园的功能较城市公园相比相对简单，形象地讲，它像是一个城市的科教园，主要肩负文化遗产的保护与展示，市民认识、学习，传承文化遗产的功能，同时也兼具城市居民后花园的作用。

（4）景观规划：考古遗址公园的景观规划受到许多限制，最大的限制因素就是必须服从于遗址保护与展示，要有利于及不破坏遗址的保护与展示。景观规划的布局也要尊重和维护遗址的历史格局，尊重遗址及其环境的真实性和完整性，不能随意进行地形的改造，景观风貌要与遗址的历史与文化环境相协调。

2.2.3 设计与建设

国家考古遗址公园的规划建设并非一般的建筑项目或公园工程，它涉及的工作十分广泛和复杂，它是一个动态规划的过程，因为考古遗址公园将随着经济社会的发展需求和考古勘探工作的开展，在近期、中期、远期都有不同的定位和要求。但是在特定的时间范围内，遗址公园的规划建设是有章可循的，一般情况下，考古遗址公园的规划建设包含项目建议书、可行性研究报告、项目咨询与决策、环境整治、规划设计文件的编制、施工建设、完工交付使用等几个阶段。在这些阶段中，考古工作贯穿始终，而规划师或设计师一般只参与规划设计前期工作和规划设计文件的编制。考古遗址公园规划设计文件包含总体规划、详细规划、初步设计和施工图设计四个阶段，绿化专项研究贯穿于规划设计的始终。总体规划阶段涉及对考古遗址公园自然环境资源的调查与评价，确定考古遗址公园环境基础设施总体布局，其中涉及绿化规划总体原则和要求。详细规划又分为控制性详规和修建性详规两部分。其中，控制性详规中的强制性控制内容包括了环境保护、绿化覆盖率的内容，引导性控制内容包含了景观风貌引导和植物种植引导的内容；修建性详规实施性较强，它侧重于通过形象的方式表达考古遗址公园的空间与环境，并采用三维模型、透视图等形象的手段表达考古遗址公园范围内的道路、广场、绿地等物质空间构成要素，具有形象、直观的特点。初步设计阶段主要包含了三方面的内容，即保护措施和展示措施的矢量化表达、材料的选择、种植设计。其中，种植设计包含植物选种、绿化布置、种植方式等。施工图设计阶段，对绿化设计提出了更加详细的要求，包括保留树木在内的植物的具体位置和面积、植物的名称和数量、植物的规格、种植说明和植物参考示意图等。

2.2.4 基本原则

由于对遗址环境保护的逐渐重视，修建考古遗址公园来保护遗址景观的方法成为普遍现象。考古遗址公园集遗址保护与利用、展示为一体，还涉及旅游开放、人居环境改善和城市地区经济发展等民生问题，是当前城市化建设中维护各方面利益多赢的模式。

1. 坚持原真性前提

不少学者在理论层面也为保护原真性积累了重要的经验认知。例如，张成渝指出圆明园遗址的保护展示应提倡纳入原址造园艺术调研与借鉴部分。朱晓渭论证了传统文化和考古遗址之间不可分割的共存关系，分析了其文化展示方面的问题。陈曦等通过典型案例分析了保护与展示考古遗址核心价值的途径。吴铮争等提出坚持遗址公园文化“真实性”展示的重要性，构建从理念到方式的考古遗址保护与展示体系。杨昌鸣等研究关于以原真性为前提对城墙遗址的保护、展示与利用，多渠道实现遗址文化的真实再现。

例如北京清代圆明园国家考古遗址公园，其景观规划理念是分类保护的策略。又如北京旧石器时代的周口店国家考古遗址公园，它的景观规划理念是基于原始状态的保护展现。再如四川自南朝至两宋年代的邛窑遗址的景观规划理念是轻创意设计，重保留，保护原生地貌，体验式展示陶艺。

2. 保护与利用并重

国家考古遗址公园建设的理念核心是在不违背保护原则的基础上进行利用开发，开发则通过展示的方式宣传遗址文化，教育世人历史知识，提升地方文化自信力，协调好遗址保护、休闲娱乐、经济产业和教育事业发展的关系。国家考古遗址公园既然是公园，应具有以保护大遗址为主题的公共绿色空间以及鲜明的个性。

无论是保护优先理念还是对外展示首要的思想，都应围绕遗址的核心价值，从遗址的本质属性和保护规律出发，通过对其价值及保护要求的透彻研究、清楚阐释，来对遗址进行合理的保护和利用。例如江苏春秋战国时期的鸿山国家考古遗址公园，它的景观规划理念注重自然生态保护，科学研究、科普教育、生态休闲旅游功能并举。又如浙江新石器时代的良渚国家考古遗址公园的景观规划理念是展现自然山水美，复原场景，展示远古文明。再如四川青铜时代的三星堆国家考古遗址公园，它的景观规划理念是在思想上体现“保护为主、抢救第一”的方针。四川商周时期的金沙国家考古遗址公园，它的景观规划理念是基于为民服务原则，创建遗产保护与公众休闲的绿地空间。

3. 多种规划协同

遗址保护和利用的方式方法直接关系到该区域社会经济发展及该区域民众的社会生活。因此在进行考古遗址公园规划时，应将其纳入区域整体规划及当地社会、经济发展计划，使保护利用与当地社会经济发展相协调，与当地民众社会生活相协调。因此，在遗址保护利用的整体规划上，应坚持规划先行、统筹安排、分步实施、优先展示的原则。

4. 更关注社会职能

长期以来由于缺乏对遗址保护的总体考虑和整体规划，使之没有得到有效的利用，居住在大遗址周边的民众的生活、生产也受到严重影响，遗址的价值优势得不到充分利用，甚至成为当地民众生活和经济发展的桎梏。一些遗址保护措施不足，周边环境脏、乱、差成为常态，也致使遗址本体和周边环境遭受严重破坏。遗址环境的改善会影响周边社区的利益和习惯，应首先处理人居环境与大遗址保护的关系，大遗址保护利用是有利于当地居民切实优化生产生活状态的工程，实现其服务社会、惠及民生、教育传播、游览休闲的多方面价值。例如陕西唐代的大明宫国家考古遗址公园，其景观规划理念是保护为主，抢救第一，合理利用，加强管理。又如浙江的南宋皇城大遗址，它的景观规划理念是突破传统疆界，有机结合公园与老城区空间与功能。再如北京的元大都遗址公园，它的景观规划理念是在保护历史遗址基础上，建立城市带状公园，融入奥运景观工程体系。

2.2.5 设计方法

由于遗址公园保护模式的兴起，人们开始重视从景观角度对遗址景观进行保护规划的重要性。正是因为景观的介入，使遗址与其周边环境形成一个有机整体，而不再是城市环境中孤立的存在，同时扩大了对遗址价值的利用和宣传范畴。因此，遗址景观规划方法是建立在古迹遗址保护方法基础上，与传统公园景观设计理性结合的结果。

1. 原型法

（1）保持原样展示。

这种方式主要针对于损毁严重、区域广阔的遗址类型，能够在保留场地原有记忆的同时避免浪费。例如圆明园在进行遗址景观规划时，整体上沿用皇家园林设计手法，重点选取四处建筑遗址进行复原重建，作为遗址展示的部分，而其他部分以展示其山水格局和园林景观风貌为主。又如北京旧石器时代周口店国家考古遗址公园，它的设计方法是对现状功能分区，类似于综合公园布局。再如河南商代的殷墟国家考古遗址公园，它的设计方法尊重原地形地貌，未做过多的修砌设计。

具体看北京清代圆明园国家考古遗址公园。圆明园坐落于北京市海淀区，占地346万平方米，由圆明园、长春园、绮春园（清同治年间重修时改称万春园）组成，三园统称圆明园。对圆明园遗址的山形水系、园林植被、桥涵闸路、古建筑恢复四个方面提出了与考古、发掘、研究、清理四个结合的要求。在复建数量上，提出了只复建必需的功能性建筑和宜少不宜多两项原则，控制复建总量由1985年规划纲要中的12.5%下降到10%以内，且暂不考虑由于景观要求进行的复建。提出对圆明园遗址的范围、周边环境、园区格局、园内重要建筑遗址以及历史信息和历史环境五个方面进行整体保护。为了便于保护，该规划还划分了圆明园功能性分区，并特别规定在圆明园遗址保护范围之内禁止一切游乐性、商业性的经营活动，以确保其保护范围内静谧的环境和肃穆的纪念气氛。同时，还要对圆明园遗址公园进行合理利用。主要保护措施包括：①建筑遗址全部进行考证和清理，以不同方式向游人展示。②植被景观恢复结合山形水系的恢复，以水为纲，以木为本，再现圆明三园的历史风貌。③园路桥涵、园墙园门等的保护，应以历史原样为依据，符合历史风貌，个别地点经审慎研究后，可根据需要适当增建。④建筑物的恢复，以部分有功能需要的建筑为主，恢复面积控制在古建筑遗址面积的10%以内。⑤尽快迁出遗址范围内的住户和驻园单位，进行园内垃圾清理和经营项目的整治。

（2）场景复原保护。

以遗址所处年代的特色文化为主题，复原当时的场景以营造当时的环境氛围，通过多种手段（景观环境设计、数字技术展示、雕塑绘画等艺术手段展示等）进行展示，更加形象地表现遗址本体不易传达的信息。这种遗址景观规划方法，往往集遗址保护、科研、教学、旅游等为一体，更加具有直观性。

例如：江苏春秋战国时期的鸿山国家考古遗址公园，它的设计方法是以吴越春秋文化为主题进行景观展示，保护遗址原状，实施原址保护，保存历史信息。江苏隋唐时期的隋炀帝陵考古遗址，它的设计方法是以叙事序列组织方法表达历史环境、文化内涵。陕西秦代的郑国渠遗址，它的设计方法是以遗址为主题通过叙事组织景点序列。陕西龙山晚期到夏早期的神木石峁遗址，它的设计方法是通过景观叙事设计实现设计师、石峁古城遗址、游人的时空对话。山西晋朝的曲村天马遗址，它的设计方法以历史文化认识发展顺序为主线，运用叙事手法宣扬考古遗址公园文化底蕴。

2．叙事法

在景观的营建过程中引入故事来丰富景观的方法叫作景观叙事法。虽然当代景观设计师面对的景观空间与古代造园相比发生了翻天覆地变化，但是设计师也能通过特定空间表达“意境”，寄托于美景让观赏者得到文化熏陶。像奥姆斯特德设计的纽约中央公园，它创造了一种新思想，利用风景园林改变城市人居环境。这种设计师利用场地融入设计哲学思想的方法与古人的“意境说”一脉相承。尤其关乎文化遗址类景观，充分运用山石、植被、水体、构筑物，巧妙带来文化观念暗示，营造特定文化氛围，传达特定的文化信息。例如一般陵墓景观配置苍松、劲柏，文人纪念园多用翠竹、蜡梅体现高节气质。这种源于意境的叙事型现代景观设计方法，是人们形成经验和理解景观的基本方法。

在遗址景观中甄别出具有景观叙事条件的遗址深入研究文化价值，厘清线索运用到规划设计，建立整个场景的景观序列。从手法上可用倒叙、顺叙、插叙，从实物上可选择遗址建筑、新建类建筑、复建建筑、水景、地形、植物，从具体艺术表达上可运用雕塑、小品、铺装等元素，达到叙事的效果。

3．行为模式法

环境是行为模式不可分的部分，环境作为一个整体，里面的可变因素既影响着整体，整体同样改变个体。如丘吉尔所言：“我们塑造了环境，环境又塑造了我们”。基于行为心理学的环境设计，更关注人与人相互沟通的空间。人的空间需求和非人类中心主义下环境景观形式与功能，更有利于人在文化遗产景观空间中人与人、人与环境间的情感交流，体验文化信息。标志性景观产生于物质元素本身，因其有突出的特点和代表性，令环境格外引人关注。与文化信息与背景密切相关的标志物，毫无疑问成为文化本身的代言人，直观且清晰表达文化的内涵。置身这种文化空间中，人的行为模式一般包括观看、拍照、交流、休息等一系列行为，反过来又引导环境布局与配套。

4. 古典园林法

钱学森先生在20世纪90年代提出建设“山水城市”的理念，运用造园学说传承传统城市文化，达到人工与自然和谐统一。顺势而为，用现代逻辑可以理解为以景观为主体，以塑造与控制景观元素为主要内容，尊重场地自然演变过程。

现代景观设计中对于古典园林设计方法的借鉴并非全盘照搬，而是提取其核心造园思想，通过与当下时代背景的融合，创造出人工与自然相协调的景观。主要造园方法的提炼包括以下四个方面：

一是依托诗画意境法。意境一说很早就出现在中国园林艺术的领域，早期的经典《周易》《老子》等就提出了“形”与“象”；“意境说”是造园家对客观景物产生情思的灵感与无限遐想，从而建构的艺术作品，相由心生。以具体为对象，通过欣赏、组织其秩序、节奏、色相，以见自我心理的反映；变实为虚，设计象征性形象，将心灵具体化、实物化。被世人熟知的表达园林景观的艺术诗画作品不少，所谓“一拳太华千寻，一勺江湖万顷”，造园完成后还专门题匾、刻对联、立石碑，用文字点明立意主题，江南园林多为此道。

二是步移景异的空间变幻。传统的园林艺术讲究灵活多变的空间处理。虚实结合，虚则为空，实意为有质实体，两者相生相长，表达既飘忽又敦实的感觉。《园冶》中描述：“任高低曲折，自然断续蜿蜒。”追求瞬息万变，引人入胜。

三是佳则收之、俗者屏之的审美法则。建立在一定审美、情趣高度的园林艺术，对环境景观和谐度要求甚高。“佳则收之，俗则屏之”运用了藏与露的法则，藏则为之遮挡，或者用建筑、植物等等，消失于观赏者视线，露出来的是刻意留给人们欣赏的；“借景”一词出自《园冶》，是中国古典园林艺术重要思想方法，通过远借之景创造出空间上绵延无限的境界，突破现有空间格局的拘束。

将古典园林设计方法运用于遗址景观规划中，有利于营造与遗址整体氛围相一致的景观环境。

5. 遵循形式美法则

（1）在精神方面。

有意境美，王国维讲道：“情与景、意与象合一，即为意境。”主题美，反映了各类不同园林的个性特征，表达设计师的主观意图；韵味美，抽象的精神感知，体会事物内在的自然美。

（2）在视觉形式方面。

重复律，表示景物中多个体或部分之间的重复出现，营造出庄重、严肃的秩序感，如整齐的行道树和均等的栏杆等；对称与均衡，画面里物体在体量大小、位置远近、数量多少上呈现平衡的美感，有很高的舒适性；对比与协调，是对观察者心理的暗示，表现各景物间相互呼应关系，主要表现在空间的开合，形态的曲直，色彩明暗，材料质感等；比例与尺度，反映了景物间整体到局部，部分与部分的相互关系，引起人心理的舒适度；节奏与韵律，节奏是景物连续出现，韵律是节奏的组合形式，像各物体构成起伏的天际线，有模度规律的墙体，群落组合的植物，产生类似于音乐带给观赏者的情趣。

这些法则普遍存在于景观规划设计各方面，是景观美的基础形式，不同的只是材料运用，度量多与少的区别。

6. 其他前沿方法

（1）基于GIS技术。

GIS技术本是地理学领域一项实用性空间分析技术，现已广泛运用到景观规划中。随着在实践中不断累积经验，GIS技术在遗址景观的保护中发挥着重要作用。像历史景观特征评估，就是基于GIS技术的考古研究方法，将前期采集的图片、数据信息录入信息平台，可持续应用于后评估，极大地改变了传统保护的观念和方法。

在京杭大运河保护案例中，该技术收集了遥感影像数据、地理数据、现场测绘调研数据、相关图片资料等海量信息，再进行下一步分析工作，如分析运河空间数据，研究运河相关的水利工程历史演变、运河沿线地形地势状况，以及运河水源、水柜、运渠、减河间的相互关系，完成庞大的计算处理，为沿河区域的社会、生态、文化、经济等多领域规划工作贡献重大，完成了以前看来不可思议的任务，完善了大运河物质和非物质的文化空间。

中国建筑设计研究院历史所引入GIS技术研究吐鲁番地区遗产分布、文物现状、社会形态和旅游发展前景，成功制定出保护吐鲁番地区文化遗产的策略。

（2）视觉质量评价法。

文化遗产领域有不少学者率先迈出探索的步伐。谢花林等人（2003）构建了目标层、项目层、因素层和指标层四个层次的评价体系研究乡村景观。谢花林等（2003）运用包括社会、生态、美观三方面的评价指标对北京乡镇进行实地调查。刘滨谊等（2002）在研究乡村景观时提出了美景度、可达度、可居度等五项评价指标体系。王云才（2002）从另一个侧面验证了刘滨谊的五度评价体系。刘黎明（2001）评价了部分乡村景观。李贞等（1997）建立了自然—乡村—城乡—城市的生态评价序列。

（3）“4I”体系思维。

“4I”体系是21世纪随着风景园林理论的发展而提出的，要求景观规划应呈现出四化：整体化（Integration），将人、城市、自然结合为一体；识别化（Identification），展现景观的地域性、时代性；信息化（Informationalization），设计与高科技结合，大数据分析是热点；智慧化（Intelligence），在信息化的基础上，更科学地进行综合分析。

（4）部分后评估方法的应用。

① AHP法。

层次分析法（Analytic Hierarchy Process，AHP）由美国运筹学家托马斯·赛蒂（T. L. Saaty）教授最早提出，是用定量分析解决定性问题的一种方法。该方法首先对复杂问题进行分解，梳理各影响因素间的层次关系，然后用数学方法计算各因素权值，最后进行排序分析。彭程雯运用此法对杭州主城区和宁波主城区段运河景观构建评价体系并打分。邹统钎、江璐虹、唐承财运用层次分析法构建了遗产地旅游智慧化评价体系，邀请多学科专家评估，发现智慧化建设在文化遗产领域的发展规律。周彬、宋宋、黄维琴运用层次分析法从旅游发展、社区状态和遗产本身三方面确定评价因子权重，并以世界文化遗产——山西平遥古城为例进行了实证研究。

② SD法。

SD（Semantic Differential，SD）法是一项心理学背景实验，通过对事物客观尺度的描述，定量地研究对象的构造。

郭鹏磊、武凤文、张曦运用SD法（语义解析法）和FA法（因子分析法）对北京旧城12片历史街区的景观进行调查与评价。张泉将SD法运用于中国历史文化名镇——合肥三河古镇的景观调查中。王帅用SD法结合问卷调查、文献分析对云台山国家森林公园景观特征进行了评价研究。于苏建、袁书琪运用SD法对福州市区部分城市公园声、味等方面的环境因素进行评价。

③ POE法。

使用后评估方法（Post Occupancy Evaluation，POE），指对建成环境开展的一套系统的评价程序与方法。

汪伟使用POE法对昙华林历史街区进行了系统严格的评价。林敏慧、骆桃桃对广州陈家祠岭南文化广场进行了POE研究，对此类城市广场的规划和管理提出了建议。夏绚绚运用POE法研究了城市综合性公园运营管理方面的问题。黎洋佟运用POE法对厦门中山公园的景观感知、空间布局、设施设备、管理维护等进行了评价。郝新华、王鹏、段冰若、宗颖俏利用POE法对奥林匹克森林公园南园进行了评估，得到提高游客满意度的建议。王炜、陈益、韦钰、罗蕊运用POE法对南宁人民公园进行调研，力求改善公园的服务水平和管理状况。刘歆、邵燕妮、王昳昀使用POE法对天津地区部分创意产业园进行调查分析，提出优化工业遗产的创意园区设计意见。

④ SBE法。

美景度评判法（State Based Evaluation，SBE）是由丹尼尔（Daniel）等城市景观设

计专家提出的一种评价方法。这种方法是基于心理学模式的，主要用于评估风景、图片或景观的美学价值。郑华敏通过SBE法系统分析研究了世界文化与自然遗产——武夷山风景名胜区景观的构成要素及特征，建立了审美感知模型，提出了优化设计的思路。津达、傅伟聪、李炜、林双毅、董建文应用SBE法对福州旗山国家森林公园内14处景点进行了分析评价，结合GIS空间分析、筛选清晰度、可见度等数个影响因子，验证构建的模型，为森林公园景观视觉评价体系研究工作带来积极的引导。

⑤ 价值评估法。

韩霄采用模糊评价矩阵对明长城文化遗产价值进行了量化分析，得到了有意义的评估数据。李莉莉基于西方经济学原理，使用收益还原法和意愿调查评估法评估了广州城区的历史文化遗产的价值；潘军、黄锦总结出关于城市文化资源保护在监控与测评两方面的指标，并形成测评方法；吴美萍基于模糊数学理论视角，建立了文化遗产价值评估矩阵来诠释文化遗产的价值构成；沈彤运用经济增加值评估法对文化遗产的经济价值进行了评价；寇怀云评价了工业遗产的价值体系及其系统性；张毅彬、夏健从生态学角度，得出城市工业遗产评价方法，构建了定量与定性结合的评价体系与方法。

2.3 小　结

2.3.1 理论方面的成果

1. 研究数量

运用文献计量法可揭示确定主题在学术领域的研究热度。在中国知网中的“总库检索”中，输入“遗址”检索，得到相关文献90307篇；输入“遗址保护”检索，得到相关文献12619篇；输入“大遗址保护”检索，得到相关文献3371篇；输入“遗址公园”检索，得到相关文献9818篇；输入“遗址景观”检索，得到相关文献2989篇，其中与古遗址相关的文献有280篇；另外，通过中国知网数据库、中文科技期刊数据库等知名数据库搜索，得到题目或关键词包含“考古遗址公园”或“遗址公园”的期刊或论文集或研究报告共计184篇。

通过对比分析发现，各领域研究热度呈明显梯度分级，反映出对遗址景观的研究在总的研究数量里占比例不高，古遗址景观的更少；内容上，主要包括大遗址保护模式、展示方法、规划设计、经验总结、开发与利用等方面，暴露出研究全面性和广度有欠缺。

2. 研究深度

通过对文献内容的研究也能发现，目前缺乏成型的理论结论，尤其在古遗址保护方面。大多数研究停留在理念阶段。通过与文化遗产保护研究相对比可以发现，由于文化遗产保护研究起步较早，已经形成有一套较为完善的理论体系，包括对其价值的认知、保护原则、保护与修复的方法、利用与管理模式等方面。而对于遗址景观的研究尚缺乏成型理论，而仅停留在理念阶段，有待进一步地深入研究。对于以遗址景观或考古遗址公园为主题的专著书籍几乎没有，相关的博士论文也非常少。赵文斌研究了国家考古遗址公园规划设计模式，王璐艳研究了国家考古遗址公园绿化的原则与方法，其余有少量硕士论文涉及相关研究。

2.3.2 建设实践现状

2020年9月28日，习近平总书记作出“努力建设中国特色、中国风格、中国气派的考古学”重要指示，国家考古遗址公园作为我国重要考古学成果的集中展现方式，社会关注度与日俱增。

国家考古遗址公园管理体系建设基本完成，管理、评定、考古、规划、建设运行、评估监测、行业平台、行业品牌的全流程指导实现闭环。目前，我国已有55处遗址被列入国家考古遗址公园名单，涵盖了旧石器、新石器、夏商周、秦汉、魏晋至隋唐、宋元、明清等阶段，涉及洞穴遗址、聚落遗址、城市遗址、建筑群遗址、园林遗址、工程遗址、手工业遗址、陵墓8大类型。通过国家考古遗址公园建设，我国大遗址保护利用工作水平显著提升。根据2020年监测数据，金沙的考古科研合作单位达到了40家，长期学术合作专家有44人；圆明园开展了28项考古和科研项目，科研投入668万元；“杭州良渚日”批准设立，良渚各类活动组织投入925万元，培养志愿者342人；三星堆遗址在考古直播“破圈”前，微博粉丝量就有410万，微博发表数量2万条；秦始皇陵“欢乐博物馆”、金沙太阳节、良渚“绘本+”、万寿岩第二课堂、大窑龙泉窑“不灭窑火”、大明宫音乐节和马拉松，国家考古遗址公园正以多样化的保护利用成果，主动融入当地经济社会发展，满足人民日益增长的美好生活需要。

2.3.3 设计上存在的问题

1. 过度设计

在考古遗址公园的规划设计实践案例中，常常出现过度设计或是设计不足的问题。这类问题是对遗址景观价值判断失位的结果。忽略遗址价值本质，后期建设一味追随仿古风潮，造成遗址环境过度美化，真假难辨。景观规划师、建筑师认为，考古遗址及其环境是规划艺术的舞台，应抱着创造高度浓缩文化元素的艺术创作目的进行设计。必须认识到，考古遗址公园不是艺术美学竞技的舞台，任何修饰要凸显和释读遗址，反对不切实际的创意，保证遗址文化的客观性。

这个问题多见于地下遗址或遗址破坏严重的景观项目中。

2. 展示设计与景观设计混淆

这种混淆就是把遗址景观设计与展示设计没有理性区分，忽略了景观环境作为更大舞台，不仅宣扬文化精神，还要实现景观游憩的社会功能，只有两者兼顾才创造出更理想的环境。量子理论之父——普朗克博士说：“世界上没有物质这个东西，物质由快速振动量子组成！振动频率高的成为无形物质，如：人的思想、感觉。”不同物体间相同频率振动引起共振，共振会产生更强能力。同理，遗址景观规划时考虑到“共振效应”，让文化价值精髓合理展示在景观环境中，两者相互碰撞出交流的火花，共振出更理想的氛围，带给体验者更强烈的传递感。

3. 环境整治与景观设计混淆

文物保护规划中通常用环境整治的思想处理环境问题，具体规划设计方案中的高频词汇有：不和谐因素、天际线、视线廊道、干扰性建筑的色彩、造型等，由此可知，文物保护规划对遗址景观环境设计要求不高，排除干扰因素，满足基本环境整洁要求即可。简言之，对遗址环境景观重要性尚缺乏关注，忽略对遗址与景观的关系不但无助于解决新生问题，反而会产生新问题。

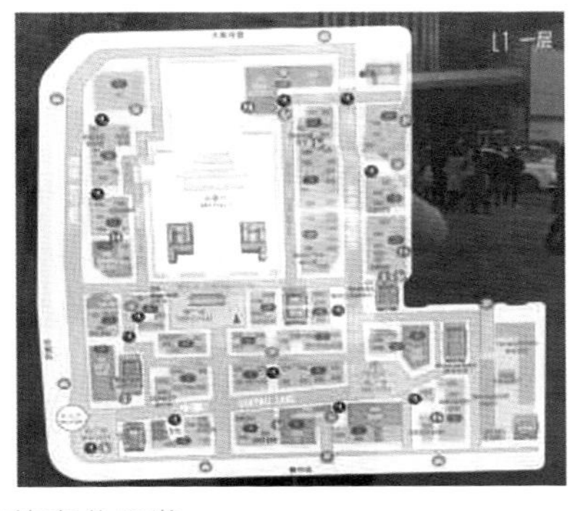

图 2-1　文物保护单位周边过度的商业开发

2.3.4 使用后评估方面

1. 需求背景

使用后评估的方法产生于20世纪60年代，主要涉及社会学、心理学和环境科学领域，在设计对象建成使用后，通过搜集反馈评价的信息数据，提高对象使用效果与质量的方法，着重关注使用者需求，分析设计决策和运作状态，为改善规划提供指导依据。目前在景观领域的后评估较广泛的是景观的视觉质量评估，属于景观价值评估体系中的一部分，是人类景观审美的模型帮助保护优质风景园林资源。它包括：评价客观资源数量和质量的方法，其特征是根据资源的有无和质量评分，其元素价值等往往依赖于专业人士或者简单明确的视觉规律（如对比度等）；研究景观造成的心理感受的取向评价，比如S.Kaplan夫妇在1989年通过调查证明可读性、关联性、神秘性和复杂性这4项信息变量与视觉质量关系，解释各个要素相互作用关系，用于评价古典园林案例。

上述评估方法都有助于改善公共绿地服务效果与景观品质，国家考古遗址公园作为面向公众的公共绿地，对其开展使用后评估工作有深远的意义。

（1）时代需求。

从2011年国家文物局公布首批12个国家考古遗址公园到2017年公布第三批12处国家考古遗址公园立项名单，共计36处国家考古遗址公园建设全面启动，考古遗址与公园景观高度结合的新时代到来了，传统的文物环境或公园环境评估方式难以顺应新生事物发展，相适应的方法需要应运而生。

（2）社会功能的需求。

全新的模式为遗址保护与文化传承提供了全新思路，也为社会民生提供了休闲、教育和娱乐的场所，产生良性社会影响，推动城市地区的文化事业发展，形成长远的社会、经济效益。

2. 后评估现状

2017年，国家文物局组织开展第一批、第二批共24处国家考古遗址公园评估工作，评估时段为2014年至2016年。根据各地提交的材料和数据，24处国家考古遗址公园总体发展态势良好，在文物保护、展示利用、公共服务、文化传承等方面发挥了重要作用。遗址本体保存现状显著改善。24处国家考古遗址公园累计实施文物保护项目156项，有效维护了遗址安全，改善了遗址所在区域环境现状。

2022年，国家文物局公布《国家考古遗址公园管理办法》，其中规定国家考古遗址公园实行监测评估、巡查制度，国家文物局组织开展国家考古遗址公园年度运营监测评估，发布年度评估报告；或指定专家对国家考古遗址公园进行巡查，组织开展全国国家考古遗址公园综合评估，对发现的问题提出整改要求。

2023年4月，中国文化遗产研究院开展国家考古遗址公园总体评估，坚持问题导向，客观分析国家考古遗址公园政策施行以来所取得的成绩以及所面临的问题，并提出完善后续政策的相关建议，发布了《国家考古遗址公园发展报告（2018—2022）》。报告显示，5年来，公布挂牌的55处国家考古遗址公园配套设施不断完善，遗址保护状况明显改善，社会效益逐步凸显。55处公园中，有33处公园已由地方政府颁布了地方性文物保护法规。近5年，三星堆、御窑厂、大窑龙泉窑、明中都、辽上京、二里头、屈家岭等7处公园新颁布了遗址保护条例，郑韩故城、渤海上京、御窑厂等10处公园已启动或完成了文物保护规划修编工作，保证了文物工作的持续、科学、有效开展。

总体而言，对考古遗址公园的评估尚处于起步阶段，从景观功能的角度对考古遗址公园考量，反思其规划布局的优劣，探寻普适性的使用规律，目前相关研究还较少。

第3章 考古遗址景观及其价值体系

从哲学的角度，对一个事物定义属于认识论范畴的研究，认识论可以帮助我们理解遗址景观为谁服务？怎样服务？那么，什么是认识论？一般地，认识论是分析有关人类认识的本质、结构，厘清认识与客体事实之间的关系，认识思维过程的规律等方面的哲学理论。简言之，认识论引导透过现象看本质，启发人的主观能动性探索客观事物的本质与规律。

认识考古遗址景观的第一步就是正确定位遗址景观，准确的定位能导向保护工作方式与方法。普通的历史景观如宗教建筑、宫殿群、牌坊、石刻壁画等，保持了从古至今的延续性，承载相关故事情怀，在当地居民心中占据重要的位置，具有浓烈的连续性。但是考古遗址是通过考古技术重见天日，与世人之间缺乏连续性情感，具有神秘感和距离感，因此保护与利用遗址利在千秋，当代的任务是恢复它与人们的关联情感，保存它应有的状态，有机地延续传承下去。考古遗址景观就是使遗址恢复生机，继往开来的载体，让其重新融入当今社会。具体讲，研究遗址景观的核心问题是价值问题，价值分析结果为我们揭示了遗址与遗址景观的本质，即是从景观的角度出发，将遗址与环境有机结合，留住历史文化的原真性和完整性。现代文化遗产科学强调价值的多元性，以遗产价值的问题为核心内容的理论体系在逐步建立，基于价值核心的理念有助于遗址景观保护事业的发展。从本质上来看，遗址景观继承了遗址的基本特性，它们的文化与文化价值有高度一致性。文化是景观的内生核心，塑造与众不同的形象；文化是遗址与遗址景观之间的纽带，将物质本体、观赏者与环境有机整体化。

从物质构成看，遗址本体是景观要素之一，不能单独与环境其他要素割裂开来，景观的其他要素均围绕遗址的形式、方位、质地、规模等特征匹配组成。某种意义上，其余要素诸如建筑形体、铺装图案、植物形态等等都是遗址抽象形象的符号映像，景观是遗址放大、变形后的视觉形象。

遗址景观作为实物载体，承载了遗址价值的内容与信息，是遗址与景观高度统一的综合体。准确定位遗址景观，有利于消除建设遗址景观的困惑，避免与简单的遗址保护混淆，让遗址及其文化得到合理的利用与保护。

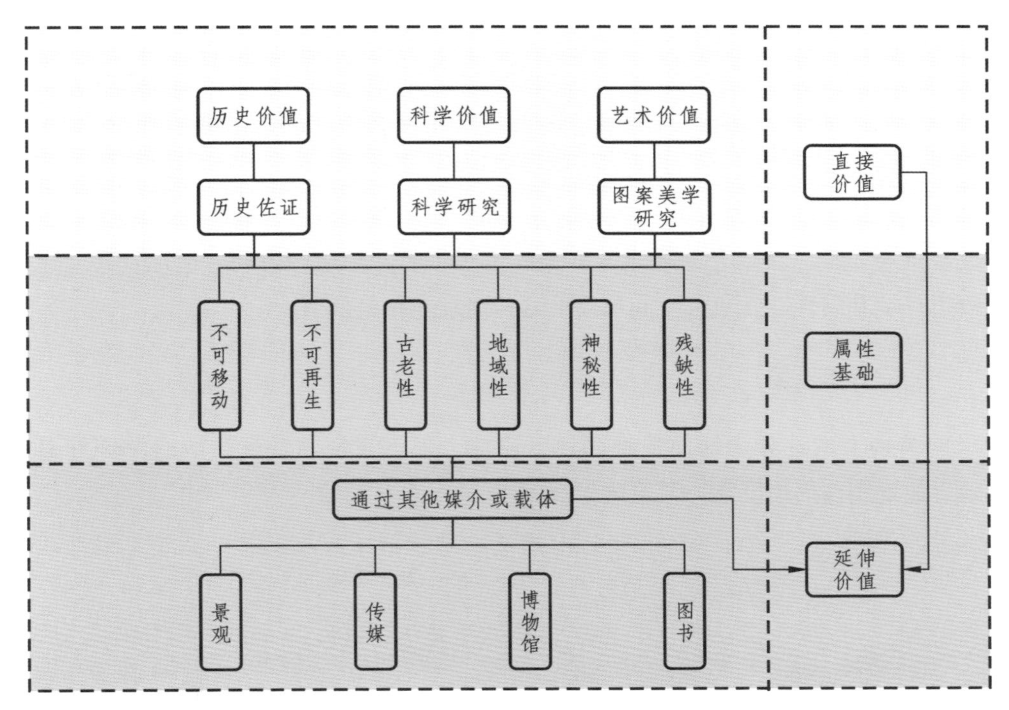

图 3-1　从价值出发到景观载体的关联性分析

3.1　基本概念

通过考古发掘有一定保护价值的古遗址本体及其相对独立的保护区域环境，共同构成景观整体。在结构上，该景观要素包括遗址本体、保护与展示遗址的博物馆、大棚等建筑及环境中的植物、道路系统、山石、水体、构筑物等，有的考古遗址不一定建有博物馆建筑。在类别上，考古遗址景观以历史遗迹为主题，属于重精神宣扬的人文景观。在形式上，考古遗址景观一般会建成公园，用绿地覆盖地下遗迹和保护地面主体，提供一个人们可观赏、游览、学习和教育的场所。

3.2　空间形态

3.2.1　从物理空间看

1. 平面范围

依托遗址本体为核心，在保证遗址的真实性和完整性基础上，划定一定物理空间为安全保护范围，其边界大小受遗址的规模、类型、价值及周边环境影响。这个范围从内到外有两个层次：保护区和建设控制地带。体现文物古遗址价值的所有要素都在保护区内，保护区由内及外分为：核心区域，指遗址本体和考古发掘必要的空间；遗址内环境，地面遗址建筑群体围合的内部空间或者地下遗址地上覆盖空间；遗址外环境，与保护遗址紧密相关，会影响遗址安全的空间。建设控制地带是一个过渡区域，用于缓解城市建设对遗址安全的冲击。建设控制地带根据遗址对象重要性不同有等级划分，对环境有特殊要求的遗址外围可划定风貌协调区，其性质类似于建设控制地带，处于更外围地段。建控地带不属于强制法定要求，各遗址可根据实际环境，协调好遗址及其文化内涵与其周边环境和谐性，在更大空间尺度上延伸遗址文化的价值。

2. 立面空间范围

竖向结构上遗址分为地面遗址和地下遗址，地下遗址的景观在地面保护范围内展示，地上遗址则与周边要素一道组成景观。

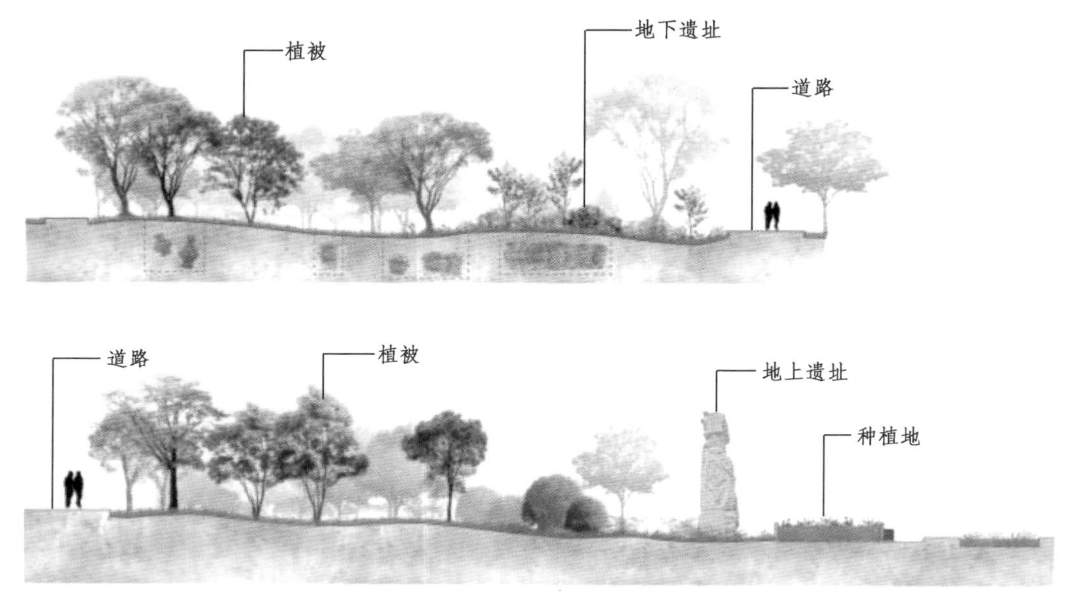

图 3-2 遗址景观生态空间

3.2.2 从景观要素看

凯文·林奇的《城市意向》中说明空间由边界、地标、活动场所、基底组合成。将该理论应用于遗址景观分析，大型遗址景观由多个活动场所组成，每个场所均有自己独特的精神，要展现遗址公园的特殊性，则必须在遵循整体的文化主题的前提下，将遗址各个场所的文化特色展示出来；为保护遗址，方便服务修建的建筑物、配套设施都是地标；其余的室外空间种植了植物，植物覆盖的空间形成了遗址景观的边界与基底。

3.2.3　从遗存现状看

地面残留有部分遗址，遗址本体连同其他植物、建筑物、山石、水体等要素构成了景观空间。这个空间主题围绕遗址及其背景文化延伸的代表符号，处处让人感受到历史的气息。北京圆明园是典型的地面遗址景观，遭受列强毁坏的园景建筑的凋零残垣和基址遗迹依稀可辨，空间弥漫沉重的苍凉之情，现实场景比教科书更让人为之动容。

图 3-3　地面景观平面

（资料来源：四川省建筑设计研究院有限公司）

3.2.4　从遗址意向看

地面没有遗址本体，包括遗址处于地下土层中或地面遗址不复存在两种情况。这类景观空间作为地下遗址分布范围对应的地上空间或经考古查证原遗址的情景再生，通过景观小品、设施、地标、建筑物等构建具有地域文化特色的场景，积极召唤观赏者潜意识对地方文化的认同感，有时候可以结合非物质文化的仪式活动等，形成特色文化空间。唐芙蓉园遗址公园：以唐代芙蓉园遗址为主题引水成湖的公园，通过现代科技手段确认考古认证的宫殿平面分布，在平面基础上营造仿唐建筑、宫苑，复原盛唐繁华的宫廷建筑群与园林景观。

3.3　主要类型

3.3.1　按空间分

1. 地上展示类

这类公园最普遍，经考古发掘的遗址本体留存在地层表面，适合游客近距离观赏，与周围景物合为一体，像北京圆明园遗址公园、西夏王陵遗址公园等。

2．地下原址保护类

该遗址经考古发现于地表下土层中，基于现有技术和条件不利于展示保护而将遗址回填掩埋不予开发，地面区域建设为绿地禁止任何建设开发，像北京元大都遗址公园。

图 3-4 地上与地下遗址形式

3．地面复原类

这类遗址存在于地下土层或已经不复存在，地面上肉眼无法看见原貌，以遗址的历史文化内涵为核心，通过景观设计手法再现历史场景，为游客提供游憩、了解历史的场所，如西安大唐芙蓉园遗址公园。

3.3.2 按性质分

一类：国家考古遗址公园。

考古遗址公园是指以重要考古遗址及其背景环境为主体，具有科研、教育、游憩等功能，在考古遗址保护和展示方面具有示范意义的特定公共空间。

二类：主题类遗址公园。

这类遗址公园有的以城市的整体格局或重要古代建筑为中心修建的；有的是为纪念某一历史时期重大人类活动或事件设计的；有的根据该位置历史文化故事为主题，建造情景再现的场所。

三类：一般游园。

针对历史价值、文化价值并不突出的历史活动、事件、人物及故事，在保护主体周围建设小规模园林，在城市紧张用地中容一席之地。

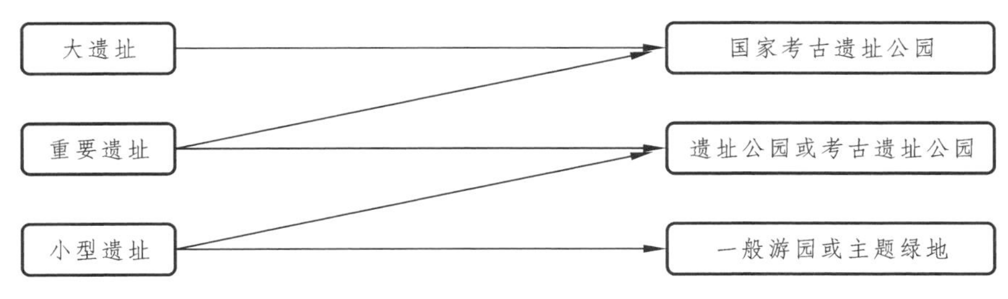

图 3-5　各类别遗址与景观形式对应关系

3.4　价值分析

3.4.1　价值与价值论

1. 价　值

价值就是体现在商品里的社会必要劳动或积极作用或泛称物品的价格，这是反映了经济领域对价值的认识。马克思所指的价值揭示的是人对满足需求的物资的关系。哲学的观点认为，价值是一种关系属性，解释为客体满足主体的需要关系，这个需要是产生价值的源头。美国科学家佩里（Perry）还对价值进行了分类，主要包括经济、政治、科学、艺术等多方面。德国哲学家马克斯·舍勒尔（Max Scheler）还对不同价值进行了高低排序，认为宗教价值是最高等的，感知价值则最低，宗教价值反映了人类整体性生活观念的内容。著名学者马连科先生把价值分为人、物质和精神价值三种。其中，物质价值分为自然价值和经济价值，精神价值分为知识价值、道德价值和审美价值。

2. 价值论

价值论首次出现在《价值学纲要》一书中，代表一种价值的哲学思想，阐述了关于人类社会生产生活方方面面的价值的本质和相关意识规律，是基于哲学及其他门类学科的综合性学说。

3. 价值分析

既然价值代表客体和主体之间的关系，那么价值分析就是关于两者间关系规律的研究，辨析主体对客体价值的认识过程，通过这个实践性探索，达到让客体满足主体需要的目的。价值分析的结果表明了主体的意识和清晰的社会关系。某种意义上，现代西方唯心主义思想中的认识论价值部分和这里提出的价值的分析相似，分析的过程有两层含义，认识价值与判断价值。由于不同主体对同一个客观事物的价值评判会有区别，就如同一派景象，有的人评价很美，有的人评价不美，主观意识有差别。所以，德国哲学家李凯尔特的研究指出，价值概念与价值评价是分开的，价值不等于现实的，它依附于主观对它有效性的认可之上。价值反过来影响主观的想法，让其作出评价。

科学的价值观是价值分析的基础，严谨的逻辑，有序的归纳推演是过程，最后是合理的评价。在文化遗产保护方面，考古学、历史学以及相关学科构建了传统的价值观基础。为了适应现代社会发展的需求，文化遗产需要与社会公共职能联系在一起，然而传统的价值观可能无法完全涵盖现今的价值内容，因此，本书试图从景观的角度对遗产价值体系进行新的理解和评价，这一研究成果将指导对遗址保护规划的新理念、新方法和新模式。

4. 传统视角下遗址价值分析

（1）文化遗产保护价值观。

18世纪首先有了“废墟”一词，从艺术美学角度来看，它具有画风独特、庄重威严的欣赏价值，这一观点至今仍影响人们对遗址的看法，认为与一些纪念性建筑遗产一样具有美丽价值。伍德沃德认为：“废墟带来的不只是断壁残垣的形象，更关键是不同一般的感受和意境，每个人站在不同的角度都有不同的结论。”遗址的这种价值，与历史上在这里发生的人物事件有密切的关联性，例如罗马大角斗场，人们今天把它作为纪念地，有的人期待寻找那种短暂和脆弱的回忆感，有的人欣赏残缺美，有的人就喜欢纪念碑所赋予的权威感。废墟作为纪念地，其价值的观念具备三方面特点：遗址与周边建筑等构筑物形成景观性的整体；遗址的风貌与状态具有真实性；保护过程中对历史价值和有特殊意境感受的特征都重视。从关于价值认识的历史发展来看，文物保护各价值间重要性有所冲突，这种艺术价值和文物价值之间的观念冲突，从16世纪到19世纪建立了两种态度鲜明的对立观念：历史价值的保护与艺术价值的修复。后来奥地利艺术史学家阿洛伊斯·里格尔（A.Riegl）构建了古迹的价值体系，包括纪念价值（历史的、有意义的、岁月久远的）和现代价值（使用的、艺术的、其他附加的），根据不同的价值，采取不同保护方式，例如对于古老的、残缺严重的古迹，注重纪念价值，年代相对近的，强调历史价值。

经多年实践积累，遗产保护愈加关注历史价值的保护。《威尼斯宪章》《世界遗产公约》都有相关规定，突出了历史价值的核心地位，具有无可替代的真实性，其余的艺术和审美价值都不重要，从此这一认识成为文化遗产保护界公认的标准，珍视历史，重视作为人类历史发展的结晶的重大意义。

（2）价值分析。

第一，历史价值。人类出现在地球上以来，所有的社会活动都是依据历史痕迹记载或推测的，从年代属性得知历史上某种文明所处的时期和历史地位，从构成文物的形态特征得知它所代表文明的工程技术、文化风俗、艺术水平、政治形态、经济条件和军事力量等内容。不可再生性是历史价值的基本属性，蕴含丰富历史信息的资源可以释放出更多外延价值，包括经济、教育、环境、情感、传承和认同等多个方面相互渗透、相互交织。

第二，艺术价值。艺术价值代表了所在时期的文化艺术水平，为研究不同历史时期的艺术形式与知识提供物证。内容上有视觉方面的审美、欣赏，精神方面的愉悦和科研方面的美术史料传承价值，各价值间又相互制约，区分边界模糊。

第三，科学价值。任何历史遗迹和遗物都是重要的证据，通过考古学、化学或物理学理论的运用，可以揭示特定历史时期的科学知识和生产技术水平，从而反映出当时社会经济、文化和军事的状况。这些蕴藏的信息是极其宝贵的资源，是人类社会进步的源泉。

（3）延伸价值。

第一，文化价值由文化多样性、传统风俗及非物质要素等组成，文物遗址的文化价值指古迹所在地区宗教习俗和传统文化多样性，以及古迹自身的自然构成要素和相关文化背景的故事、史记、环境变迁等。

第二，社会价值的内容广泛，涉及了教育传承、宣传弘扬、纪念抒情、经济利益、环境保护与发展、人居条件要求等许多方面，在此不再赘述。

社会价值和文化价值是在传统的三个价值基础上发展而来的，是与社会环境结合的产物，丰富和完善了文物古迹的价值体系，对文化遗产保护理论整体体系构建有重要的推动作用。

3.4.2　景观与景观价值

1. 景观概念

“景观”一词（Landscape）源自希伯来语《圣经》的《旧约》部分，意为描述耶路撒冷色彩绚丽的所罗门王子神殿、皇宫和庙宇。到了17世纪左右，用于描绘自然、田园景色。到了18世纪，景观更多地与视觉环境联系在一起，设计师们以画卷绘本为标准建造相似的环境，形成造园早期的雏形。到19世纪后，地理学、生态学等学科领域都有关于景观的理解与描述，这些研究为日后景观建筑学打下了坚实基础。景观设计学理解的景观，是综合地理学与生态学的解释，强调地质、地貌、气候、水文、植被、生物等景观要素之间相互平衡与制约关系，按一定事物发展规律赋予社会属性，满足人类文明审美、文化、教育、生产等需求。

1827年出版的*The Landscape Architecture of the Great Painting in Italy*（翻译为《意大利伟大绘画中的景观建筑》）一书中，首次出现Landscape Architecture（景观建筑）一词，将Landscape（景观）和Architecture（建筑）合并为一体。

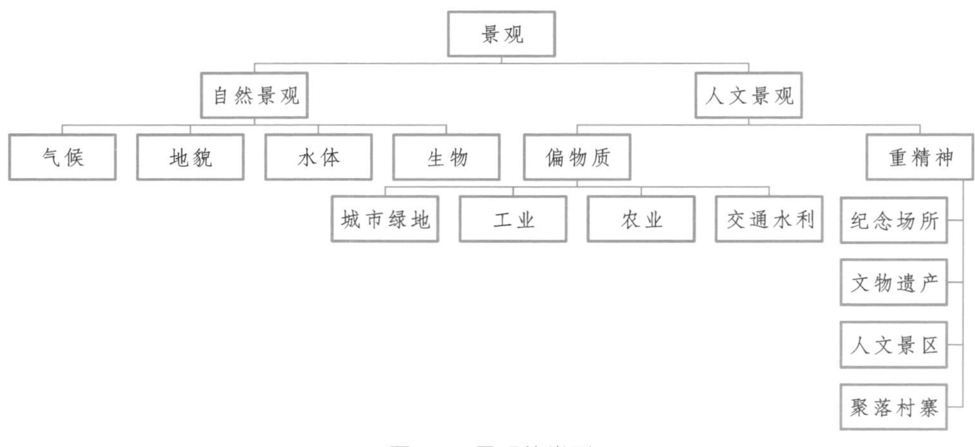

图 3-6　景观的类型

图 3-7　人文景观

图 3-8　自然景观

“现代景观之父”奥姆斯特德先生在1858年的纽约中央公园设计竞赛的官方文档中使用了“Landscape Architecture”。美国园林师协会于1899年成立，1900年哈佛大学第一个开设了Landscape Architecture专业课程，随后包括剑桥学院、康奈尔大学、威斯康星大学、马萨诸塞大学等诸多大学开设了此专业。

景观建筑学范畴认为景观是在园林基础上建立的。景观包括自然景观与人文景观，指人类可视范围内的人、自然现象及事物内容。景观可以很宏大，如万里海洋、绵延山岳，也可以很微观，如一朵绽放的小花。一般地，自然景观理解为没有经过人为加工的土地、山体、水体植物、动物、光影变幻、气候条件等。人文景观，亦称文化景观，是人类依据不同需求对自然要素进行加工，经人类活动后形成的景象，例如桥梁、水坝、万里长城等。实际上，自然景观与人文景观没有绝对的隔离，两者是辩证统一的，因为人类活动已经深刻地影响了整个自然界，甚至是冰天雪地的珠穆朗玛峰也有人安营扎寨。两者间存在动态平衡关系，人类影响程度越小越趋于自然景观，反之趋于人文景观。

通常设计师认为景观意味着“如何创造一个好的场所”，麦克哈格（Ian McHarg）的《设计结合自然》一书中，给予景观更加宏观的区域范围诠释。

2. 相关理论

（1）文化景观。

我国过去世界遗产体系对文化景观研究关注度不高，申遗成功的单位均没有提及文化景观。在大时代背景影响下，不少学者身先士卒推动了文化景观主题研究的发展，像杨锐教授的遗产研究团队取得了许多研究成果。单霁翔全面系统地诠释了中国的文化景观及类型，总结了中国文化景观遗产保护理论。2010年，西湖申报文化景观遗产事件标志着中国进入认识文化景观遗产新时代。

目前对于文化景观遗产保护的研究尚处于起步阶段，有大量认知的误区和需要深入发现的空白领域，许多方面问题亟待探索。

2011年，联合国教科文组织对中国庐山文化景观价值的研究取得了一定成效，开启了世界遗产与中国文化景观的新篇章。后来又有扬州瘦西湖文化景观价值研究进入世界文化遗产预备名单项目，这些进程，极大地带动了中国文化景观保护事业的发展。

（2）古典园林理论。

① 天人合一思想。

“天人合一”思想从先秦时期一出现就成为中华大地崇高的哲学观，是中国传统造园的精神根基。一个民族生存的状况造就了它的精神属性，精神决定了文化。中国大陆的自然环境，为数千年的农耕文化提供了天然条件，从而与大自然建立了紧密而和谐的共生关系。简略讲，“天人合一”就是自然与人之间在情感上融合相通，人认识自然规律、尊重自然法则，运用规律进行生产生活。

纵观中国千年流传的哲学思想，其核心都是“天人合一”的精神，它是缔造园林的思想基石，在咫尺空间反映山川河流，在人创造的至美景界里表达天地感悟、自然之美。遗址景观的建设，是在文化上重温精神家园，把心灵美寄托在山水万物。没有“天人合一”，哪来师法自然的艺术形式，情景相趣的诗词歌赋，灵性横生的乐山乐水，堪天舆地的风水学说，相天法地的宇宙观，等等。“天人合一”思想把景观空间变成了安身立命、寄托心灵的载体。

② 师法自然的思想。

《道德经》讲道：“人法地，地法天，天法道，道法自然”，“师法自然”遵循的是世界万千的运行规律，是指导中国传统园林规划的最根本的法则。以自然山水为主题的造园，表达“虽由人作，宛自天开”的意境。计成在《园冶》里面深刻总结了中国古代园林艺术的思想，提出“景到随机”“构园无格”等原则。师法自然不是简单地模仿自然，还原自然，是本于自然而高于自然。个人情感被寄托于园林景观之中，而又超越普通世俗水平的主观与客观、理性与感性高度和谐的产物。山石、水体、植物与建筑的构成关系中都包含着建造者对环境的意识情感，表达了一定程度的意识形态，各要素合理的空间组合、恰当的布局、别具一格的构思都趋同于“师法自然”的境界。

（3）符号学理论。

瑞典语言学家索绪尔是符号学研究的奠基人之一，他将符号理解为“能指”和“所指”的二元关系，即符号存在形象本身和概念表达两个层面。后来，莫里斯进一步解释符号学，细分成语构学、语义学、语用学，其中语构学揭示符号与符号之间的关系，语义学指出符号与表达对象之间关系，语用学说明如何使用符号的规律。

一般认为遗址景观属于纪念性的景观，符号学理论的介入赋予景观的形式和空间更多的含义。符号与景观构成要素之间有着天然的一致性，通常包括地貌、建筑、山水、植物等各元素的组合结构特征，对象的空间布局、比例协调、肌理几何、各种材料、色彩、体量、造型等等方面关系，在物质要素的基底上抽象出相应符号元素，彼此相互统一与协调，增强了景观的感染力与艺术展示性。

从符号学出发引导文化遗产景观规划，通常有几种形式：一是在符号象征的形象上与景观要素的形状、颜色、体量等形成对应关系；二是景观构筑物设计上采用文化背景时代所用的材料、技术、建筑形式，唤起对过去的回忆；三是借助相关故事、图画、诗歌、传说、影视资料在景观营造中引入主题符号，表达特殊的意境，在场地与背景文化间建立紧密联系，丰富景观层次，具体化、立体化、质感化相关抽象的事物。

（4）美学理论。

古往今来，美一直是难以准确定义的概念，它没有通用标准，是涉及地理、人文与社会、心理、艺术各领域综合而抽象的命题。一般地认为，现代景观美学的研究主要是景观审美的问题，美是一种和谐的艺术，抽象审美是西方工业艺术发展的重要成就，说明了源于个别，又提炼出共同属性的概念。关于景观美则认为是平衡各种矛盾的产物，景观美学理论博大而深邃，本书不再累述。回到遗址景观审美上，当历史建筑、遗迹的残缺、另类形象进入眼帘，带给大脑思维的更多是抽象审美，遗址的质感状态、光影变化、残垣断壁所投射出的沧桑感，是我们抽象思维的结果，与书籍字里行间透露出的“沧桑”意思具有一致性。

3. 景观属性

（1）物质性。

物质性，也称自然性，唯物主义哲学思想里阐述了事物物质第一性的基本观点，这反映的是事物客观存在的问题。具体讲，无论是大自然的奇观，还是人工雕琢的作品，景观载体本身的外形、色彩、体量是不受任何主观思维影响客观存在的，不以人的意志为转移。

（2）非物质性。

① 文化性，对于文化的解释没有永恒标准，不同地域人类对文化理解大相径庭。比较普遍观点是：文化是人类创造的财富总和，亦或是社会团体思维特征。不难理解，任何景观只要人类看见、欣赏、评判或利用，都被赋予了文化属性。

② 人本性，这与上一条紧密相关，只要人类视觉范围存在的景观，都必然与人发生密切的关系。景观的审美评价是人脑的思维判断，人也会根据自身行为习惯创造、改造客体对象，使景观更好为人服务。基于景观的人本性，有人将其定义为：通过知觉过程对空间信息进行捕捉的认知。

③ 整体性，也理解为系统性，景观被认为是一个由各功能结构组成，内部各部分间相互联系的有机整体。宏观上，景观与人类，景观与外部环境系统，景观系统内部各子体系间、各组成要素间都相互作用，又共同构成综合的、动态的系统。微观上，一定空间尺度内山体、水体、构筑物、植被、动物、人文活动等要素之间，存在一定自然科学、美学、行为心理学等规律，依据规律联系最终构成一个景观系统。

4. 景观价值

纵观景观发展史，对景观价值的探讨经历了各种思潮洗礼，风格和流派总是此起彼伏，大浪淘沙，现今主要是讨论景观主体与客体间相互关系，意味着对景观价值的研究上升到新高度。维特鲁威对建筑提出的三原则，即“坚固、适用、美观”，对后来的景观价值评价有深刻的影响。唐纳德提出了现代景观具备的功能性、移情性和艺术性功能，有意思的是，后来刘滨谊也提出景观应具备功能、审美和生态三大功能，两个观点非常相似。麦克哈格在《设计结合自然》一书中拓展了景观环境价值，与生态学高度结合形成景观区域规划的基本思路。王向荣在《现代景观的价值取向》一书中提出“社会性、艺术性、生态性的平衡”是景观设计的基准。

由此可见，景观的研究围绕着对价值构成的分析与实践，厘清自然与人和社会的关系。景观在现代社会中反映了在生产生活中人的需求，满足人的审美愿望、生态观念和休闲文化生活要求，在人类社会与自然之间达成和谐。王向荣认为“景观必须满足基本的社会的职能”。综上所述，现代景观的价值的诠释包括三个主要方面：

（1）社会价值，所指景观与人类社会紧密联系在一起，发挥的职能作用，有主体的舒适性、客体的安全性、景物可达性和社会经济积极性等方面的要求。

19世纪末，西方工业革命给整个社会带来翻天覆地的变化，促使景观在功能与形式上也随之进步改变，景观不再是单纯审美的对象，它的内容也远远超越传统园林的认知，放在更广阔的社会视野下，景观与社会意识形态发生密切关系，具有强烈的社会属性。

（2）艺术价值，没有人反对把景观学称为是一门艺术，它体现了现实生活中人对美好事物的追求与美好愿望的表达，内心愉快思维的再现，是源于生活但优雅于平凡的创造。艺术作为景观设计的基石，从古至今存在于书籍、图画、诗词歌赋、电影乐曲和各种表演中，拥有包括写实派、超现实主义、极简主义、波普艺术等多种流派与风格，不可从景观中剥离。

（3）环境价值，在大城市高速发展和工业经济繁荣的背景下，越来越明显地体现其重要性。上至苍茫大地，下至深海碧波，自然的鬼斧神工与人的生产生活紧密联系，人居环境的优化是全社会的职责。生态环境的不断恶化，加剧各种矛盾的爆发，景观设计师领悟了环境价值对于景观的意义。麦克哈格的《设计结合自然》一书中将景观的环境、生态价值上升到专业的新高度去认识。尊重自然环境的规律，提倡物质与资源的合理利用与低消耗，运用可持续发展的技术与手段成为更多景观规划师设计的核心思想，把尊重自然、生命规律、生态原则作为实践的准绳。例如美国西雅图煤气厂的改造工程，用可持续发展的生态方法代替大拆大建的方式，修复了工业环境质量。在海布龙市砖瓦厂公园改造案例中，设计师变废为宝，利用原有地理条件通过生态技术建立良性的自然系统，让衰败的工业地变为公众满意的景观场所。

上述三个价值是相互结合的整体，单独分开则不成立。价值间不分优先等级，都有必不可少的作用，不同价值的意义无法被其他价值所替代。纵观历史，景观的价值始终以人类社会活动和自然环境为核心，虽然不同时期有不同的体现，过去是王侯将相私人宅院，现在是公共绿地，无论是独乐乐，还是众乐乐，景观的社会功能、艺术表达和对环境改造的积极意义都是恒定的基准。

5. 文物的景观价值

（1）审美价值。

历史学家眼里，每一件文物都是艺术品，但是不代表其具有景观美学的审美价值。在景观的范畴，不可移动文物属于人文景观，怎样判断经过人工雕琢的美与丑？美与丑的认知随时间变化也在不断变化。原始社会人们把未知的、令自己恐惧的事物归结为丑的，而认为有利于生存的形象就是美的。随着社会生产力的发展，美多元化，更多地与主流文化、政治崇拜联系在一起。美，本身就是历史性的，不可移动文物特殊的历史身份造就了特殊的审美价值，这是历史留给我们的宝贵财富。美，没有固定、通用的标准。美学与哲学是辩证统一的，研究美学史也就在研究具体的美学观点，所以美学与美学史是互通的。文物的美与美学的意义是一致的，其意义在于启迪人类智慧。景观的审美价值主要包括视觉审美与环境体验感受两方面。

① 视觉审美：从内容上理解，文物审美价值包括物质与精神二元结构，精神是基于物质展现的，而物质也是基于精神决定的存在形式，两者互为基础，高度统一；从形式美角度理解，文物的形式美与景观一样，由各要素与组合规律构成。

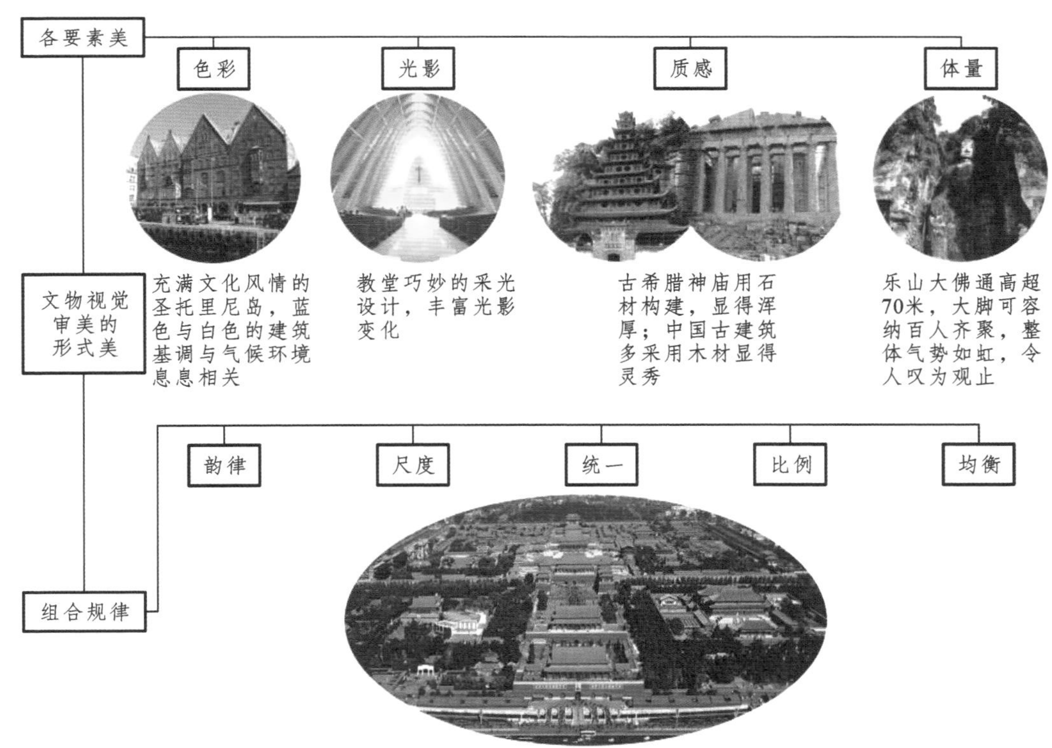

图 3-9 文物视觉审美价值构成

② 环境体验感受：人与环境的相处，不仅仅依赖于视觉体验，多种感觉（听觉、触

觉、嗅觉等）相互作用，令人产生复杂的情绪，如惊喜、安宁、舒适、忧伤等。文物承载着特殊的文化内涵，它容易唤起观赏者的情感记忆，这种记忆可能来自书籍、典故及其他媒介，把人带进似曾相识的主观意识世界。

（2）文化价值。

① 文化价值的核心是文化认同。文化是民族、国家、地区在意识形态上统一的基石。一个独立发展的民族，都拥有维持自身主体稳定的文化。随着社会发展，传统文化不断接受外来文化融入与影响，变得更多元化，这种变化往往让人模糊了对传统文化的认识。所以当今社会，文化认同显得尤为重要。文化认同是人们对文化的普遍认识，在同一文化影响下能产生共鸣，从而有群体感应，有归属感。就景观表达而言，对文化的认同具有强烈的属地性，显示着明确的地域特征，具有很强的识别性。

② 传承性。只要属于该文化的群体，社会还在延续、发展，景观的特征都会一直保留下去的。

③ 教育价值。文物承载的历史信息是重要的教育素材，通过景观方式直观表达，让人在审美过程中记忆学习。

（3）自然价值。

文物的自然价值在于它的资源性。文物属于过去，它是一种稀缺的不可再生资源。文物的环境价值通过场所功能实现，由质与时空属性组成。

① 质：主要是指文物保存现状的质量，它的真实性与完整性是重要指标。

② 时空：指文物所处的年代和地理位置特性，这两个属性直接影响文物价值的地位。

③ 资源性：通常理解为一种供求关系，需求大而供应少，物质就稀缺。文物作为历史遗留物，稀缺性是它的基础属性，它是文物价值大小的决定因素。

文物资源性价值体现：
斯里兰卡是南亚一个普通农业小国，却备受全世界游客关注，因为那里保留有数量庞大的历史文化遗迹

图 3-10 遗址景观的自然价值

（4）社会价值。

景观的诸多属性体现了社会价值，一是影响区域布局，例如敦煌的莫高窟举世闻名，由于它巨大的吸引力，最终形成了兰州—敦煌—青海湖旅游大环线；二是提升区域形象，例如意大利的著名城市那不勒斯，知道的人也许不多，但离它不远的被火山灰掩埋的遗址庞贝古城可是蜚声世界，关于庞贝的历史典故、影视作品更是数不胜数；三是影响周边经济，著名的文物遗址对周边住宅的价值提升是显著的，同时也带动了酒店、餐饮业的繁荣；四是服务与公益性，借助文物遗址的影响力与号召力，以它为中心开发出景区、公园供人们休闲、游憩。前三个内容体现了环境价值，第四个内容体现了旅游休闲价值。

3.4.3　考古遗址价值分析

1. 基本属性

（1）古老性。

遗址的年代属性是最本质的特征，它是人类历史发展长河留下的先人的遗迹，每一个遗址都有其专属的时代性。现今发现的著名遗址如三星堆遗址、殷墟遗址、良渚遗址等都要追溯到几千年前了，古老的文明总是让后人充满敬畏，很有神秘感。

（2）不可移动与不可再生性。

遗址是古代人类社会劳动与智慧的结晶，犹如一本古书反映了特定历史时期和社会环境的特征，弥足珍贵，具有不可再生性、唯一性。从某种意义上讲，一个地方拥有的遗址是有垄断意义的。

（3）地域性。

遗址所处的地理位置决定其地域文化范围，所以遗址的地域性由自然环境和社会文化环境两方面构成。自然环境决定了遗址文化与发展的基础，社会文化环境则奠定遗址形象与风格，所谓靠山吃山，靠水吃水，一方水土养一方人，当地人的风俗、饮食、休闲生活、建筑形式、宗教活动和衣饰形象等信息都可以在遗址中找到蛛丝马迹。

（4）残缺性与神秘感。

经过沧海桑田、斗转星移的变迁，遗址呈现出来突出的表象特征就是其不完整性、残缺性，正是这种不完美，却也带来撩人心扉的神秘感，令人浮想联翩。位于意大利那不勒斯附近著名的庞贝古城，在公元79年被维苏威火山爆发喷射的粉灰掩埋而消亡，后来被考古发现，展示给世人相对完整的街道布局与建筑结构，除开古城的历史、科学价值，反而它最吸引全世界游客的正是残垣断壁的残缺美、神秘美。

2. 景观属性

（1）物质性。

遗址本身作为物质要素，是鲜活的历史情景再现，是伸手可触，肉眼可见的客观实体。遗址作为一道特殊的景观，其物质性不能人工重新建构，而是追求被发现时的原貌，不能任意修改、添加元素构成，它的原真性是物质性的核心。

（2）非物质性。

承载在遗址身上的数千年历史文明的积淀，是其有别于普通景观载体的关键。不同历史时期人类社会文明发展程度不断变化，折射到社会产物上也会留下时代深深的烙印。古代遗存是人类现代社会的宝藏，继承和发扬遗存的精神文明内涵是当代人不可推卸的责任。

（3）景观属性。

从图3-11可以看出，遗址景观的属性与遗址属性相通相融的，后者是基础，前者是后者表现的一种形式。遗址属性通过景观的载体，供大众使用、学习和传承，具备景观的属性与职能，换种形式展现遗址核心价值。

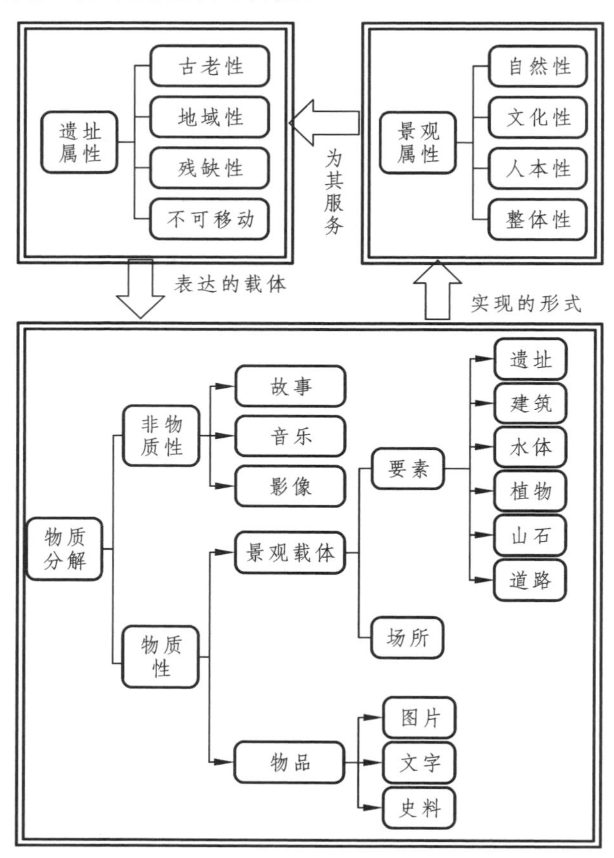

图 3-11 遗址景观属性图解

3. 考古遗址价值

（1）自然价值。

① 在精神方面，地理、天文、气象、水文地质都是自然条件组成部分，人类发展离不开自然环境，远古遗址从某种意义上是属于自然史的一方面。随着城市的不断建设，

大规模古遗址被城市分割成若干小块用地，逐渐失去价值，城市格局重新规划，会让遗址周边原有风貌呈现新的特征。周围环境变化会影响遗址自然价值，遗址本身对环境的“控制影响力”又会对新建设形成感染力，让两者更相似，“留存的建筑与市井，是历史文化的沉淀，是传统社会观念无形的影响力”。这种精神的作用力绝非肉眼可见的遗址现状物质特征所能替代的。

② 在物质方面，时空性：考古遗址多为远古、史前时代，是研究地方文化起源弥足珍贵的佐证；质：考古遗址尤其是地下遗址是不完整的，在整体分布上也是很难连续、均匀的；资源性：具有重大意义的考古遗址是极其稀有的。中国作为文明古国，在960万平方千米土地上发掘并保护的国家级墓葬与遗址仅700余处，实属宝贵。

（2）文化价值。

① 教育展示意义。

一个城市或地区的软实力通常表现为其文化的魅力值高低，可见以文化为主题的景观在城市环境的建构过程中不可替代的地位。遗址是先辈留下来的智慧结晶，它具有教育后人的重大意义。考古遗址作为一道风景线，展示了城市地域文化的精神风采，让更多的本地人热爱故土，让更多的外地人向往留恋，是不可多得的良好教育资源，是可看可读可娱乐的综合载体。考古遗址景观是城市历史文化的直观反映，对于城市或地区深层次的了解，不能停留在城市面积、经济规模、人口结构和产业布局等数据上，应该感受城市文化景观形象。代表历史、代表传统的特色景观，是城市精神文明的形象大使，例如丹麦首都哥本哈根，因为安徒生的童话故事而成为享誉全球的“童话之都”，城市中设计了与童话相关的各种建筑景观，如图书馆、公园、活动绿地、博物馆等，充满了令人无比神往的童话气息，以童话为主题的趣伏里乐园是欧洲人气极高的旅游胜地。

与地标建筑作为城市的形象代言相比，文化遗址景观才是城市避免千城一面，别具特色的重要元素。一个有趣的统计，2012年美国建有533座摩天大楼，中国有470座，到了2022年，美国达到536座，中国则是惊人的1318座，但是人们一提到世界金融中心还是高楼林立的曼哈顿。北京拥有举世闻名的故宫，西安拥有各方人士都想一观的兵马俑，而过去30年全国消失了4万多处不可移动文物，其中大部分因城市建设行为而毁坏，这是一件令人扼腕痛惜的憾事。

文化才是城市的立足根本，考古遗址景观在展示城市传统文化方面有着不可估量的作用。例如，成都太古里商业区围绕以大慈寺为中心打造传统建筑群街区，营造了优雅的商业文化氛围，从某种角度来看实现了文化与商业的共赢。中国北京的圆明园、西安的兵马俑，墨西哥的玛雅遗址等著名景观在城市品牌建构中成为巨大的资源，其城市品牌宣传作用可谓有目共睹。

② 传承意义。

城市传统的精髓需要传承，形成代代相传的文脉。城市文脉传承的基础是城市的历史文化特征，传承的意义在于把过去的智慧思想与现代性演变社会的理性结合，创造出新时代的价值。在传承的方式方法上，一来可挖掘历史上曾经的优秀传统文化与技艺，通过今天的科技与知识重新认识与复兴；二来可以重视与合理保护延续下来的对现代文明仍然起到一定作用的文化，这种影响是有利于生产生活的，与现代文明没有严重冲突与对立。

景观的文化传承实际应用有两种模式：一种对本地文化进行深刻剖析，系统诠释。例如：魏雯、汪燕、苗宝成等分析了革命老区环县的皮影文化艺术，针对当前国内景观设计中普遍存在的地域文化特色缺失的问题，论述了地域文化与景观设计的含义以及它们之间的关系。蔡志强把民间传统的图腾图案与文字符号引用到景观艺术表达中，形成有地域风情的景观形象，丰富了展示内容。另一种是就地取材，利用自然环境条件特点与物质要素，深度融合传统文化内容与表象特征，通过材料变化、肌理的表现、色彩运用和造型样式多样化，构成了颇具地方特色的景观风貌，具有可观的持续吸引力和发展前景。

地域文化在景观营造中的应用面是相当广阔的，景观规划设计的手法灵活多变，可以产生形式多种多样、类型风格迥异的结果，可以利用先进的科技手段，全方位展示本土文化发展历程与精华特点，像建造3D数字博物馆，带给人们耳目一新的体验，辅助理解文化的蕴意。甚至加入VR或全息投影技术，直观历史场景与故事，寓教于乐，很容易打动观众。

景观无疑是传承地域文化价值的理想载体，它有与人相处的空间环境，提供思考学习的平台，这种平台的形式广泛存在于我们的日常生活中，像纪念性公园绿地、特色博物馆小镇、乡村文化旅游景区、城市文化广场、传统体育项目公园等，未来城市的规划发展离不开文化积淀的支持与加持，有活力、有潜力的地区必定是充满自身文化特色的，一味地模仿热点城市形象，只能如流星般昙花一现，淹没在社会发展的大潮之中。

图 3-12　遗址传承当地历史

③ 认同感意义。

认同一词更多出现在心理学范畴，就景观而言是主体对它形态特征与审美表达的认可与接收，承认特定场所与空间被接收与欣赏。认同反映了主体在客体环境中心理的变化，从陌生和距离感，逐渐趋于熟悉和适应感的过程，最终达到古人所谓的天人合一的境界。当然，一般将认同解释为基本接收即可。例如：当你看见石灯笼与枯山水景观，你会认为这是日本古典园林；当你看见穿斗民居与竹林盘，你会意识到是川西传统聚落景观；当看见天苍苍野茫茫，风吹草低见牛羊的壮观草原，看见骑着骏马飞驰的汉子，你会觉得那是内蒙古大草原的美景。这些例子说明，认同是一种思维过程，景观对象是观察的客体，人也是环境里的一分子，不同的人对相同的环境有高度相似的认知与结论，就表示与景观里的某些要素引起了共鸣，如空间结构、肌理轴线、色彩体量或造型材料等。认同让彼此更亲近，让人们之间有了特殊的关系，人与人有了亲切感，人与环境有了归属感，建立了一种相对稳固的、长久的关系。这种关系可激发人们内心的自豪感，编织独特的地域文化情结，让人们自觉积极地维护本土社会繁荣发展。

（3）审美价值。

在物质方面，遗址所特有的自然的残缺状态被公认为具有特殊审美价值。遗址形式上的形态美、材料美、肌理美、色彩组合美等，是对民族精神、地域风格和文化精髓的可视性解读。乔治·艾伦提出“现在就是将来”，景观的美在于其艺术性、通达情感和独具特色。历史积淀赋予遗址的特色是它美的源泉，不是设计师刻意模仿生搬硬套上去的，它是有灵性的。遗址景观的生命力建立在不可复制的残缺美上，触动人们心底最真实的情感去体会它、呵护它和利用发展它，这促使遗址文明能生生不息地流传下去，还能挖掘更多的艺术潜力与资源，为公众带来不一样的审美情趣。在精神方面，不同于普通山川河流的自然景观，古遗址带来古文化的神秘感与仪式感，让欣赏者产生莫名的敬畏心理，去感受古文化的洗礼，好似参加宗教仪式活动、历史书院或民俗庆典，令人有难以忘怀的精神经历。21世纪的景观设计不再停留于形式美的追求，而是与信息技术、生态学观念及满足复杂社会功能结合起来，综合各类思潮风格，内容与形式富于变化。人们对美的理解与向往早已超越了追求线条曲直、造型多变的水平，遗址景观唤起的另类的情感交流让人们暂时忘记眼前的浮华喧嚣，让内心穿越到了遗产特定的历史时期，与古人建立了精神交往，这种平静而崇高的感受不是一般美景可以提供的，这就是久远的文明传递的魅力。

无论是精神还是物质方面，关于遗址景观的审美标准很难用艺术法则或形式规律去衡量，这有别于我们寻常对景观视觉评价的认识，但是这种美的价值确实能看得见摸得着，是客观存在的。

（4）社会价值。

① 保护传统文化生命力。

经济发达地区在全球一体化进程中占据了主导地位，成为文化输入一方，造成了其他地区文化被同质化的结果，将导致文化多样性面临巨大的危机。该问题的出现，不少国家和地区已经意识到严重性，为保护本土文化的延续，避免灾难性后果出现，纷纷采取有效措施，“越是民族的，越是世界的”的说法就是在此背景下提出的。注重对自身文化资源的挖掘，突出以本土文化特征为发展的基石，在国家层面的做法也倾向于发挥本国文化遗产的优势。以价值为导向的保护思路成为国家针对文化遗产的基本保护准则，全面诠释传统文化精髓，抵御同质化的侵害，消除社会焦躁不安的畸形心态，维持精神文明健康的发展。因其自身属性的关系，文化遗址在全球化风暴中站在了保护文化多样性的前端，从某种意义上看，保护好遗址，也就是保护好历史文化薪火相传的火种，它阐释历史、储存了群体记忆，能让人们保持头脑清醒、直面过去，提醒人们还有宝贵的事物等待大家珍惜。古遗址在尊重和维护本土文化方面的显著作用不可低估，保持文化的异质性首先就应该重视文化遗址的完整与安全。

图 3-13　西安出土的兵马俑闻名世界

② 维护文化的传承性。

伴随社会化的文化遗产保护运动全面开展，文化遗产的价值越来越被看重，相关的措施技术与管理理念取得长足进步，就趋势来看，已经化被动抢救保护为积极主动的规划保护，保护领域不局限于遗产本体，对其精神文明和文化外延的传承同样看重。如今，保护目的除了实体的保存与维护外，关注遗产能唤起人们尊重与珍惜历史记忆，世世代代传递和重新认识变得尤为重要。单霁翔先生说过，文化遗产保护的至高境界是传承给后世，让后人有机会与历史对话，享受古人智慧的成果，从而获得民族自豪感，真切体会到精神文明为生活质量提高带来的福音。

古遗址景观是传承古文化的良好平台，有教科书般丰富的文化内涵，有轻松怡人的交流空间，有赏心悦目的园林环境，遗址的文化伴随着景观的价值，深入人们寻常生活中，传承自过去，同时又连结起现在与未来，能够被每一世代的人们认同与共享，并愿意毫无保留地将其传承给下一代。遗址景观的价值就是将文化以人们喜闻乐见的方式保存下来，留给下一世代并不停地在传播、传承中发展，它强调的是当代价值与历史概念下所创造、呈现出来的认同感，其目的是让更多世代的人们有机会接近与了解历史的意义和价值。

③ 助力文保事业社会化。

受制于意识与技术条件，过去一提起文化遗产保护就被认为是文化管理部门或文物考古业务范围，与普通百姓生活相去甚远。就保护的形式而言，往往采取封闭围起来的做法，与外界有一种无法逾越的割裂；就保护的技术措施而言，专业的保护知识与技术也不为外界民众知晓。但是，过去的状态不能适应当下社会迅速发展的形势，各领域大开放、大融合的时代早已来临，古遗址保护面对的问题不再是简单的文物保护技术或手段能解决的，更多的是社会性问题，城市建设环境全方位的变革，城市人居条件史无前例的优化，人们的文化水平与社会服务意识空前高涨，都推动遗址保护事业透明化、大众化发展。

缺乏公众的积极参与，文化遗址即使保留下来，也难获新生。没有群众广泛的支持与宣传，保护事业发展容易变成死水一潭，丧失发展的生命力。

图 3-14　金沙遗址举办各类社会活动

假如文化遗址保护仍着眼于保护技术本身，无视大千世界日新月异的变化，没有很好与社会、市民建立良好沟通的渠道，保护事业终将边缘化、停滞化和落后化。走出狭小的圈子，带领更多专业与学科的技术人员参与保护事业，把责任与权益分享给更多的民众，形成全社会关注、大家参与的氛围，才是遗址保护可持续进行的方向。

总之，人们对古遗址价值的认识是一个动态的过程，不断在进步和转变，价值观的理解与解释也在不断更新完善。古遗址的价值内容仍在持续变化和拓展，本书对此的研究正是沿着事物发展的进程作出新的诠释。

综上所述，考古遗址景观价值体系诠释如图3-15所示。

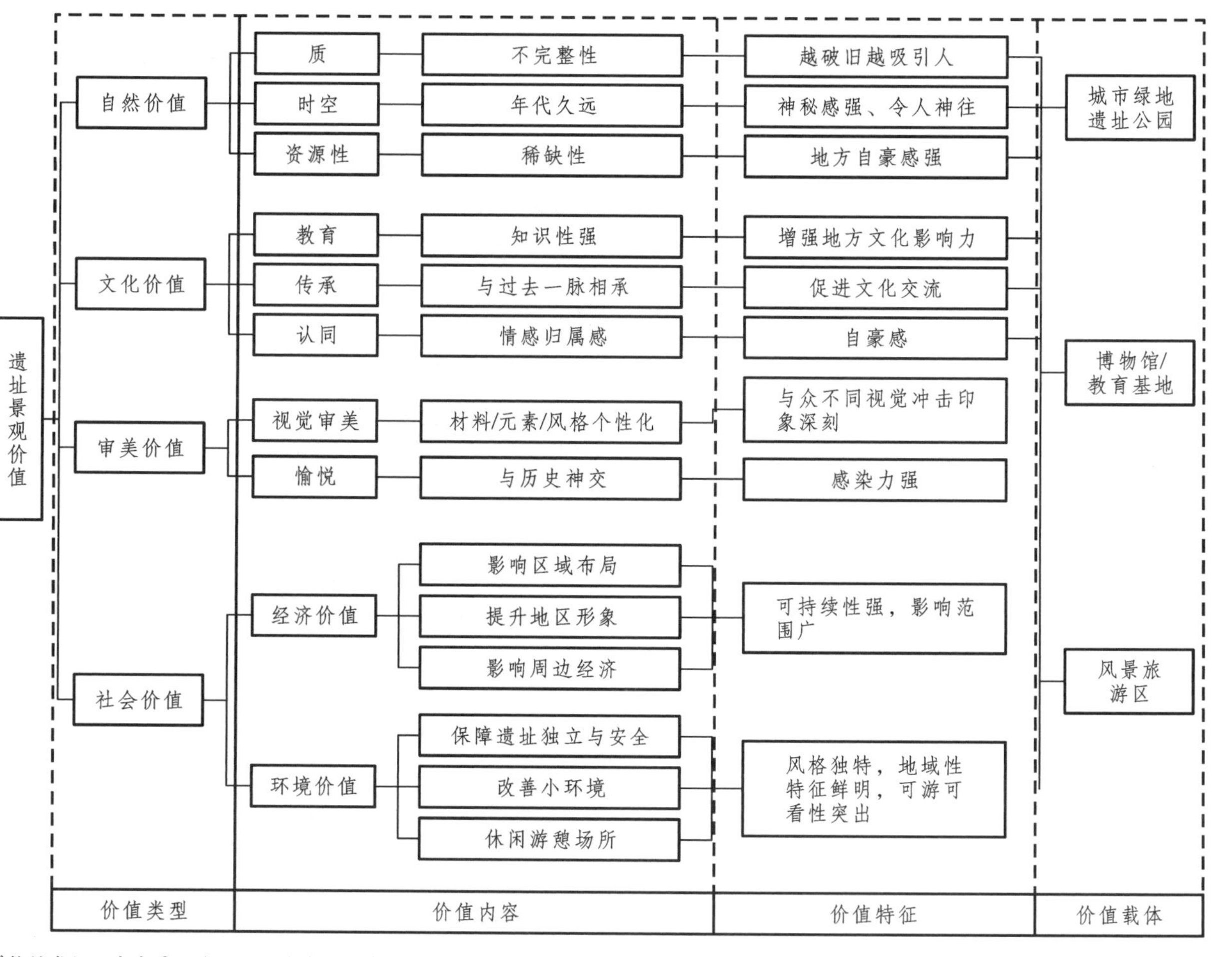

注：价值载体中博物馆类似以室内展示为主，设计涉及室外环境少；风景区规模更宏观，规划涉及内容与范围更广，研究对象更复杂，故这两类不在本研究范畴之内。

图 3-15　考古遗址景观价值体系图

3.5　价值体系特点

3.5.1　与传统价值观的区别

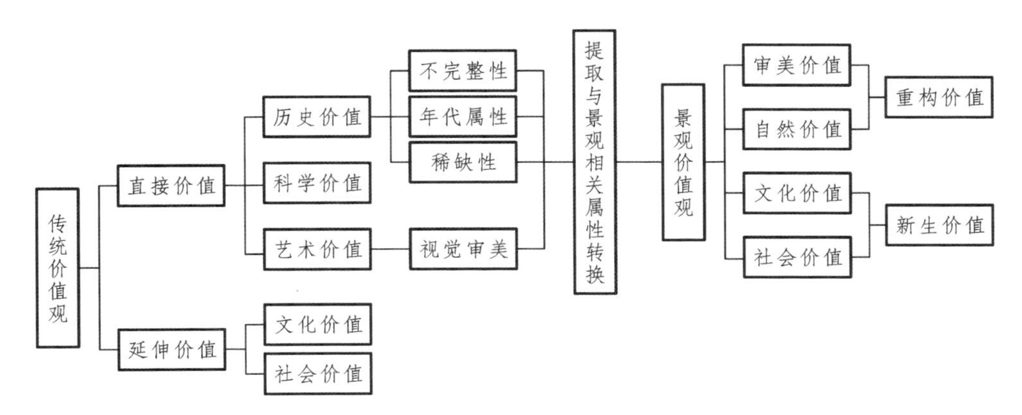

图 3-16　传统价值观与景观价值观的关系

相比较于传统考古遗址的历史、科学和艺术价值认识，本书构建的价值体系主要有两点变化：

（1）通过归纳演绎方法，对原有价值进行重构，重新诠释价值的内涵。以艺术价值为例，其包含艺术史料、美学、视觉审美及文化意境美等内容，将与景观息息相关的内容（如视觉审美）称为显性要素，其余的称为隐性要素，抽离出隐性要素，保留并适当转换显性要素特征，构成遗址景观的审美价值。

（2）借助景观学的视角，对遗址价值拓展出不同的理解与认识。当遗址进行了一系列景观工程的改造建设后，形成承担社会公共空间职能的遗址景观，就具备了独特的环境价值。

3.5.2　不同价值间的关系

（1）相互的辩证关系。

我国文化遗产保护总体策略是保护与利用并举，考古遗址景观则是两者高度结合的实践产物，既保护历史文化的智慧价值，又融合入当代精神与物质文明，传承与发扬缺一不可。对应到价值层面来讲，遗址的自然价值和文化价值传统部分属于保护范畴，其余的文化价值延伸部分、审美价值和社会价值属于利用范畴。

考古遗址的保护与开发关系中，保护是基础与前提，利用是为了更好更久的保护，是保护的拓展形式。相应的，遗址的自然价值与文化价值是基础，审美价值与社会价值是拓展，需要传承与发扬前两种价值。

（2）相互轻重缓急关系。

基于景观思维模式下，各价值是有重要度区别的。例如圆明园遗址，该遗址在中国近代史上具有不可磨灭的历史价值，游人去参观的目的是纪念而不是游憩与观赏，所以圆明园遗址公园的审美价值是相对次要的。

将各个价值的重要性分为三个层级：非常重要、重要和不看重。考古遗址公园是最大限度地保护遗址价值，利用价值为当代及后人创造福利。因此，遗址公园价值间有重要性区分，像遗址完整性、安全性和底蕴相关的价值是重中之重，相对地会限制一些经济利益的开发，不可为了追求门票收入而盲目扩大游客数量，避免大量建设普通的商业经营场所。

作为基础价值的自然价值与文化价值属于非常重要级别；审美价值与社会价值中的环境价值，会依据遗址对象特征，介于非常重要与重要两级别之间变化；保护文化遗产是一项造福千秋的公益伟业，因此遗址的经济价值属于不看重级别。

综上分析，通过图3-17能更清晰地理解各景观价值的关系。

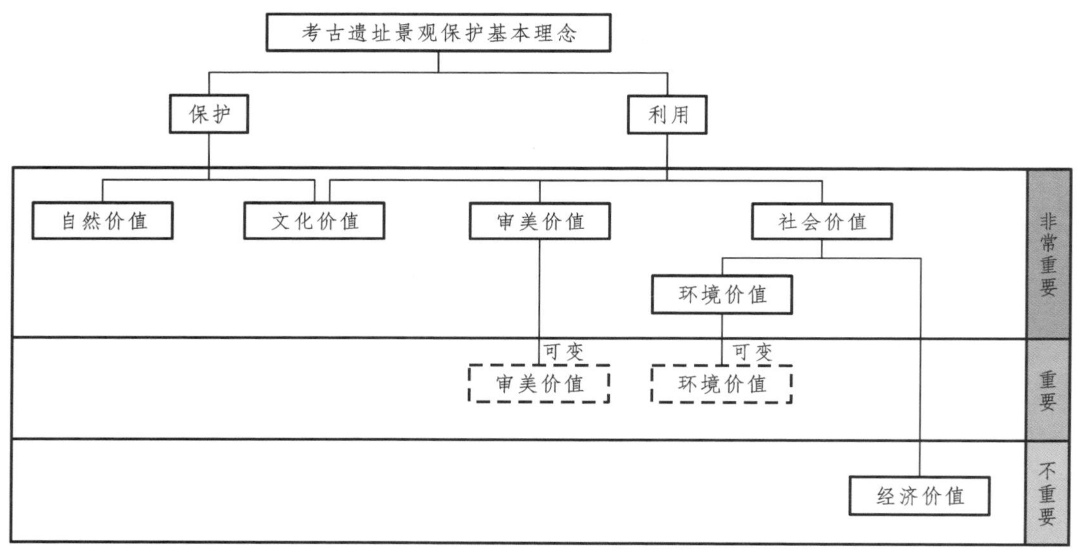

图 3-17 各景观价值关系

3.6 小 结

3.6.1 价值分析的必要性

（1）为景观学科的介入打开视角。

“多规合一”已在城乡规划领域展开践行，文化遗产保护领域在2005年《西安宣言》中就提出要“跨学科领域、跨地区合作”，建立文化遗产保护多学科的工作体系与模式。遗址保护与景观建设联系愈加密切，其保护工作越来越成为一项复杂庞大的系统工程，需要借助多领域的综合研究，转变观念势在必行，单一的保护格局转变为更广大空间范围的规划设计，《世界遗产名录》里出现了文化景观、农业遗产、工业遗产等更多的与环境相关的名词，必然会涉及建筑学、景观学、规划学等众多学科的参与，保护理念不断更新，将为以景观为首的多学科的介入敞开大门。

（2）确立以价值为中心的规划理念。

文化遗产价值在保护事业中扮演着重要角色，是保护理念与方法的基础，对于遗产价值的诠释与理解一旦发生转变，相应的保护理念、保护方法、模式等方面内容都会有相应的调整。

从整个文化遗产保护事业来看，保护理念由原来的注重对历史价值和艺术价值的保护，开始更加趋向于对整体价值的保护，像2003年公布的《保护非物质文化遗产的国际公约》内容更关注对文化遗产的整体保护思路与方式。从具体的规划设计来看，规划的对象从本体扩大到与周围空间环境统一设计，方法上也更多依靠建筑学、景观学的知识。

（3）建立科学的规划设计模式。

多年来，ICOMOS在全世界各国汇集不同背景的技术人员，组成门类复杂而专业的体系队伍。对于我国的情况，单一依靠历史学或考古学专业进行的保护事业也面临变革的压力，许多问题需要借助不同学科的专业技术完成。构建合理的规划体系，运用不同行业知识与技术才能进行充分的价值分析。文化遗址保护事业将来定是海纳各领域人才，加强国际合作与交流，其实在石窟壁画、古建修复和河道遗址等项目中，我国已经与来自美国、意大利、日本等国家的技术团队合作。

针对遗址景观的规划应跳出原有的文物保护规划模式，从景观规划的角度重新出发，建立有利于遗址景观价值利用和保护的新模式。

（4）确定基于价值保护的规划设计方法。

通过厘清各价值间相互轻重缓急关系，从而有针对性地制定规划设计方法，实现对不同遗址因地制宜地科学保护。有的自然价值突出，有的城市遗址环境价值意义重大，这些势必影响规划导向与空间策略。

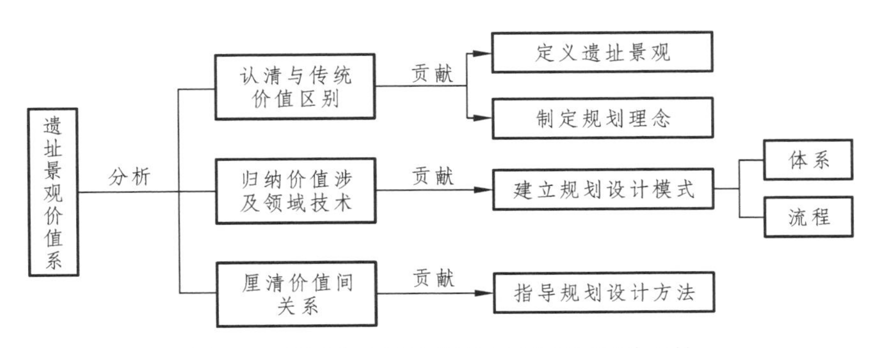

图 3-18　研究考古遗址价值体系的主要理论贡献

3.6.2 从价值到理念

《辞海》对“理念”的解释与柏拉图的理解相似，临摹事物的影子为理念，康德称之为产生于知性却高于经验的说法。一些学者认为，“理念”是根据个别现象经提炼抽象后能用以普遍事物的概念，是一个哲学的思维结果，经理性化分析得出的理解与看法，表象性地表达客观事物的内在性质。

考古遗址景观是由个别遗址景观集合起来的群体概念，这个群体的规划设计理念应基于归纳分析普遍规律和特征基础而抽象总结出适用于多数个体的指导思想。就古遗址而言，本体多残损严重，信息难以展示。随着科技与专业知识不断更新、拓展，遗址保护逐渐从单一遮风避雨式，发展至全方位多层次的博物馆式、公园式综合保护，将保护、展示与利用高度一体化。国家考古遗址公园的出现，标志考古遗址规划设计进入全新的景观理念时代，全新的规划设计理念呼之欲出。

3.6.3 从价值到模式

西方古代的哲学家就有了区别整体与局部的意识，思考大部分与小部分、主体与个体之间能动的关系，离开部分与个体，整体也就不存在。中国古代儒、释、道等哲学大家也有整体性思维体现，如《周易》的“天人合德”，《道德经》的有机整体论思想，董仲舒的天人合一等。西方有关系统的哲学观起源于希腊，主要思考群体、集合的意义。德谟克利特的《世界大系统》一书首次使用“系统”一词。柏拉图和亚里士多德都提出了整体大于部分的总和的观点。我国古代名著《孙子兵法》中体现了整体的、系统的军事智慧，《黄帝内经》中强调人体各部分的有机联系就是一种非常典型的整体性思维。到近代，德国的康德提出了有关知识的系统性问题。黑格尔将系统理解为一个“过程的集合体”，揭示其运动和发展的内在联系。马克思和恩格斯创立的唯物辩证法涵盖了系统概念、系统思想的整体观和联系观。奥地利生物学家贝塔朗菲于20世纪40年代展开了现代系统学的理论研究，认为系统是相互作用着的若干要素的复合体，结合了其他工程理论辅助揭示和建构系统学科的基础理论。经过几十年发展，解决复杂系统的理论科学——系统学逐渐完善。

就考古遗址规划设计而言，是一项复杂的、多学科参与的、需一定周期才能完成的系统性工作，它的运作模式要符合保护遗址的价值的要求与目的。遗址景观的规划设计项目系统与其他工作的系统一样，都具备基本的特征：第一，设计体系是集合体。该体系由不同专业学科的技术人员组成，起码包括考古学、景观建筑学等两个以上门类。第二，内部关联性强。设计团队方面各专业技术人员相互依赖，相互支撑，工作内容方面环环相扣，一部分为另一部分的基础。第三，有层次结构性。工作系统依一定程序和层次形成，程序上不同工作内容有先后缓急之分，同一工作环节里不同的专业技术有作用大小的区别，不同的专业人员有上层统筹管理与下层被引导实施的区别。第四，有动态性和目的性。该系统是一个开放的具有某种特定功能的有机整体，不同阶段不同专业的参与有一定流动性和随机性，信息技术的交流也在不断变化中。系统工作的目的性是很明确的，为保护与利用遗址景观服务。

只有系统化的规划设计模式，才能满足遗址景观多重要求，实现遗址价值利益最大化。

3.6.4　从价值到方法

遗址景观观赏效果由所处环境的文化氛围、文化意境决定的。现有国家考古遗址公园规划设计采用的主要方法是原型法和景观叙事法，古典园林设计精髓贯穿各个方法之中。毕竟每种方法各有特点，适用条件各异，以价值分析为核心驱动的综合性的设计方法体系，是普遍适用于考古遗址景观类型的，是保护与传承遗址核心价值与文化的有效途径。该方法以符号法与行为模式法为主导，符号是表达文化的路径，行为模式法是实现遗址景观公共职能，为公众服务的保障。

第 4 章 考古遗址景观规划设计理念与模式

4.1 基本理念

4.1.1 理论依据

1. 《中华人民共和国文物保护法》

该法对我国文物进行了分类与定级，诠释了不可移动文物由古遗址及其他类别组成，阐述了文物保护的重要意义与地位，明确了社会、经济发展与文物保护的关系，奠定了文物保护规划与管理的立法基础，鼓励面向社会大众推广文物价值。因此，把保护遗址与景观建设相结合不失为权衡各方权益的好方法。

2. 《全国重点文物保护单位保护规划编制要求》

该文件要求规划文物环境时，应参考历史环境资料，并注重文物保护单位与环境在景观上的协调性。特别需要关注环境风貌、视线通廊、空间、植被品种与外形特征等方面，确保与文物自身特征相协调。

3. 《中国文物古迹保护准则》

保护文物古迹的目的在于继承和弘扬优秀文化，古迹是历史发展的佐证，是了解历史、了解古文化的窗口，因此保存和利用文物古迹也包括保护与利用其环境，对自然环境和人文环境一并合理利用与开发，助推传统文明的继承。

4. 《公园设计规范》（CJJ48—1992）

该规范对公园的性质与规模、布局、园路及铺装、植物设计、建筑物及其他设施设计等内容提出了指导意见。

5. 《国家考古遗址公园规划编制要求（试行）》

该文件对国家考古遗址公园规划内容和程序有明确的要求，介绍了遗址的名称、位置、时代、性质、范围和历史沿革，依据相关法律法规说明了遗址公园范围、面积、定位及目标。其内容包括遗址文物阐释与展示体系规划、遗址公园总体布局、总体景观规划控制和专项规划等。

4.1.2 中心思想

纵观历史发展的长河，考古遗址景观应被视为一种可变化的中间过程，而非最终模式。它应充分利用当前社会知识和技术，为传承千秋万代服务。考古遗址景观应符合当前社会时代背景，以绿地为载体，最大程度地保护古文化遗址的状态和性质，为后人留出持续进行考古研究和改善遗址环境的空间与条件。

所以，考古遗址景观的规划与建设要以考古遗址景观价值体系为基础保持遗址原真性，有效保护与传承遗址核心价值。从对相关文献的分析可以看出，现有大多数考古遗址公园规划思想与本书观点是基本吻合的。

原真性代表着遗址本体在历史演变过程中形式、设计、物质、材料、职能等方面真实信息的表达，是世界文化遗产申报、遗产价值评估、遗产保护的重要依据。遗址景观的原真性则是本质信息与环境中的物质、材料、造型、功能等保持一致性与协调性。坚持展示原真性的景观规划理念重点在于遗址景观的价值分析，并以景观要素客观表达出来，让观赏者既可以真实地解读要素包含的设计思想，又能在良好的景观环境中体验遗址文化内涵。

4.1.3 设计目的

（1）从方法上看，通过景观价值分析，摸清遗址核心价值信息与自身特征，掌握景观表达文化内涵的规律，可以因地制宜地设定规划设计的模式与方法，避免出现过度设计或设计不足等问题，避免过去单一设计手法造成的局限性。从景观的视角出发，构建以符号法为主导，其他方法有机配合的设计方法体系，最大限度地保护与展示考古遗址的全部价值。合理的景观设计可以在过度美化与缺乏设计美感之间建立平衡，既以优美的形式存在，又不干扰本体的原真性。遗址文化的营造不应仅仅在展厅里面，在聚光灯下有限的空间，在室外广阔的环境中，更应有表现的舞台。景观营造与文化展示集成一体规划，是未来遗址景观环境布置的主导方向。坚持保护遗址的价值，实现向景观价值原真性转换，创造具有特殊历史文化氛围的场所。这样的场所既能展示考古遗址的文化内涵和外延价值，又能集休闲、游憩、科研、教育和观光于一体。

（2）从职能上看，一方面考古遗址景观要完整规划功能分区，《国家考古遗址公园规划编制要求》指出，要保障考古与研究实施规划与阐释展示功能相对完整性与独立性，文物保护性主体建筑设施与设备、文物馆藏与展示以及考古后续科研等不在景观规划范畴，但是空间规划与分区布局应与文物保护规划有机衔接；另一方面，考古遗址景观要体现符合时代要求的社会职能，营造可游可看的公共空间。这顺应了国家关于进一步加强城市规划建设发展的要求，把绿地带给城市居民，让绿地服务成为日常功能。城市里的考古遗址公园自然也是城市绿地系统的重要组成部分，社会职能的增加，意味着遗址性质的转变，从单一的保护性、排他性空间，变为服务性公共场所，类似情况见于古代私家园林，过去是达官贵人的专属宅院，现今具备了公共园林的性质，这种转换更有利于园林景观的维护与修缮。遗址景观作为一种游憩景观，具有观赏性、趣味性和舒适性，主要有两方面特征：其一，体现遗址的历史文化属性，整体气氛应有感染力，让游人打开心扉，交流精神；其二，体现娱乐性，活动空间应让人感受到轻松愉悦，得到关怀与照顾，满足人们游憩与休闲的需求。

4.2 主要原则

1. 保护先行原则

遗址景观是人类生存活动痕迹的见证，留给后人无限的遐想。文化是遗址景观的灵魂，环境景观保证了遗址的完整性、延续性，遗址在新的环境中与人和谐发展，景观是遗址文化的载体，用于尊重和传承优秀的历史文化传统。因此，规划必须依据文物保护前期勘探调研的结果，并遵循《中国文物古迹保护准则》的程序。文物古迹保护要坚持科学研究先行，并贯穿设计工作全程。研究成果将为景观规划提供支撑性和导向性意见，保障环境设计尊重优秀的历史文化传统，使场所空间保护了文物古迹的完整与安全，并展示了文物的文化特征和相关的历史、文化、社会、事件、人物关系等。保护性建筑体与景观的设计前提是保证文物的安全与完整，管理与服务性设施尽量利用原有建筑，避免无谓的扩建。

2. 最小干预原则

景观环境对遗址本体最小干预原则是对保护文物原真性的进一步诠释，其中心思想包括不改变古遗址的生存过程和存在状况，不影响古遗址所代表的文化背景客观表达与展示。景观规划应以延续现状、缓解损伤为上策，今天的保护就是为了更好地传承给下一代。景观的角色好比击鼓传花中的双手，规划设计就是用什么姿态捧好花朵不受损。现代景观设计可以运用前沿技术手段，预防性保护环境自然灾害的发生可能，减少灾害对文物古迹造成的损害，降低灾后需要采取的修复强度。

3. 环境可逆化原则

可逆，在自然界中最直观的现象就是化学实验的可逆反应，可以正向、反向均成立。景观的可逆化，指在景观设计时如果考虑建筑物等硬质构造物建设，将会对环境造成显著的改变，而运用软质要素（如植物），最大化营造绿化空间，不会破坏原始土层、空间和风貌。这种可逆化规划的意义在于遗址景观兼顾保护与展示双重职能，预留了继续考古发掘研究的空间与工作界面。某些未探明的地下遗址，在现有勘探技术不成熟的情况下，会采取绿化覆盖进行过渡性保护，为日后发掘做好准备。例如，陕西的秦始皇帝陵国家考古遗址公园，其保护建设采取了未开启地宫的方式。该遗址公园在设计时充分考虑了可逆性，以便在特殊情况或根据实际需要恢复至原始状态，避免大规模的建筑工程和对环境风貌的严重破坏。绿化措施对地下遗迹的影响相对较小，因为植物根系较浅，且植物生长对地表遗迹的损害也较小。在恢复过程中，植被可以移植、搬运并重新种植，避免了砖石等建筑材料的废弃所造成的资源浪费。遗址公园的绿地设计主要采用了浅根植物，如草本植物、灌木、容器栽植以及竹类植物，并通过增加种植层厚度的方式来实现。这样的设计便于未来进行考古科研时，能够轻松地恢复到原有的土地条件，无需进行大规模的建筑拆除，从而对遗址本体及其地下土层不造成实质性损害。考古研究完成后，又可以通过重新覆盖植被来恢复绿地景观。

这种可逆性原则在遗址保护里早有先例并普遍应用，既不干扰考古发掘任务，又创造了充满文化意象的园林空间。

4. 原真性展示原则

法国的卢梭提出过“剧场效应”，意为实际生活中的巴黎好比宏伟的大剧场，每个市民在观剧的同时又无意识地参与演出，所有人有双重身份，既是观众，又是演员，在很自然的状态下完成了同化与异化。同样地，在考古遗址公园中，室内展示与室外景观之间的互动关系至关重要。室外空间不应仅仅是植物的随意排列，而是另一个地域文化的“剧场”，其中的一草一木，各个景观要素都是“演员”。因此，室外景观应与室内展览内容和布局相协调，确保两者之间的文化氛围保持整体性、连贯性和一致性。

5. 可持续性原则

（1）保持地貌特征乡土化。

重视地方城市、建筑设计历史风格，重视当地居民的生活习惯及行为方式，重视当地材料运用，包括植物品种也应适地适树，重视传统格局肌理，维护地域特征，恰当保持乡愁精神。

（2）顺应历史与自然演变。

当前遗址所经历的历史阶段，在漫长的历史进程中仅是一瞬间。因此，我们的任务是在更广阔的社会背景下，维护历史自然形成的特色和外观。我们应尽可能地尊重自然生态环境，增强并整合现有环境的价值。在遵循客观规律的基础上，谨慎地对其进行开发与利用。

（3）坚持可持续发展观。

现代景观设计理念以可持续性为核心，旨在科学地协调遗址保护与开发利用的关系，着眼未来，有长远的保护利用规划。它强调对现有的自然、人文资源及传统习俗的尊重，同时顺应时代的发展趋势。这种理念既不支持固步自封的保护方式，也不支持拉大步子消耗未来的自毁型开发模式。

4.3 模式与设计内容

4.3.1 主体框架

1. 工作模式

表 4-1 设计工作分析

	主要工作内容	参与团队		阶段性成果
阶段 1：资料整理	基础资料收集，现场调研	考古人员、景观规划师		整理保护对象基本情况
阶段 2：评估工作	现状评估，价值分析，区域分析	考古学者、城市规划师、景观规划师		确立保护范围
阶段 3：完成方案	研讨保护方案	考古专业学者、城市规划师、景观规划师		方案形成
阶段 4：实施后评估	方案执行，建成后调研评估	考古专业学者、历史学者、城市规划师、景观规划师、环保学者		不断完善保护措施

2. 流程示意

新的景观规划模式是一个开放性、兼容性的平台，与文物保护规划合理共存，高度融合。在基础阶段共享调研数据、资料，互通信息，规划中期更是紧密合作，为共同的目标前进探索。

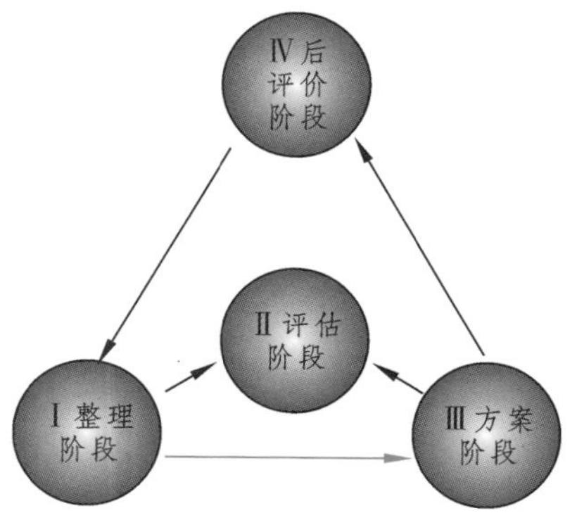

图 4-1 规划流程模型

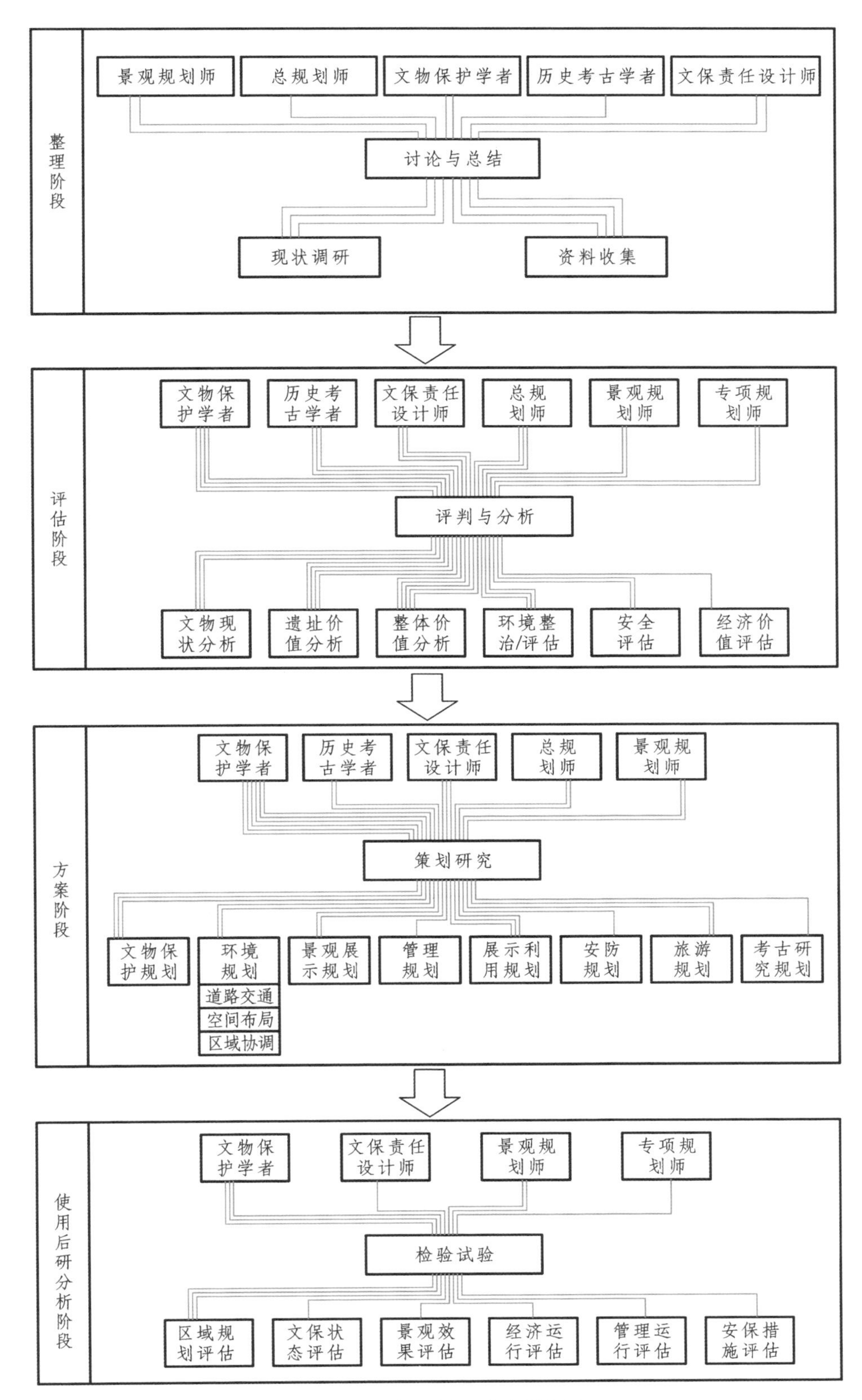

图 4-2　新的规划设计流程解析

4.3.2 分步解析

新设计的规划流程由四个工作阶段组成，包含了每一个阶段工作任务、参与的专业人员及适用的专业技术。

1. 资料整理阶段

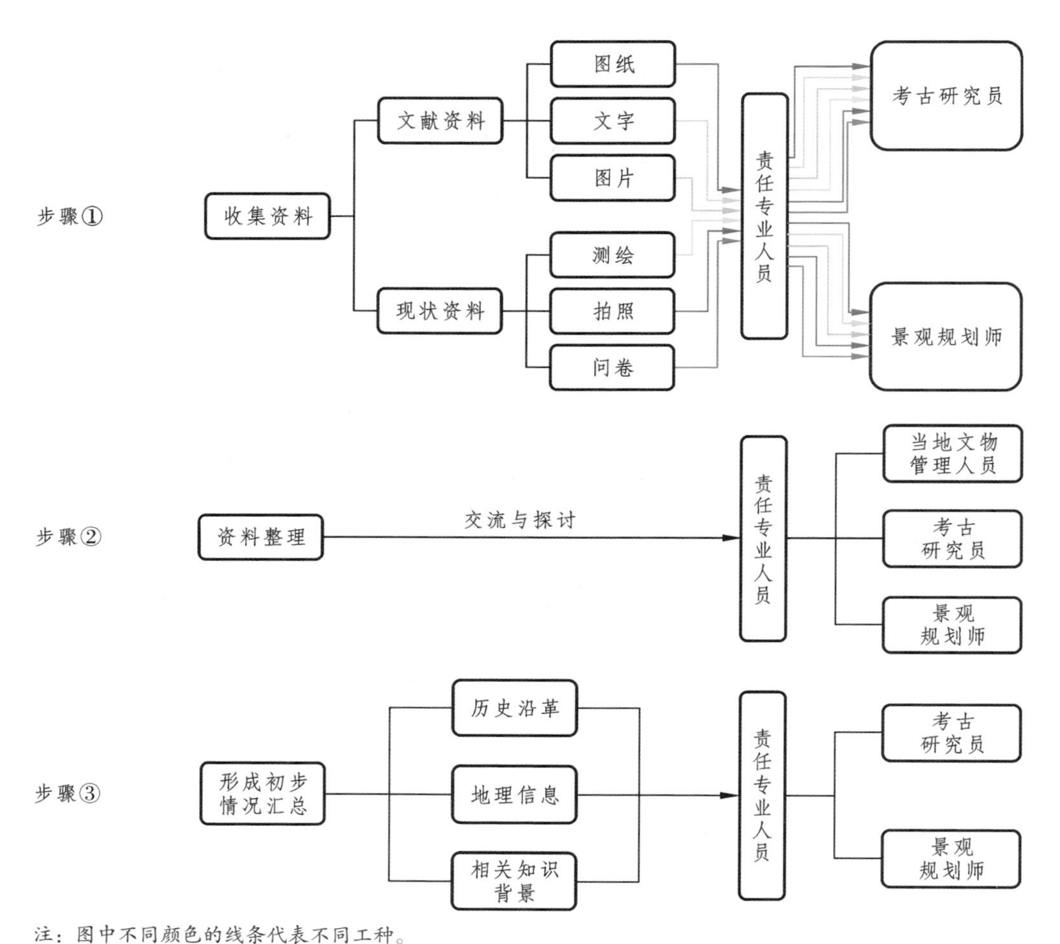

图 4-3 流程示意图

这个阶段，考古研究员与景观规划师是最早进场的参与者。

步骤①中，上述两类人员的任务有一定的交集但侧重点不一样：考古研究员主要梳理文物本体的历史沿革、价值内涵等信息，拍照、问卷的对象也是集中在文物身上；景观规划师在拍照时注重对环境取景，对文物信息的理解更多从与环境结合的角度出发。

步骤②中，景观规划师与考古研究员一道，同当地文物管理人员、研究员交流信息，分享心得。

步骤③中，所有信息资料的基础是建立在文物的核心价值上的，这部分主要依靠考古学研究员梳理，景观规划师配合。

2．评估阶段

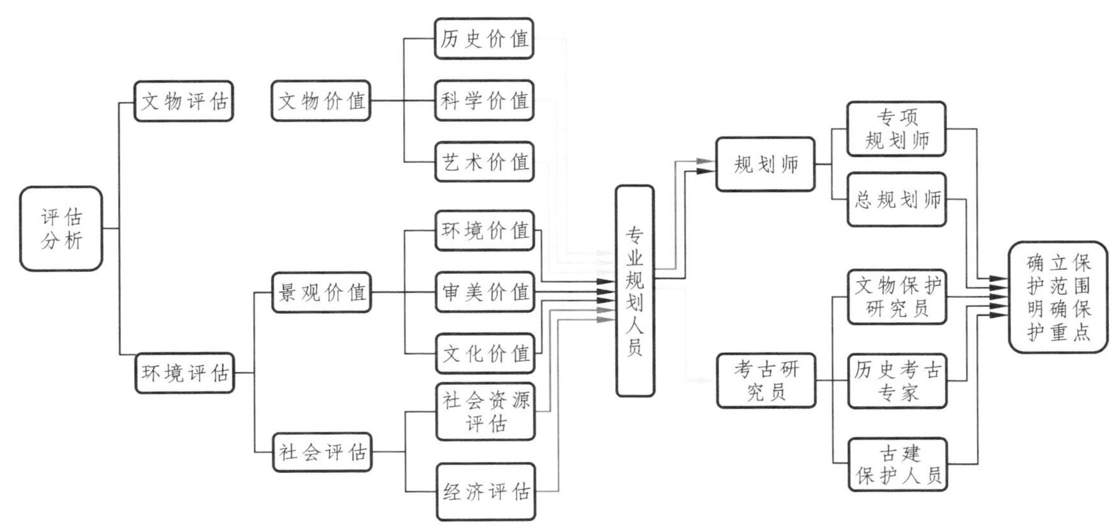

注：图中不同颜色的线条代表不同工种。

图 4-4　流程示意图

（1）工作内容。

步骤①主要有两大类任务，一是文物评估，二是环境评估。文物评估包括文物价值评估与文物现状评估。文物价值评估一般从历史价值、科学价值、艺术价值三方面进行分析，也可对其延伸价值进一步说明，例如教育、宣传价值等；文物现状评估主要说明文物现状的真实性与完整性，文物保护与管理的情况，文物遭受的损害（如病害、虫害、自然灾害）等。

环境评估是从规划的角度出发，在大区域、大环境尺度下去思考，主要包括景观价值评估与社会评估。景观价值评估从环境价值、审美价值和文化价值三方面入手。社会评估包括社会资源评估，比如区域位置、交通状况、地区吸引力等。

步骤②是在总规划师整体掌控下，由景观规划师协调各制约要素、规范，确立文物保护范围，明晰保护重点。

（2）参与专业人员。

这个阶段有大量涉及新领域的任务，所以就有新的专业成员加入团队。文物保护与研究专业人员参与文物损害评估工作，考古学古建专业人员负责文物建筑评估工作，各专项规划师（包括空间规划师、景观规划师、经济规划师）参与环境评估工作，最后由总规划师总体把控、协调。

3. 方案完成阶段

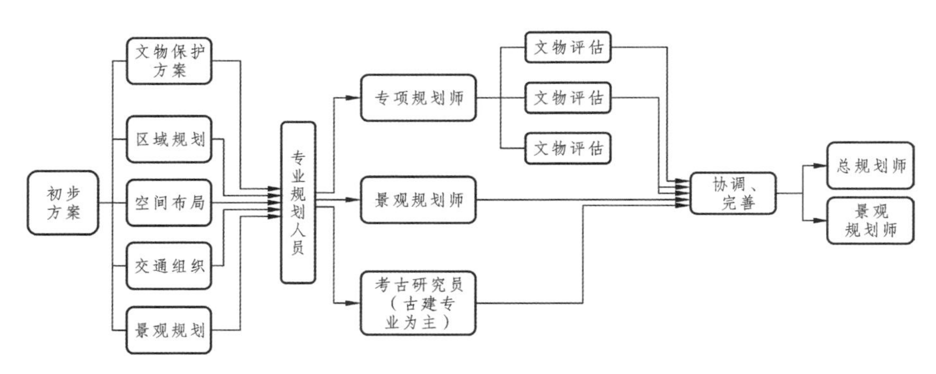

图 4-5　流程示意图

步骤①对各个分项进行规划设计，提交初步成果，包括区域规划、文保范围的空间布局、交通系统组织、景观规划和文物保护方案。每个分项规划由对应专业的设计师完成，例如考古及文保研究员制定文物保护规划、空间规划师完成空间布局及交通组织设计等。

步骤②由总规划师及景观规划师负责协调各方面利益关系。例如：调整区域规划，注重与大尺度范围内重要影响因素的联系；景观规划以文物保护为前提，调整交通组织、平衡空间关系；考虑可持续的旅游产业项目配合等。

4. 使用后调研与分析阶段

遗址公园作为景观对象，它的评估内容应该从景观要素、公共空间、社会职能的评价等几方面入手，应能较全面地反映景观的品质。

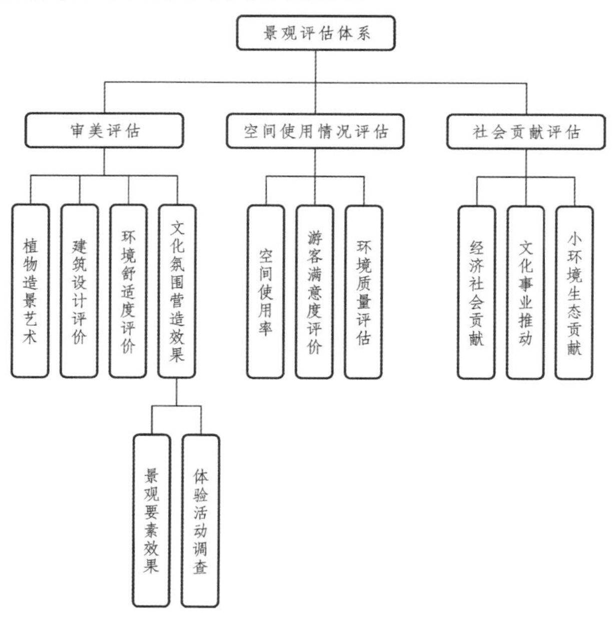

图 4-6　遗址景观评估示意图

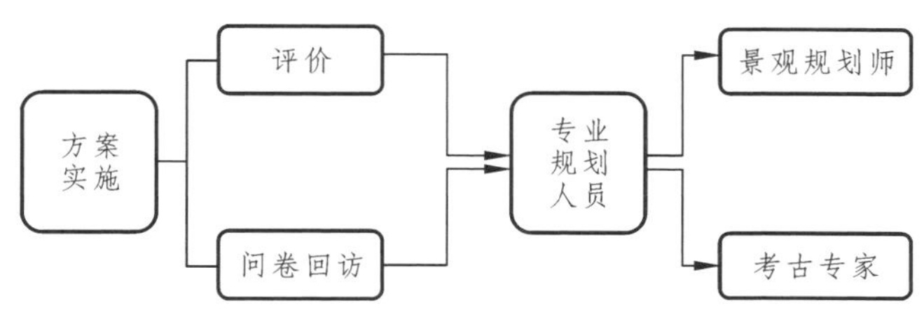

图 4-7　流程示意图

本阶段的主要工作：保护规划实施后，继续保持追踪，对出现的问题及时记录反馈。实施过程中及完成后都对当地居民、管理者进行问卷回访；有条件的可以邀请历史学家、考古专家、社会学家、建筑规划学者等各方面专家，在规划实施后采用专家评价法进行评估。

4.4　新模式的特点

1. 分工合作

从上述分析图可得出下列结果：

（1）图中工作内容参与度最高的是景观规划和考古专业人员，即他们在保护规划中承担的任务最广。

（2）从时间上看，整个规划工作中考古与景观规划人员起主导、串联衔接作用。

	工作内容	考古研究员	景观规划师	城乡总规划师	专项规划师（空间、旅游、交通）	地质学人员	生态学人员	社会心理学	经济师
阶段一	收集图纸资料	●							
	收集文字资料	●							
	收集图片资料	●							
	现场测绘	●							
	现状拍照	●	▲						
	现状问卷	●	▲						
	资料整理	●	▲						
	汇总情况	●	▲	○					
阶段二	文物价值评估	●							
	景观价值评估		▲			●	▲		
	社会价值评估		▲					○	△
阶段三	文物保护方案	●							
	区域规划方案		▲	○		●	▲		△
	空间布局方案		▲		△				
	交通组织方案		▲		△				
	景观规划方案		▲		△				
阶段四	方案实施评价		▲	○				○	
	方案实施回访		▲					○	△

图 4-8　各专业技术人员设计工作内容分析图（图中符号只代表实施了对应工作）

2. 角色转换

整个保护规划流程中主导的角色是考古研究员与景观规划师。两者如同自行车的两个轮胎，一起驱动，没有上下主从关系之分。一方面，站在景观规划师的角度可以更加宏观地作出规划蓝图，可以用与周边环境甚至城市共同协调发展的思维去解决问题；另一方面，一切的景观规划以保护和传承文物的核心价值为中心，这个核心价值主要靠考古研究员去挖掘，同时他们为如何在规划中实现文物价值最大化保驾护航。

3. 流程开放

基于规划方法建构的流程是一个开放的系统，根据保护对象的不同，有不同学科领域的研究人员加入，带来不同的技术解决对应的问题。这个开放的系统在三个方面有明显变化：

（1）多学科专业的配合。

传统的文物保护规划流程通常依赖于具备修复、古建筑和文物保护专业背景的技术人员，而方案评审阶段有时会邀请城乡规划与历史考古领域的专家学者进行审议。这样的流程涉及的学科范围较为狭窄，相对闭塞。然而，新构建的流程拓宽了参与的学科专业领域，吸引了不同背景的专业人员加入并完成各自的任务，打破了封闭的边界。根据项目需求，流程可以灵活扩展，涵盖了景观规划、城乡规划（包括其专项规划）、生态学、地质学等领域的专家，在不同阶段各自发挥独特的作用。

（2）工作内容增加。

工作内容已经扩展到更广泛的领域。与过去相比，当时的研究主要集中在文物本体及其环境上，而当前的模式采纳了更宏观的视角，带来了更复杂的工作界面。例如，在确定保护范围时，会运用区域和空间规划的分析方法；景观规划中会考虑到景观视觉美学的分析；而在灾后重建的保护规划中，可能会应用3S技术（地理信息技术，包括地理信息系统（GIS）、遥感（RS）、全球定位系统（GPS））进行选址。

（3）参与人员增加。

保护规划设计团队的规模和构成也达到了前所未有的完善程度，团队成员可能包括景观规划师、考古研究员（专长涵盖历史研究、古建筑研究、文物修复、古建筑保护技术等）、城乡规划师、旅游策划专家、地质研究员、环境工程技术员、生态学者以及社会与经济学者等。根据项目的具体需求，不是每个保护项目都必须有所有专业人员参与，而是可以灵活自由地、以开放的心态组建研究团队。例如，阶段2的评估工作，就有各专项规划师去完成区域评估、空间分析、交通系统分析等；如果文物对环境条件敏感，还会有环境工程专业人员运用大气、土壤、湿度等检测技术参与；文物若处于地质敏感地区，地质专业人员还将使用3S技术对环境进行检测；如果文物区域有重要的非物质文化遗产，还需要文化遗产学专家研究它的可持续发展。

第5章 考古遗址景观规划设计方法

5.1 理论基础

5.1.1 景观感知

从广义上讲，人类可视范围引起人审美共鸣的皆可称为景观。狭义上的景观是以人为主体提供具有观赏性、游憩性、生态性和体验性的空间，由具体的物质元素组成。它的形式多种多样，可以是自然风景区、公园、广场、街头绿地，甚至是四合院，总之它具有供人审美、享受的功能。这种功能基于景观是客观真实存在的，不是人大脑中虚幻想象出的，是可视、可触的对象，它与人之间存在一种感知、认可的思维过程。感知体现主体与客体的相互关系，两者通过主体感知器官和大脑思维建立联系，进行信息交流。客体信息有色彩、形态、冷暖、光影、大小等，主体信息则表现为与观察者文化、生活相关的心理活动。

1．感知主体

遗址景观价值感知是主体对客体认知的过程，遗址景观是被了解的客观对象，人是认识事物、思考世界的主体，这个主体代表着一类群体。确切地讲，那些进入景观场所进行游憩、欣赏的人们，它们是与景观发生互动，使用景观并有意愿了解环境的人群。

2．感知方式

景观宛若一个巨大的舞台，揭示特定社会文化意识、生存生态环境的演变，既满足人们了解古老神秘事物的好奇心，又进一步展示了遗址的价值。遗址的各种属性被视为舞美布景，是表达景观理念的客观介质，通过它的可读性和可持续性被人所感知。

（1）可读性。

对遗址景观的感知可分为两个层面，一是视觉感受，可以通过遗址的形态、色彩、体量等表象的客观信息直接传递；二是思维感知，通过文字、图形等信息，结合观赏者自己的思维联想获得。可读性的基础是遗址的地域性、古老性、残缺性，读取的载体是具有辨识性的景观要素，诸如金沙遗址公园将残缺的乌木竖立成“乌木林”景点，与遗址的悠久历史相映成辉。

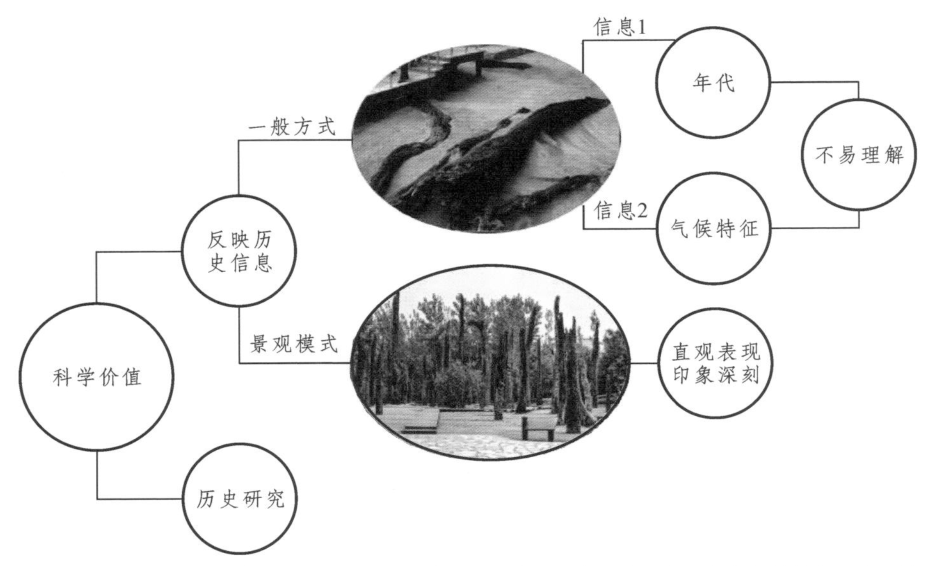

例如：成都出土的金沙遗址，挖掘出大量乌木，经研究可以发现遗址所属年代气候特点、地理特征重要信息，普通大众却不容易理解。后来利用乌木做成树林景观，再配置科普说明板，游客观赏景观的同时了解了知识，印象深刻，记忆久远。

图 5-1　景观的表达

（2）体验性。

体验使客观事物的形象更真实化、丰满化，能深层次植入人脑，留下难以磨灭的印象，如刘惊铎著的《道德经体验论》称其为一种震撼心灵的模式。体验的方式多种多样，像电影利用4D技术让观众感受镜中画面，像学校会组织夏令营让学生体验独立生活，就遗址景观的体验而言，分为实体感受和精神交流两方面。

图 5-2　体验性功能可提升景观品质

① 实体感受。

遗址的场所空间保障了遗址及其周边领域的独立性，为实现游憩、欣赏、交流学习等行为活动提供了场所。它的不可移动性则保证遗址不会因环境变化而迁移、流动，反而周边环境会因遗址延伸出的影响力进行协调统一，它的影响力是可持续的，被越来越多的来自五湖四海的游人认知。保护遗址文明，不光是单纯保护现状，还要从长远出发，处理好社会发展、人文进步与古遗址共生共存的关系。文物遗址景观的可持续性是联系人类社会发展的纽带，“可持续性”被理解为自行移动的目标。

② 精神交流。

遗址包含的文化底蕴与区域精神文明发展是相互依存、水乳交融的，甚至成为区域文化的形象代表。例如，金沙遗址出土的“太阳神鸟”，工艺精湛、造型优美，其“四鸟绕日”的图案不仅是新中国第一个用于文物保护的标志，还作为形象符号广泛用于城市大小角落。遗址残缺、古老得总能引人浮想联翩，那些“落花衰草、残垣断壁、归雁鸣蝉”的场景总令人浮想联翩。

总之，实体是精神交流的基础，精神的无限延伸又进一步提升了实体的影响力，两者相辅相成。

3．感知客体

① 景观要素。

在遗址景观空间里，边界的围墙、博物馆或遗迹馆建筑、植物群落或道路等都是基本的组成要素，一般包括植被、保护性建筑物、构筑物设施、道路、水体或山石等。

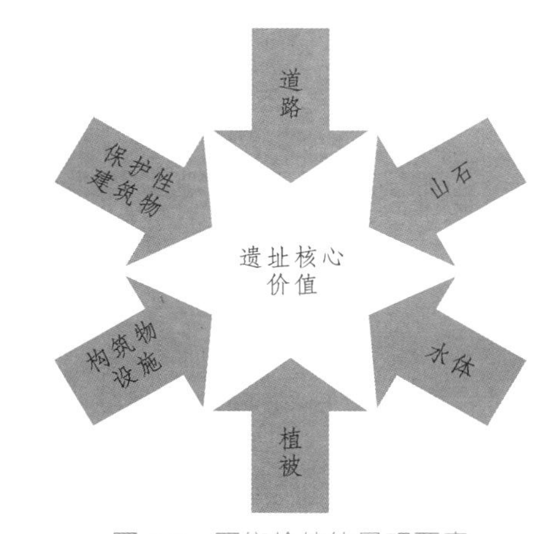

图 5-3　围绕价值的景观要素

② 滞留空间。

滞留空间是接纳游客游憩观赏的公共空间，是室外体验遗址文化的重要活动场所。

这些场所，肩负着遗址文化价值的传播责任，注重观赏者体验的感受和对环境氛围的理解，是最佳的遗址文化传播媒介。以遗址可持续发展为目标的设计，能够营造出特定的场所环境，不同的场所环境能够引导人们不同的行为模式。良好的规划可以形成正面的引导，既能保护遗址不受到破坏，又能避免遗址被隔绝，使遗址文化得以传播。

5.1.2　景观表达

关于景观审美的思维与表达，法国哲学家杜夫海纳指出通过说明、解释和判断三个方面完成，这个过程从三个层次对客观事物的描述，在描述的基础上进行诠释和对诠释结果进行判断评价。完整地经历了三个层次，表达过程方算完成，层次间相互存在递进关系，前一层为后一层分析的基础，后一层是前一层逻辑推演的结果。从景观的范畴来讲，客体事物的自然状态是景观客观的描述，继而设计师就景观要素表达进行诠释，最后观赏主体就诠释的内容作出判断分析，分析的结果就是对景观感知的结论。

1. 描述与诠释

景观具有物质性与精神性两方面，物质性是自然价值的表现，精神性是与人的感受联系在一起的，体现出它的文化价值与审美价值等。这里提及的描述与诠释过程牵涉的主体与客体分别代指景观事物与景观设计师，设计师的诠释是根据眼中描述的景观各要素的物质形式特征，经过自身的理解，反映了其心理活动、情感状态与哲学观念。

景观作品是设计师对事物之间主观能动的结果，是从物质层面到意识层面升华的过程，结合语言学的结构分析、艺术形式展示、文化精髓的领悟等主观技能，揭示出物质隐含的社会现象、文化风俗和生产生活智慧结晶，反映了遵循事物发展规律的科学的、严密的辩证认识。逻辑思维是辩证过程的基础，设计师应结合自身的专业知识，按照思维逻辑进行比较、推理、概括、分析和归纳，以此得出解释性的结论。

2. 判断与分析

分析是一种综合性研究方式，它涉及对客观事物的各个方面、要素、形式和特征的深入探讨。任何事物都不是各个部分的简单叠加，而是各部分之间按照一定规律联系在一起形成的有机整体，找寻规律，厘清关系与相互作用是分析的意义。在分析的基础上进行判断，可以做出客观的评价。

分析与判断是主观上高级的思维方法，是感知景观的基本认知途径。至此，景观事物与人建立了不可分离的关系，是景观含义与形象一次彻底的演进。

5.1.3 方法建构

1. 表达的方法论

方法论是关于系统化研究方法的学说。它通过对具体方法的剖析，从实际对象入手，运用主观思维的分析能力，在实践中逐渐完善自我判断。这样，我们能够用方法积极地处理各种问题，并树立起完整的思维观。方法论的价值在于用适用于普遍现象的理论解释客观问题，优于从个人角度单独的、零星的经验判断，并能应用于该领域解决类似的问题。不同的考古遗址具有不同的价值体系，不同的价值体系匹配相应的景观表达方法。

2. 表达路径

总结方法的意义在于更合理地为遗址的价值服务，科学地保护与利用遗址。大千世界中，方法是解决问题的钥匙，黑格尔曾说过，方法是联系主体与客体的关键。

图 5-4　从遗址价值到景观价值的思考

从景观表达的路径来看，它是一种传播信息的媒介。这种媒介由实体、符号以及信息等要素构成。遗址包含的各种复杂信息，通过景观载体极为象形化地展示出来，可达到传递文化的目的。遗址景观是一种物质实体、文化信息载体，可以被直接感知，有明确的物质样式与场所空间；遗址景观又是一种媒介符号和代码，随时表达某种特殊的意义；遗址景观蕴含着丰富的信息，是历史文明进程与精神历程发展的见证，是所有传播媒介中最直观、最有说服力的媒介形式。遗址的内涵并不是固定不变的，景观也随着不同时代的阐释与理解而不断有新的呈现，这是其他任何文字和影像媒介都无法取代的。探索遗址景观规划设计的规律，就是摸清信息传递的通道，让世人了解千年文化的事实及尽可能是事实的全部。

5.1.4　小　结

遗址景观价值分析揭示了遗址价值与景观形象之间的关联，遵循这一规律可在文物保护要求与景观美化诉求之间建立一种平衡关系。遗址景观规划设计的作用就是维护这种平衡的状态。

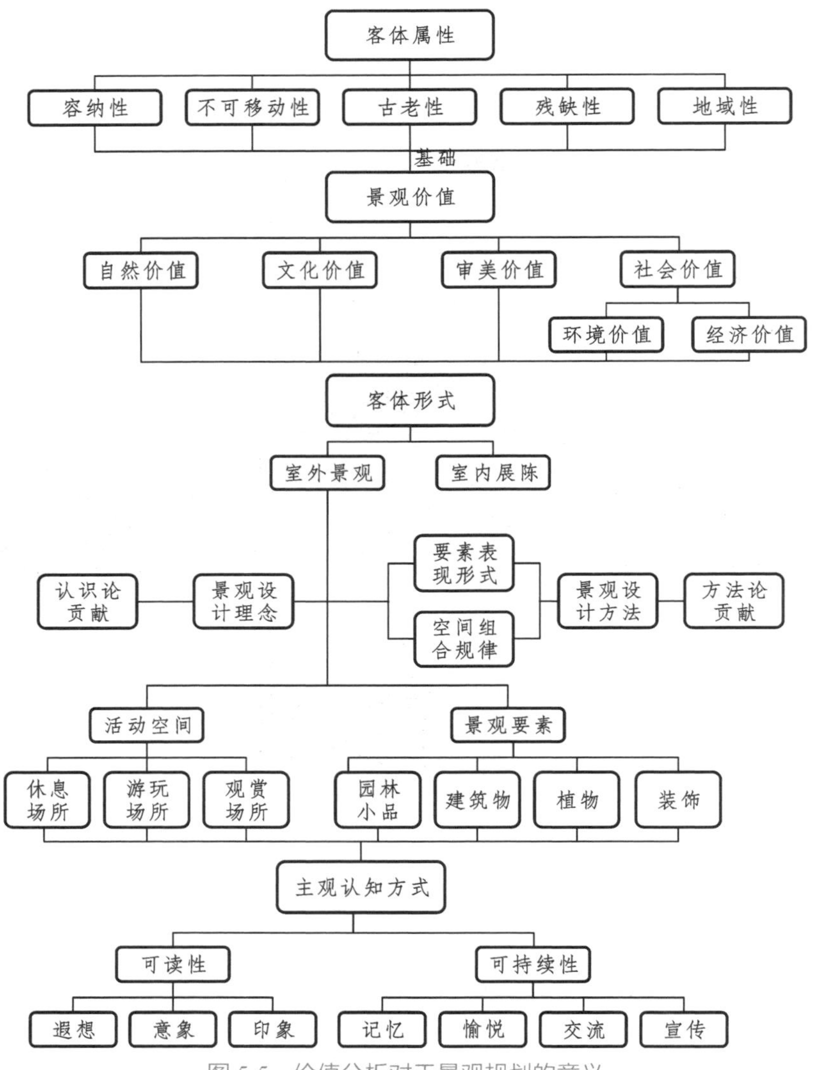

图 5-5　价值分析对于景观规划的意义

5.2　设计内容

5.2.1　设计范畴

遗址景观是基于设计手法对遗址进行整体规划和风貌改造的成品，遗址景观场所具有积极的社会文化继承和推动作用。遗址景观的规划应首先以遗址保护为主，在尊重历史的基础上进行设计；其次，作为一种特殊的景观形式，不仅要实现相应的景观功能，还应是一个满足游人休闲娱乐、学习、教育的实用性场所，让游客置身其中以实现宣传历史文化的目的。

文化遗产保护规划、遗址保护规划、国家考古遗址公园规划设计及遗址景观设计等，无论是内容上还是方式方法都存在交集，相互间有着千丝万缕的关系。本书将遗址保护区内的室外环境纳入景观设计的范畴，将针对考古遗址公园内除保护性建筑外的外部环境设计作为考古遗址景观设计的内容。该设计不同于文物保护规划设计，但又不可能独立于文物保护规划之外，是与文物保护规划设计、管理规划、展示规划同期进行的工作。

5.2.2　基本职能

现代景观规划主要包括视觉景观形象、大众行为心理及环境生态绿化等方面，这也引申出现代景观具备的基本职能，即可看、可游、可玩。不可复制的文化基底令考古遗址景观拥有与众不同的资源，与普通景观或城市公园绿地相比，其基本职能为记录历史、展示与教育、欣赏与游憩。

1. 记录历史

我国现存遗址多为夯土基础上的砖木结构，历经沧海桑田，现今已难获初始面貌。留存的遗址本体是极其珍贵的历史佐证，在已经划定的保护区范围内，要全面系统地做好标识标记，对已展开的考古发掘成果要建档记录完善。遗址本体及其环境整体性保护，是代代相传的基本物质要素。

2. 展示与教育

遗址的展示与教育历来是重点难点，诸如国家考古遗址公园等景观形式是一种创新，是一种推动城市发展的文化工程。许多遗址在发掘后大部分资料被密封保存，只有少部分放在博物馆里供游客参观，这是一种的画地为牢式封闭保护。遗址景观改变了这种单一被动的保护模式，将文物保护从专业人员和专业领域走向公众、走向城市，融合了教育、科研、休闲等多项功能，采用形式多样的手段向公众展示大遗址所蕴含的文化精髓，让观众了解历史、珍视历史，提高公众的保护意识，同时带动相关产业的发展。

3. 欣赏与游憩

我国多年的高速经济发展，带来了城市的繁荣与更新，也带来了历史环境与遗址的破坏与干扰。城市发展需要空间，保护遗址也需要保护空间，这样的二元矛盾可通过兴建考古遗址公园有效地调和。这种办法既增加了城市绿地空间，又避免了历史遗迹被毁灭性破坏，一举双赢。

图 5-6　遗址传递丰富的文化信息

（1）具有感染力的文化氛围。

普通城市公园利用土地、水体、气候、动植物、光影和人工材料，创造了优美宜人的环境，通过文化元素传递历史知识与故事，让置身其中的人浮想联翩、心驰神往。

（2）赏心悦目的休闲环境。

景观视觉形象是最直接的感受，是人对事物认识的第一步。遵循美学规律，运用实体要素与空间组合，实现美的价值，可以使人放松心灵、心旷神怡，这一点是景观的通用职能体现。

（3）具有体验感的互动空间。

将体验式游憩内容引入开敞空间，是考古遗址景观设计保护与利用互利性原则的体现。室内空间严肃展示的文化内容，通过室外活动空间再一次敲响人们的心扉，游客在不断交流与学习中传承了地域文化，增加了游园乐趣，让开敞空间更有吸引力，更能留住人们匆忙的脚步。

5.3　设计方法

前面对各景观规划设计方法的应用进行了详细介绍，其中以叙事法与原型法的运用最为广泛，古典园林方法与美学法则是渗透到各个案例中都有体现。本书建立的体系是以符号法和行为模式法为主导，从价值分析出发，处理景观要素及开敞空间规划设计问题；美学法则贯穿运用于各个领域；针对不同的遗址现状，选择采用原型法或叙事法处理相应问题，实现景观职能预期目标。

1. 设计的要求

（1）尊重遗址景观发展现状。

遗址是历史发展的产物，是多年积淀而成的形象。重视社会变迁、自然演变累积成的风貌，维护好动态发展的过程，并坚持流传于后世，不随意改变其景观形态。

（2）尊重遗址的空间格局。

遗址保护区域的空间是保障遗址完整性与安全性的基础要素，该空间格局依据遗

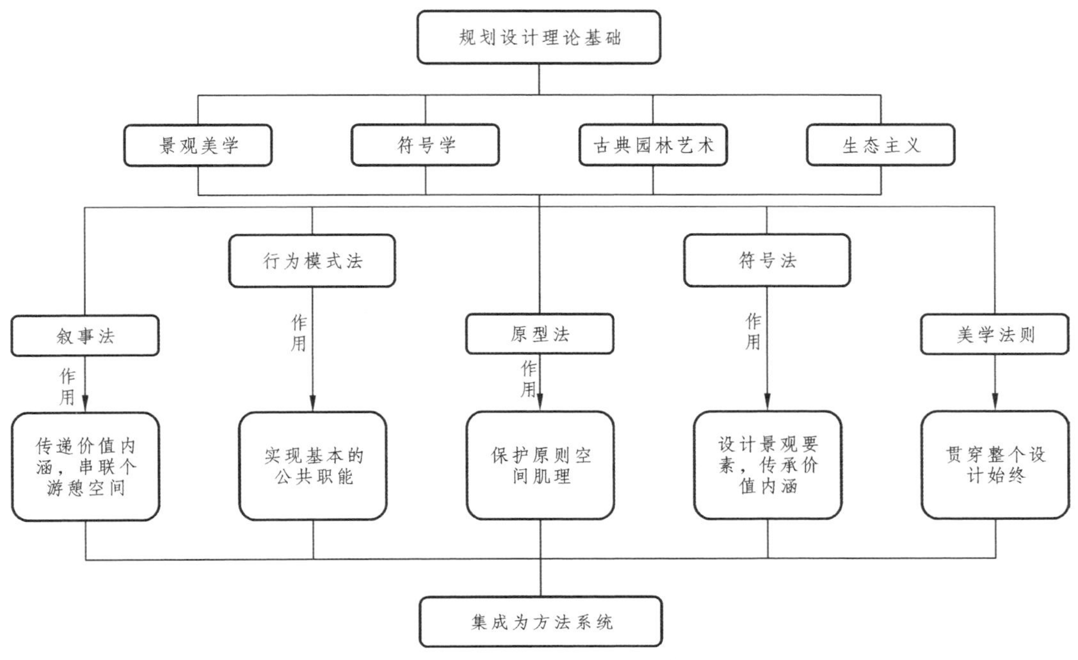

图 5-7　考古遗址景观设计方法体系

址的规模、形态特征、地形地貌肌理及地下分布规划而定，包含有重要的客观的历史信息，任何不经意的组合改造，有可能干扰遗址的原真性。

（3）尊重原始环境要素。

景观由环境的各个要素构成，遗址景观的要素可能是日积月累形成的，一树一草，一沙一石都离不开历史发展的作用力，对于设计的植物、建筑、山石等要素要保持高度谨慎，随意的改变都会影响历史文化的传承。

（4）尊重遗址精神意境。

遗址景观有别于普通城市景观在于它能传递古人精神文明，正确解读遗址文化意境是规划设计的基本要务。

2. 设计方法的应用

（1）对遗址景观进行价值分析，归纳、保护与传承核心价值，发现其作为景观存在的不足。

（2）根据分析结果，一方面将为人游憩、观赏的公共职能合理规划到开敞空间中，另一方面客观地通过景观要素诠释遗址景观价值内涵，实现“貌合神不离”。

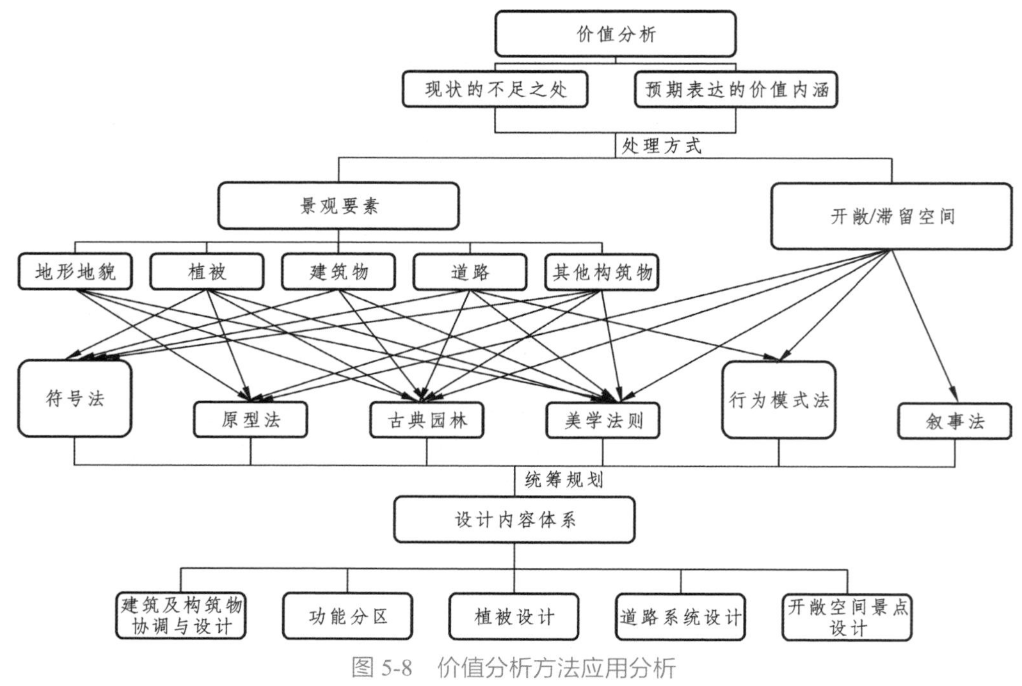

图 5-8 价值分析方法应用分析

5.3.1 符号法应用

1．概念

（1）定义。

符号法指用特殊的符号代表景观特定意义，将地貌、建筑物、山石水体、植物群落等各元素通过一定的空间组织和布局的原则，发生一定的组合关系，透过表面形象反映设计师深层次的想法，达到增强视觉感染力、凸显空间精神属性的效果。景观要素营造中，不同材料的选择，不同色彩的呈现，不同外观形式的表现，都能影响观赏者的心理感受，产生的联想与设计师的引导密切相关。

（2）运用符号学原理。

该方法应用的原理关键是客观提取对象的文化价值信息，并配合对应的文化符号。符号是容易识别且普遍认同的形象，高度浓缩了对象的特征，信息经转化为符号后，通过景观载体实现展示与传播。通过洛特曼建立的简化版“十字交叉”法，能理解景观形式与遗址之间的对应关系。

不少学者就传统历史文化信息与符号景观实践展开探索，像刘沛林运用GIS对应景观基因图谱，建立了传统聚落文化景观基因系统；黄琴诗等阐述了符号与历史文化及艺术价值等信息关系；苗阳评判了我国传统城市文脉价值，并据此建立了传统构成要素符号方法体系。

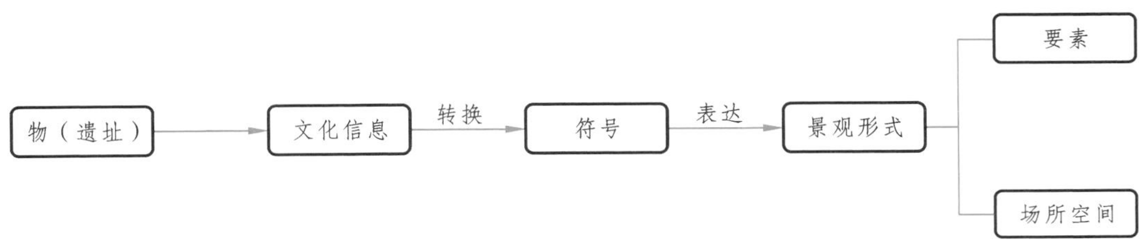

图 5-9　符号思维的关系链

（3）符号来源。

① 遗址本体。

地上遗址，例如一段残垣断壁的城墙或是城邦遗址，本身就是一种风景线。本体作为景观构成之一，任何修饰与美化都是多余的，真实、客观地面向大众即可。

地下遗址，由于掩埋在土层中很难完整展示给人们，可以观赏到的一般是发掘状态，处于考古探坑中的形象。

② 出土文物。

从遗址现场发掘出的各种金器、玉器、石器、青铜器、漆木器、生产生活用品、大型纪念物及祭祀物品等，它们的造型、质地、色彩、纹路等方面都是感官信息的来源。

③ 背景资料。

与遗址相关的历史故事，史料记载的人物、事件，保存的图册、书籍、画卷以及诗词歌赋等非物质遗产都属于展示的范畴，为文化精神的传递提供支撑。

这些文物自身可观赏性、可识别性也许都不高，但蕴藏珍贵的历史文化信息。景观设计的介入，将已知的记忆形式语言经过抽象和提炼，通过象征、隐喻和暗示等手法，与历史信息建立联系，以通俗、易懂的形式将信息传递给观赏者，以达到文化传承、展示纪念的效果。

④ 表达方式。

遗址景观符号设计的物质基础建立在景观要素与公共活动场所上，要素的选择源于对文化的理解与表达，是实体表达形式，依靠五官直接感知；滞留空间是人活动、交流的场所，在具有特殊文化氛围的环境里，进行文化活动，体验文化符号，属于精神层面表达形式，依靠思维感知。

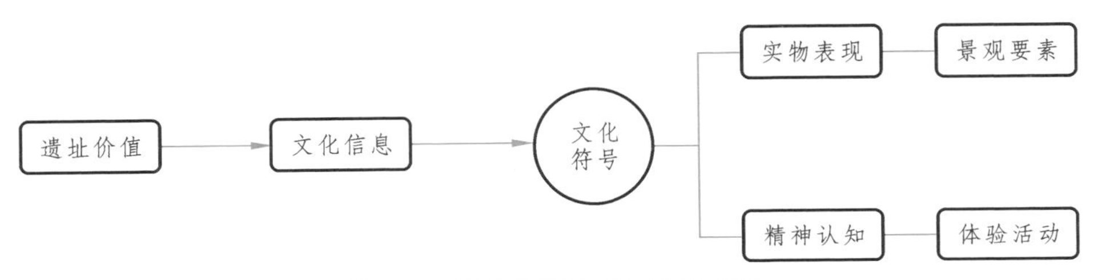

图 5-10　遗址价值的符号表达方式

2. 应用思路

（1）符号的产生。

一是保留遗址及环境要素原有形象，不主观改变形态特征。

二是通过对特定历史文化的深入理解，提取与文化息息相关的技术、材料、社会需求和社会观念信息与知识，再简化或抽象化这些文化内容，作为设计的基础信息。

三是引入对应的符号。将符号引入景观要素设计中，可极大丰富环境的文化内容。具体地，从诗词歌赋、山水国画描绘的场景中或民族地区文化图案中或历史传说故事叙述中提取具有代表性、普遍性的符号、示意或标志，并运用景观设计的方法在场所里还原出来。

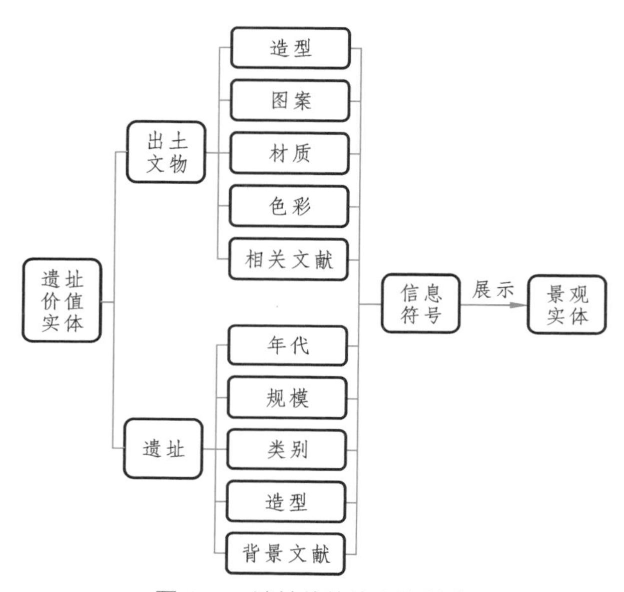

图 5-11 遗址价值的实体形式

（2）符号表达的过程。

① 对客体评判。

判断是主观的思维结果，参照某种标准衡量客观对象，甚至将客体分解成多个部分，逐一进行评价。归根结底，判断是一种价值评价活动。人们对景观价值的观念构成了评价的基础。在这一过程中，采用何种标准是核心问题。以遗址景观作为客体而言，具有功能的、审美的、生态的、经济的价值取向；以人为主体而言，个体的文化修养、世界观、人生理念各不相同，对待客体的态度也就各异。因此，要想建立统一的评判标准是难以实现的，即使同一个人在不同时间段，对同一个景观也会有不同的认知与判断。

只有始终以保护与展示遗址原真性为准则，抛开纷繁复杂的各种设计目的与诉求，从有利于遗址价值完整性、可识别化、具观赏性出发，合理诠释文化内涵，科学把握设计的尺度，这样的判断就自然具有合理性。

② 评判的主体。

这个主体指的是一个群体，即遗址保护利益相关者的群体。

第一，保护实施者，包括从事文物保护的事业人员、景观规划技术人员、学者和相关行业专家。他们通过编制各种规划设计、组织会议宣讲和发表论文，在行业内起着重要的思想导向作用。

第二，游客是遗址景观使用的主体，也是服务的对象。尽管游客的身份与背景千差万别，但这个庞大的群体对遗址景观的集体判断和解读，应该是理性且全面的。

第三，管理方，指保护遗址的相关职能部门或规划建设实施部门。

③ 评判的内容。

对遗址的判断包括三个方面：遗址现状、遗址环境认知和遗址价值。遗址的现状与价值是文物保护规划者与专家分析的成果，遗址环境认知是规划者、景观设计者及专家介入的成果，三个方面共同构成遗址景观价值评判的基础认知资料。

④ 评判过程。

从上述几点可以看出，主体与客体并没有孤立开，主体是依据客体形成的群体集合，客体是根据主体的经验知识得出的结果，即遗址特征是价值理念以及利益相关者的相互作用，这种动态的形式也给评判的过程提出挑战：如何权衡遗址各方面价值?

这个评判的过程不同于遗址价值或遗址景观价值评估，是一个全新的动态认知过程，是对从一个价值层面到另一个价值层面转换的理解，是实现从价值认识到景观表达的关键节点。

⑤ 结果的权衡。

实施景观规划时，先对遗址各个价值按重要性进行区分，并权衡保护优先级高的价值目标与次优的价值目标。问题是没有放之四海而皆准的衡量价值轻重等级的标准，不同的遗址有不同的价值特征，保护的策略也随之调整，每一个遗址都面临不同的抉择。用什么要素表达什么价值内涵，哪种要素多了会引起人们认知上的误解或是干扰对其他价值的认识，既然没有通用法则，只有靠设计师运用专业视角，将多种因素权衡利弊，最终不存在最优的、客观的解决方案，得出的是在现有阶段能平衡各种矛盾与利益的结果，也是未来可持续改进的成果。设计的难点是把视觉上残缺的、单调的但是价值却丰富的遗址，最具代表性的内容融合在环境中，呈现景观的观赏性与游憩性。

⑥ 评判结果。

评判如同评价，是综合各方面资料分析的结果，是一个探讨与争论的过程，没有对于天下不同类型遗址普遍可行的通用法则。但是评判的中心思想应围绕是否有利于原真性价值表达，是否代表全部核心价值。

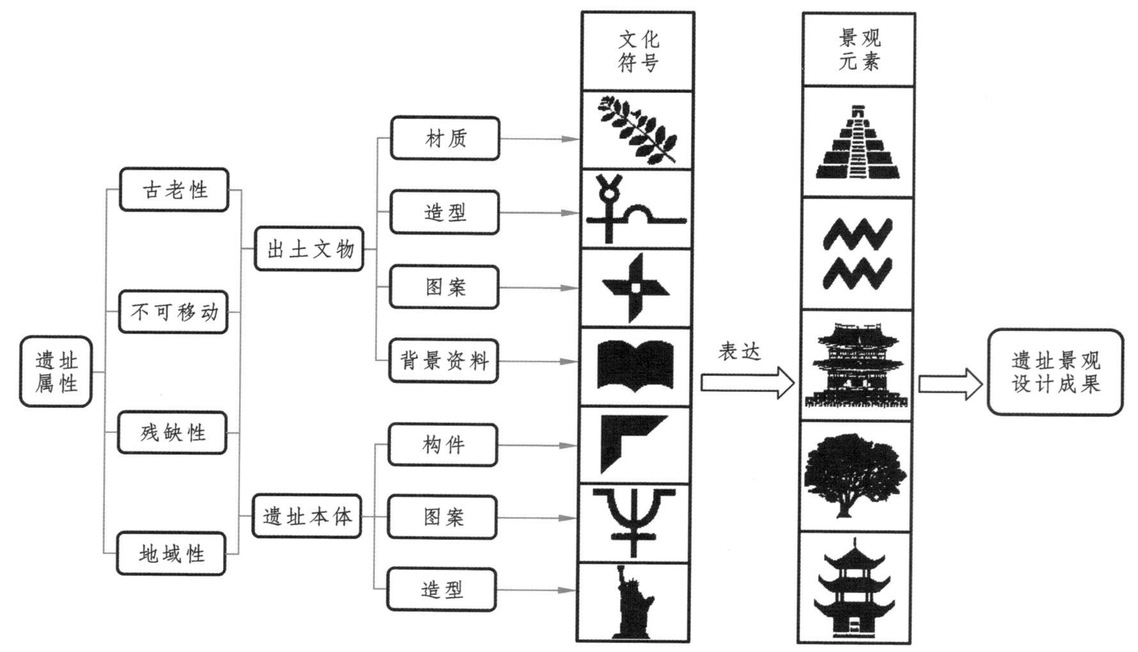

图 5-12　从遗址属性到景观设计过程中符号的纽带作用

3．要素组成

现以部分考古遗址公园为例，简述其景观要素的组成内容。

（1）圆明园国家考古遗址公园。

圆明园遗址属于地上遗址，公园主要使用的景观要素包括遗址本体、建筑、植物、水体等。由于遗址损毁严重，因此并未对所有遗址进行复原展示，而是重点选取四处建筑遗址修复作为遗址展示的部分，其他部分以展示其山水格局和园林景观风貌为主。整体格局上仍保留原有山水关系，因此水体占有较大面积。圆明园是清代著名的皇家园林之一，是北京市重点文物保护单位。2009年9月，国家文物局批准了《圆明园遗址公园规划》。

（2）周口店国家考古遗址公园。

周口店考古遗址属于地上和地下兼有的遗址，公园主要使用的景观要素包括遗址本体、建筑、植物、雕塑等。主要建筑为北京猿人展览馆，用于展示部分地下出土文物。在部分广场上，摆放有北京人头像雕塑等小品用于展示遗址文化。周口店国家考古遗址公园是世界范围内更新世古人类遗址中内涵最丰富、材料最齐全和最有科研价值的遗址，公园以遗址的保护为前提，集科学研究、科普教育、旅游功能于一体。

（3）鸿山国家考古遗址公园。

鸿山遗址属于地下遗址，公园主要使用的景观要素包括建筑、植物、水体、雕塑等。主要建筑为鸿山墓群遗址博物馆，存放鸿山墓群出土的文物，而其他墓群不对外开放。在景观设计上，在农业生态展示区种植大量农作物营造乡土景观，在湿地生态区结

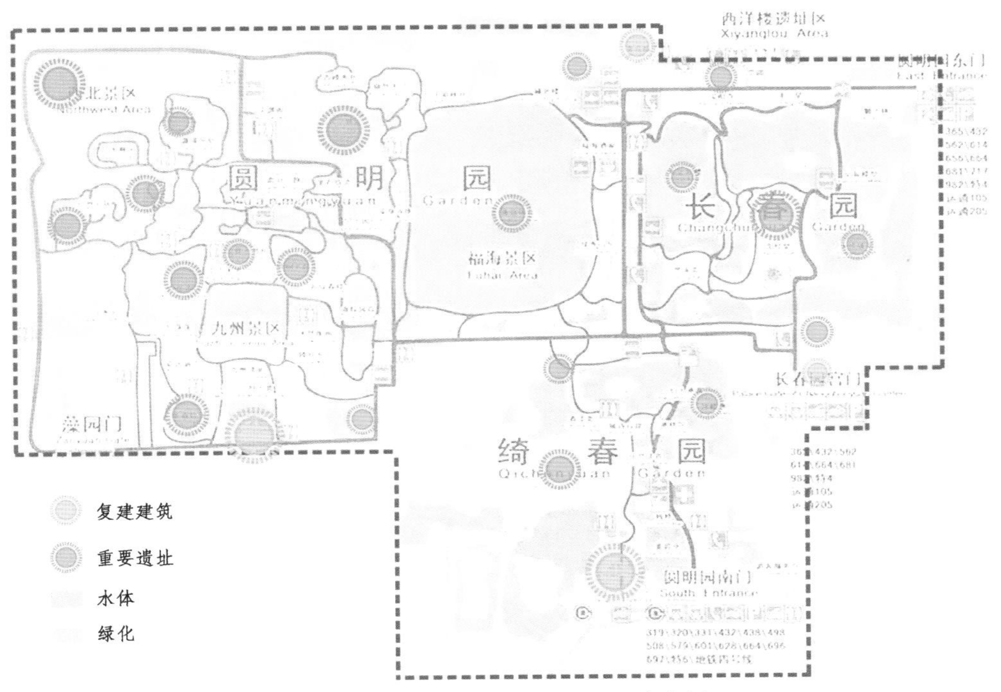

图 5-13　圆明园遗址公园景观要素分析

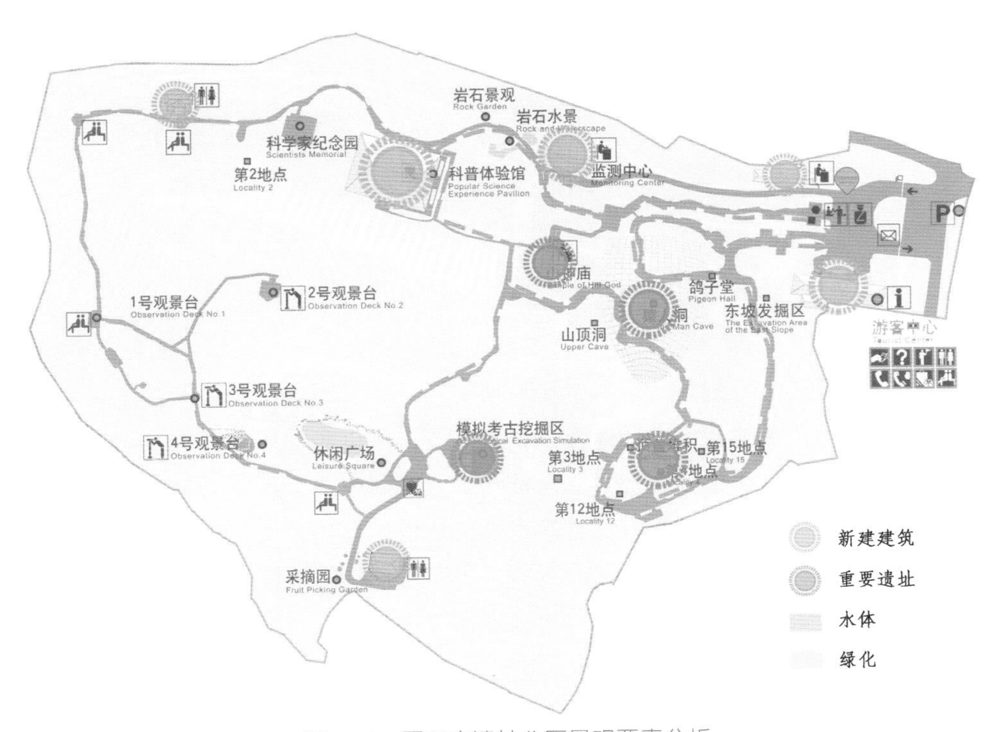

图 5-14　周口店遗址公园景观要素分析

合水体再现江南湿地特色景观。无锡鸿山国家考古址公园规划设计范围为鸿山墓群及其周围地带，是我国长江三角洲地区珍贵的历史文化遗产。无锡鸿山遗址被发现后，立即引起了政府的高度重视，留出土建设考古遗址保护公园，为鸿山遗址保护由抢救性考古转为科学性保护提供了有力的政策保障。

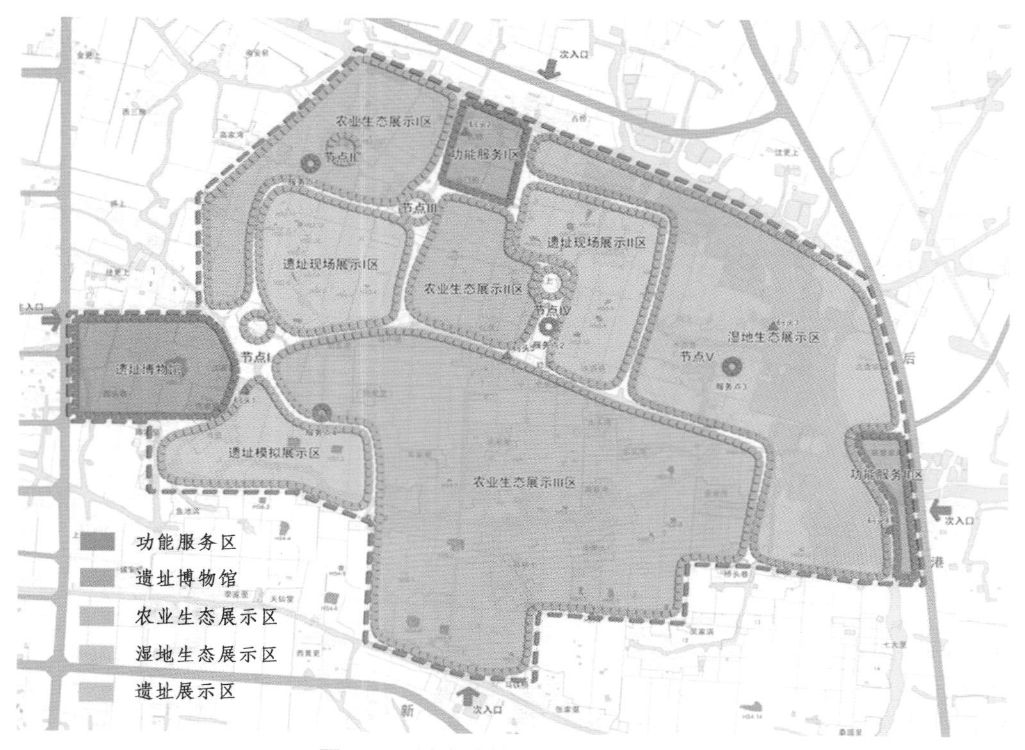

图 5-15 鸿山遗址公园景观要素分析

（资料来源：鸿山遗址博物馆官方网站）

（4）三星堆国家考古遗址公园。

三星堆遗址属于地上和地下兼有的遗址，公园主要使用的景观要素包括建筑、植物、水体、雕塑等。主要建筑为广汉三星堆博物馆。在公园入口广场和主要活动广场上摆放有依据三星堆出土文物设计的雕像、景观柱等，用以表现遗址文化。遗址部分主要包括古城遗址，是遗址中最重要部分。遗址东、西和南三面，还保留着古城墙的断垣残壁、房屋建筑遗迹等。三星堆遗址是全国重点文物保护单位，处于由沱江的诸多支流冲积而成的冲积扇上，被称为“古文化、古城、古国遗址”。遗址公园从指导思想上体现“保护为主、抢救第一”的方针，通过将遗址保护区与旅游空间分离解决保护与发展的矛盾，最大限度地保护遗址的真实性和完整性。

（5）金沙国家考古遗址公园。

金沙遗址属于地下遗址，公园主要使用的景观要素包括建筑、植物、水体、雕塑等。遗迹馆和陈列馆是整个公园规划中最重要的两栋建筑。金沙遗址文物陈列馆具有多样性的展陈空间，将恢宏的场景式大遗址复原展示与金沙精美文物陈列结合。遗迹馆整体为半圆形，主要是对已经发现的祭祀遗迹进行保护，改善祭祀区的遗迹环境。金沙遗址是商末至西周时期古蜀国的政治、经济、文化中心，出土了大量珍贵文物。公园规划方案以横贯用地东西的摸底河为横向景观轴，以南北轴线上的开放空间形成纵向文化轴，实现用地由静到动地向都市界面过渡。

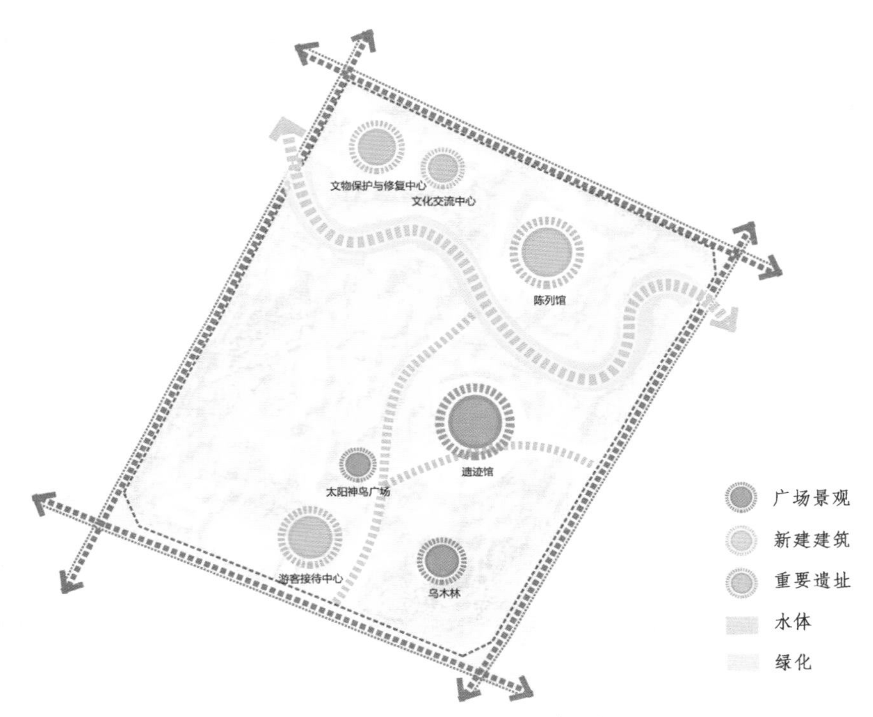

图 5-16　金沙遗址公园景观要素分析

（6）秦始皇陵国家考古遗址公园。

秦始皇陵遗址属于地下遗址，公园主要使用的景观要素包括建筑、植物、雕塑等。种植设计中保护文物遗址是前提，绿化种植避免破坏遗址，树种选择上参考秦代种植材料与风俗约定，并结合当地乡土树种，以石榴、泡桐、椿树、柏树等为主。公园内一系列服务建筑设计的原则是尽量不突出建筑本体，与周围环境和谐统一。秦始皇陵史称丽山园，是中国历代帝王陵中规模最大、埋藏物最丰富的一座大型陵墓。秦始皇陵遗址公园是以秦始皇陵为主题，以文物保护、展示、研究与休闲相结合的可持续发展的国家遗址公园。陵园整体布局以封土为中心，现存的秦始皇陵封土呈覆斗形，封土和埋藏其下的地宫是秦始皇陵园最重要的遗迹。

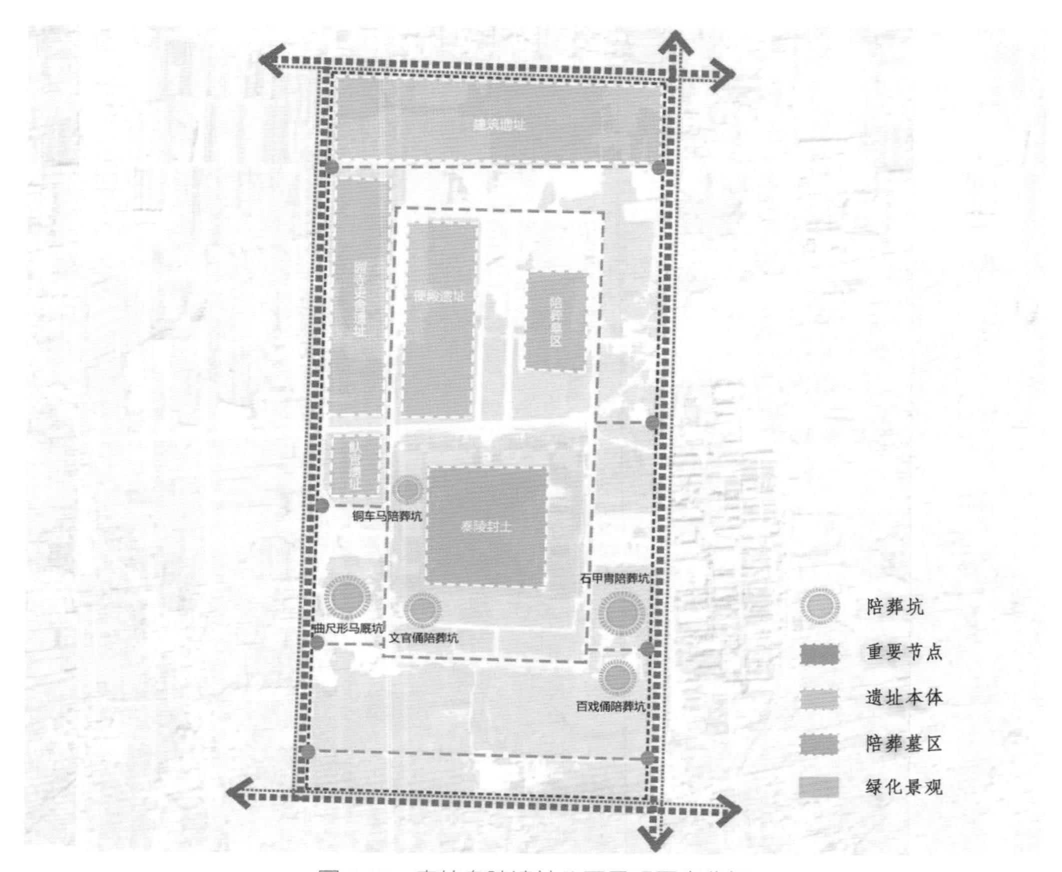

图 5-17 秦始皇陵遗址公园景观要素分析

（7）大明宫国家考古遗址公园。

大明宫遗址属于地上遗址，公园主要使用的景观要素包括遗址本体、建筑、植物、水体等。主要遗址本体为城墙遗址和建筑遗址，对许多建筑遗址进行了复原展示，但复原并非完全抹掉历史的痕迹，而是使重建部分和遗址原貌形成了强烈对比。园内主要建筑为大明宫遗址博物馆。唐大明宫遗址是我国现今为止发现的保存最为完好的皇宫遗址，在我国古代众多宫殿建筑中是极为突出的建筑佳作。大明宫遗址公园主要包括殿前区、宫殿区、宫苑区、北夹城及翰林院5个部分。

（8）隋炀帝陵考古遗址公园。

隋炀帝陵遗址属于地下遗址，公园主要使用的景观要素包括植物、水体、雕塑等。公园内主要展现遗址历史文化的建筑由石牌楼、陵门、城垣、石阙、侧殿、陵冢等组成。隋炀帝遗址公园规划设计以隋炀帝杨广及其皇后萧氏的2座砖室墓葬的保护为主题，旨在权衡墓葬的有效保护与大扬州景观格局的架构关联，以遗址公园景观为载体，彰显其考古遗产的文化特质。公园规划通过叙事作为串联结构的重要引线，激发各要素相互之间的多维联系。

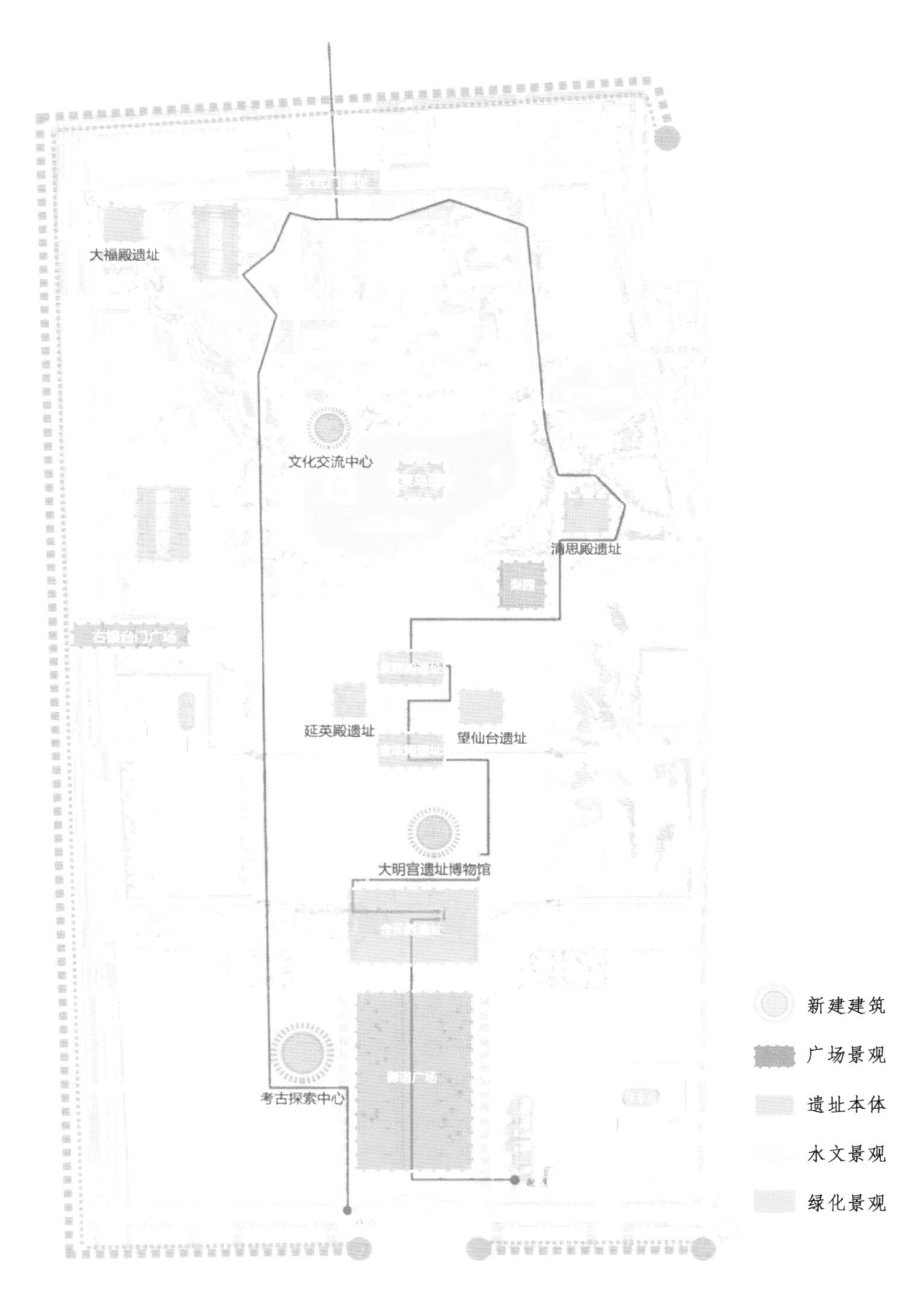

图 5-18　大明宫遗址公园景观要素分析
（资料来源：大明宫国家遗址公园官方网站）

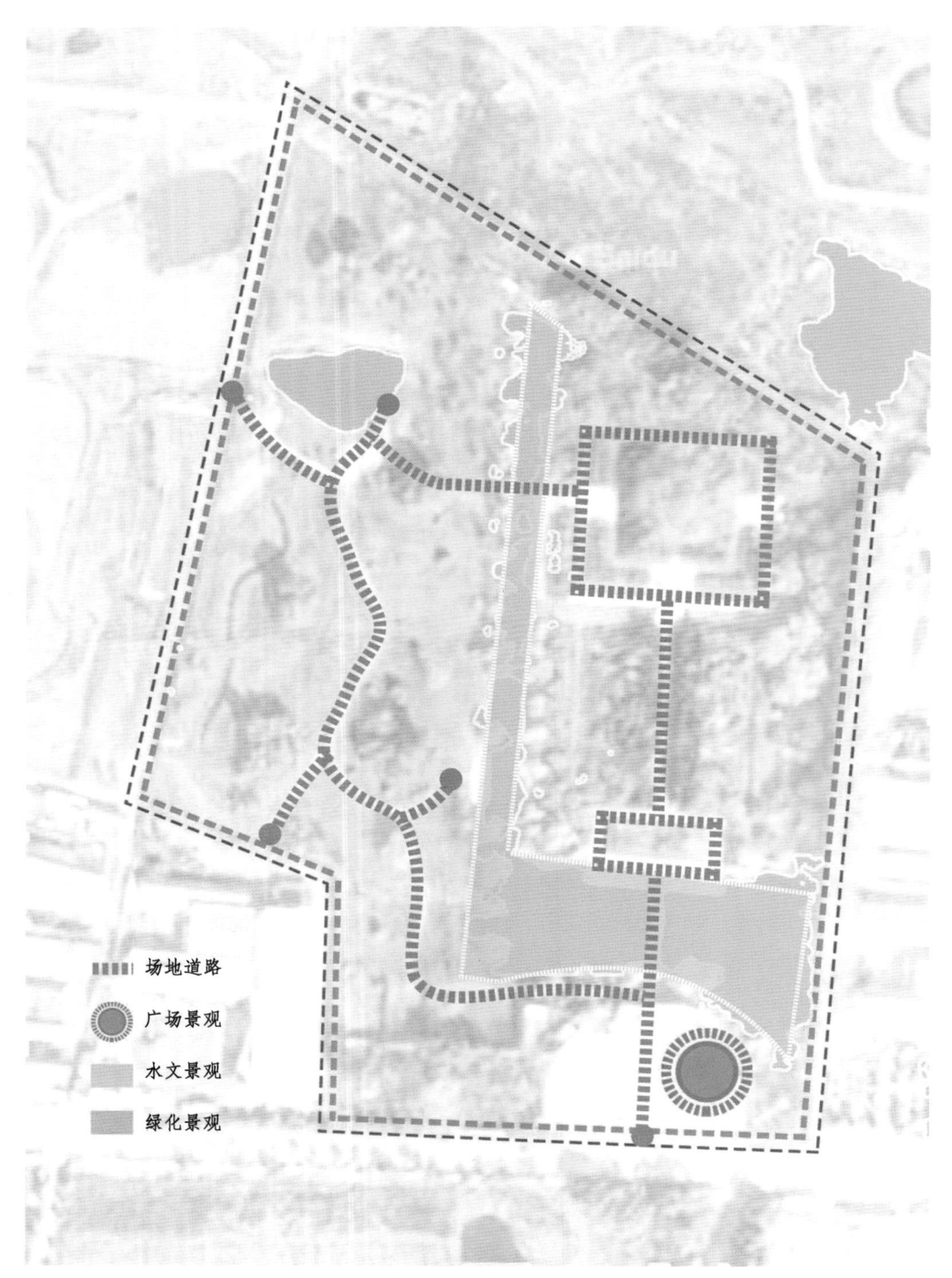

图 5-19　隋炀帝陵遗址公园景观要素分析

（9）铜官窑国家考古遗址公园。

铜官窑遗址属于地上遗址，公园主要使用的景观要素包括遗址本体、建筑、植物、水体、雕塑等。公园内共划分四组遗址展示区，其中两组由龙窑及挖泥洞等遗址本体组成，第三组是对龙窑的复原仿制，供游人进行制陶体验，第四组是对已探明但尚未发掘整理的遗址设立标志棚进行提示和保护。在水体规划上，保留了核心区内原有水塘景观，并对园区内水域进行了清理。铜官窑以民窑的技术力量推动了陶瓷工艺的发展，是具有重要价值的古遗址。目前，铜官窑遗址考古发掘的比例很小，且已采取了回填保护，遗址总体真实性情况良好。窑址范围内有水塘、河流、丘陵地等多样的生态环境。

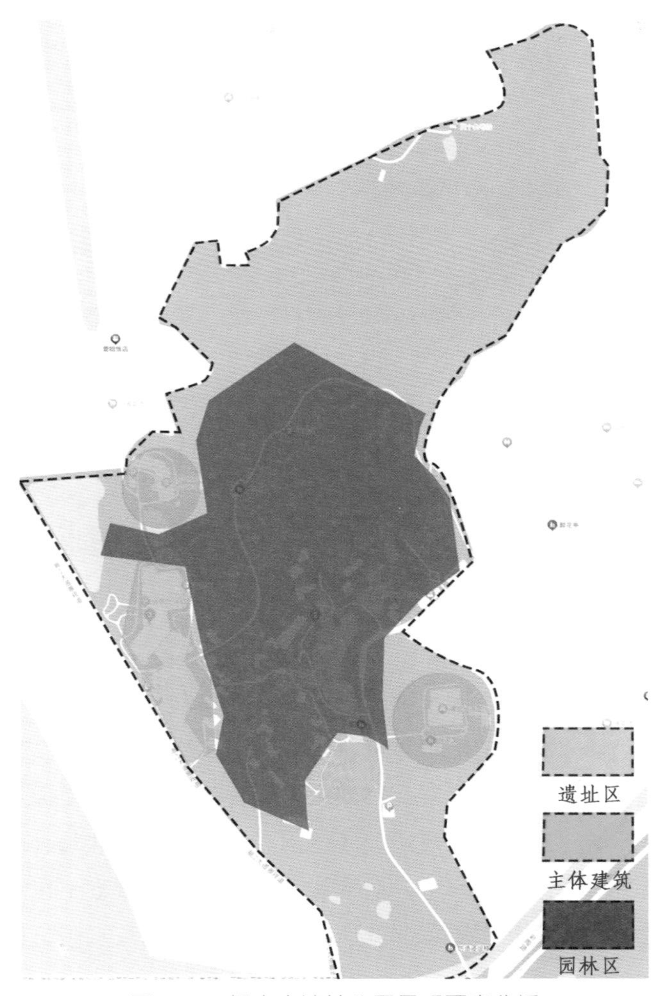

图 5-20　铜官窑遗址公园景观要素分析

（10）殷墟国家考古遗址公园。

殷墟遗址属于地下遗址，公园主要使用的景观要素包括遗址本体、建筑、植物、水体等。主要建筑为在殷墟宫殿宗庙遗址区建成的殷墟博物馆。博物馆利用不同空间结构的变化及不同的设计媒介在细节上强化对遗址和文物的展示。殷墟是我国第一个作为大型土质遗址申报世界文化遗产的项目。结合殷墟遗址的特点和文化内涵，安阳市委、市政府创造性地提出了“保护与展示并重，科学研究与服务公众并行”的理念，采用地下封存、地上原址复原展示、原址加固展示等方法展示。

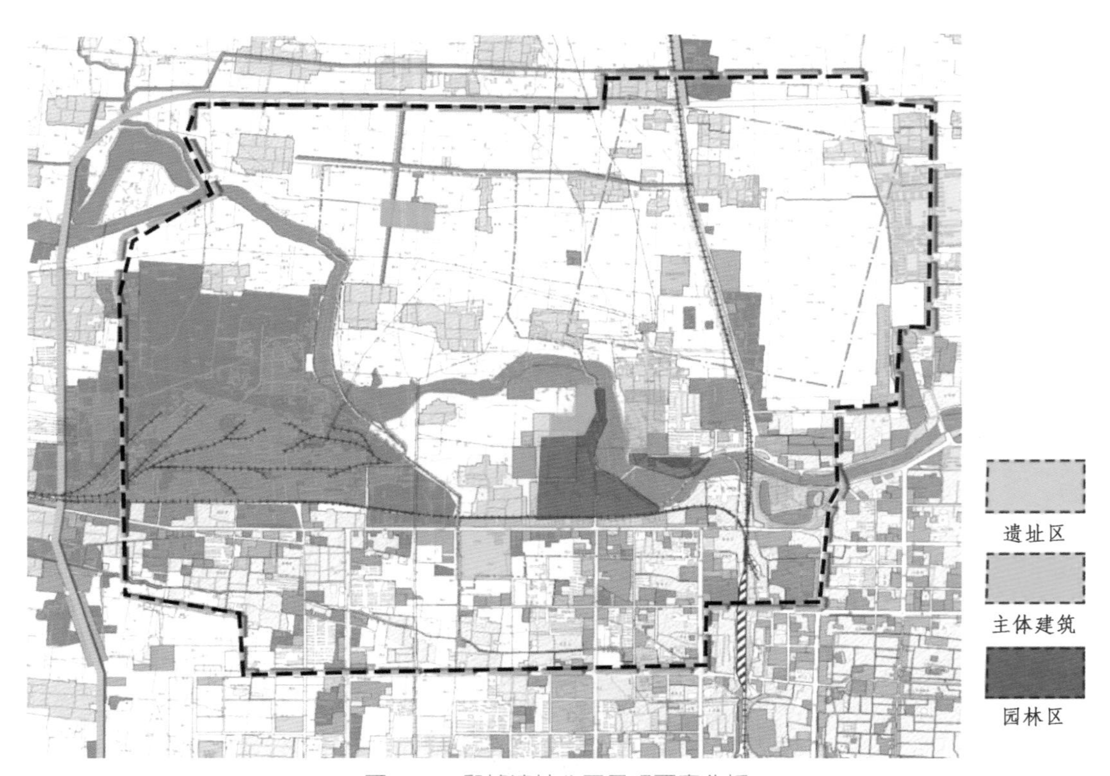

图 5-21　殷墟遗址公园景观要素分析

（11）良渚国家考古遗址公园。

良渚遗址属于地下遗址，公园主要使用的景观要素包括建筑、植物、水体。为了更加有效地保护遗址，公园不对遗址本体进行公开展示，主要将出土文物放置于博物馆公开展示。园内水体、植物景观的营造都以呼应遗址整体氛围为主要原则，水体环绕遗址博物馆，汇合于南部场地。位于良渚遗址区范围内的良渚国家遗址公园，旨在打造一个集科研、教学、旅游为一体的国家考古遗址展示园区。总体规划上以良渚遗址区古地形地貌、古遗址的保护为主，复原展示部分遗址，搬迁重要遗址点附近的居民，以加强对遗址的保护。

（12）城坝国家考古遗址公园。

城坝国家考古遗址公园的自然景观要素主要包括地形、水体、植物以及其他自然景观元素。这些自然景观要素在公园中发挥着重要的角色，对于公园的整体风貌和游客的游览体验都有重要影响。公园内地形多样，包括起伏的山地、平缓的丘陵以及河流冲积

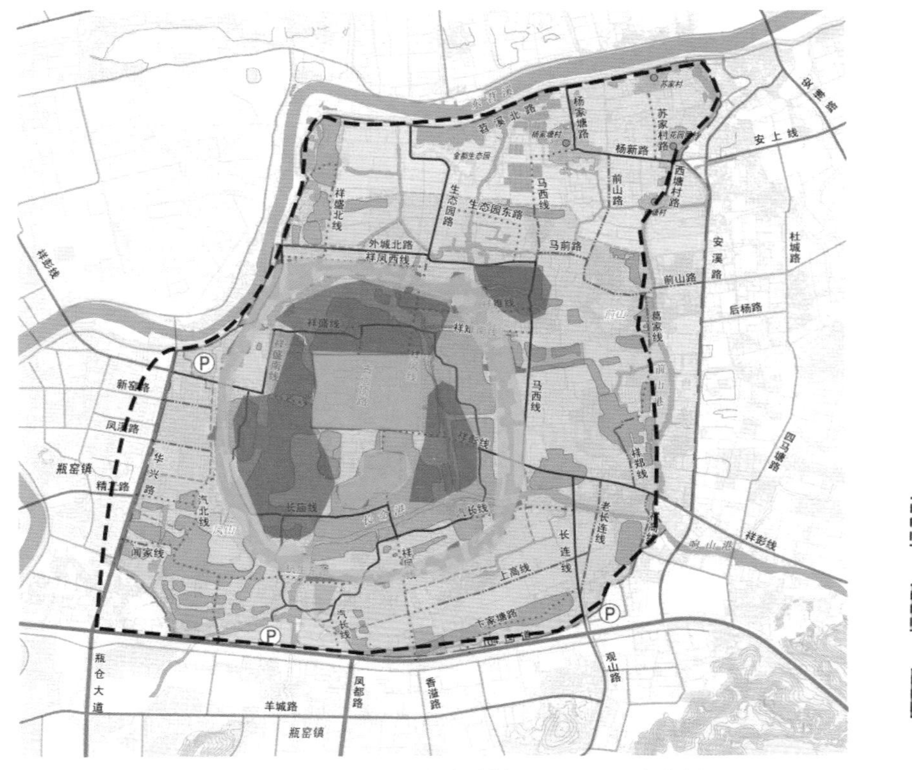

图 5-22　良渚遗址公园景观要素分析

平原等。这些地形为公园的景观增添了层次感和变化性。园内拥有丰富的水体资源，如湖泊、河流、溪流等。水体的存在不仅为公园带来了灵动与活力，同时也是构成生态环境的重要因素。城坝国家考古遗址公园的植物资源也丰富，包括各种树木、花草以及野生植物等。这些植物为公园的景观增添了色彩和生命力。公园内还有其他独特的自然景观元素，如奇石、飞鸟、昆虫等。这些元素为公园的景观增添了趣味性和生态性。

（13）汉阳陵国家考古遗址公园。

汉阳陵遗址属于地上和地下兼有的遗址，公园主要使用的景观要素包括遗址本体、建筑、植物、雕塑等。主要建筑为已建成的汉阳陵考古博物馆等文物保护建筑群。植物设计上要求表现形式和景观格调要与文物遗址的整体环境和历史文化氛围相协调，充分烘托汉阳陵唯我独尊的帝王之气，同时也充分考虑了植物根系生长对地下遗址的影响。汉阳陵是汉景帝刘启及其皇后王氏的合葬陵园。汉阳陵的景观设计，以最小的景观干预彰显最大的场地精神为原则，打造汉阳陵“西风残照，汉家陵阙”的空间厚重感与沧桑感。

综上而言，公园内景观要素主要构成为遗址本体、建筑、雕塑小品、植物、水体、道路及铺装等，其中的遗址本体和水体两种要素较特殊。遗址本体处于地下状态时一般被保护性建筑所覆盖无法纳入景观范畴，当其处于地面状态才具备景观效果。水体有可能对地

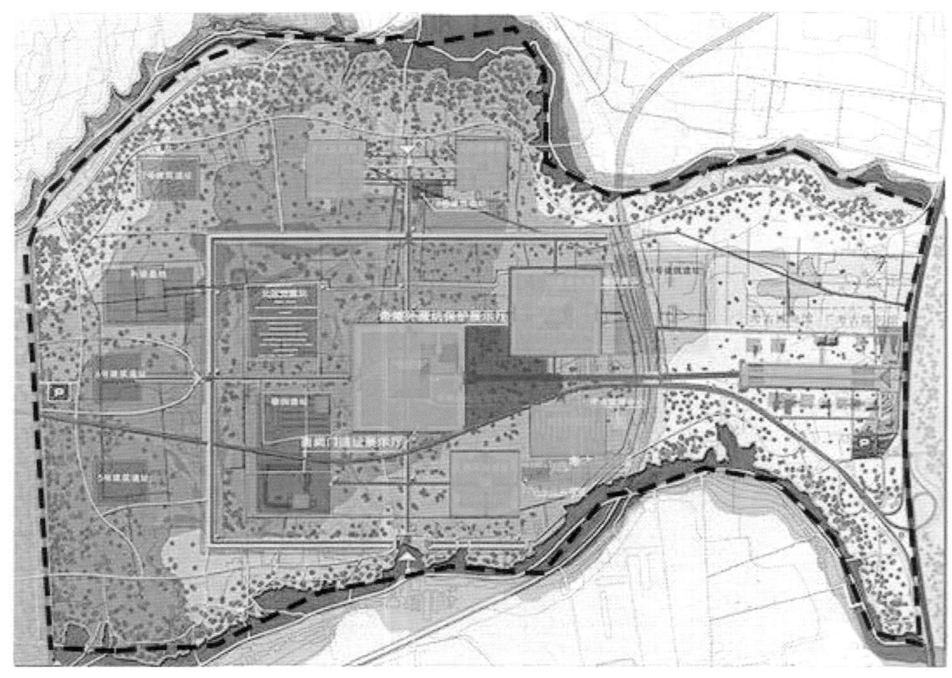

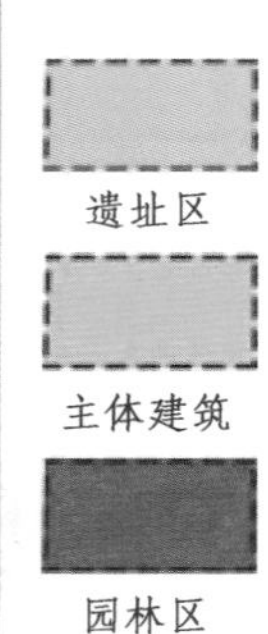

图 5-23 汉阳陵遗址公园景观要素分析

下遗址本体造成威胁（除非遗址环境已有自然水体存在），一般在景观设计时应充分评估其对遗址的影响，避免营造人工水体，所以本书涉及的景观要素未将水体纳入。

4．设计方式

考古遗址是过去文明的遗存，作为携带丰富信息的工艺品和环境的集合体，具有提供历史信息的内在潜力，相关文化材料和工艺品蕴含着内在的“叙事”能力，遗址景观把这些信息形成一种普遍形象，让世人和社会易于接受。

（1）遗址本体。

地面遗址本体也是景观展示的要素之一。它带有浓厚的历史印记，透射出的沧桑美，赋予整个画面不同的格调。

图 5-24 以地面遗址本体为景

（2）主体建筑物。

建设在遗址保护区范围内的遗址博物馆、遗迹保护大棚等主体建筑物，主要以展示模拟遗址和出土文物为主，方便游人就近参观。作为地标性建筑，其外形特征是遗址文化的门户形象，往往备受瞩目。

图 5-25　以保护性建筑体为景

（3）植物。

秦始皇陵国家考古遗址公园鸟瞰

汉宣帝杜陵鸟瞰

图 5-26　植物种植格局与文化氛围协调

图 5-27　植物配置与出土遗迹一致

植物自古以来被赋予各种精神品质和故事传说，不同的遗址特色也可以通过不同植物的寓意来展示。古有岁寒三友指“松、竹、梅”，四君子指“梅、兰、竹、菊”，传统陵寝园林用松树代表天子、柏树代表诸侯、栾树代表大夫、槐树代表士、杨柳则代表庶人。民间有“前不栽桑，后不栽柳，院里不栽鬼拍手”的说法。《周礼·秋官·朝士》记载有“三槐九棘”，显示古代宫殿区植物种植代表相应礼仪制度。现代园林案例中，像元大都土城遗址公园的植物以北方乡土树种为主，有刺槐、国槐、毛白杨、银杏、雪松、油松、圆柏等，灌木选择紫薇、紫叶李、棣棠等，营造简单原始的景象。像成都的杜甫草堂遗址内建有“梅苑”，模拟出诗歌中塔影、春池、梅馨、秋水等形象。

遗址景观要素里遗址本体唱主角，主题是遗址的保护与展示。而绿化种植是占据重要地位的配角，主要作用有：

① 保护遗址。

植物选择上要考虑到树木根系生长不破坏丰富的地下遗存，不影响以后的考古发掘，以大面积灌木和草本覆盖为宜，通过不同区域栽植不同品种来示意地下遗址的分布与范围。例如，殷墟王陵遗址的地面绿化图形标识了地下王陵的修建格局，大明宫用铺设草坪标识地下存在尚未挖掘的遗址。

② 划分空间。

金沙遗址为了防止城市建设对遗址范围的侵袭，在保护区边界种植乔木隔离带，分隔内外区域。汉代长安城未央宫前殿遗址的本体由野生植被覆盖以保护遗址的原貌，在遗址周边以苗圃和林地的形式将未央宫前殿遗址与周边环境隔离开，很好地保留了遗址环境和风韵。

③ 原真复原。

对遗址区土壤孢粉进行分析，可以寻找到历史环境中生长过的植物品种，对这些植物品种的运用可以使绿化种植与遗址特征和历史风貌相结合。

④ 烘托气氛。

如果植物配置与遗址主题遥相呼应，在大环境下烘托气氛。例如圆明园大水法残缺的巨型石块散落在荒草野花之间，氛围萧索荒凉，强烈的对比让人在想象圆明园当年胜景的同时也激发起对英法联军罪恶行径的愤慨，顿时能激发起公众的爱国情绪；高句丽王陵及贵族墓葬遗址区将高大植被移除，平整低矮的草地和修剪好的模纹灌木将一座座墓葬衬托得更加雄伟、苍白和显眼，一种庄严肃穆的感觉油然而生。

（4）道路及铺装。

① 道路平面布局形式。

遗址景观内道路布局形式与遗址文化属性息息相关。例如，街坊或里坊式规划的大型古代城市遗址通常采用类棋盘形道路模式，体现规模宏大，布局完整、严肃的格局；环路形路网适合于遗址分布较分散、布局不规则的环境；树形结构路网以一条明确的展示道路贯穿整个区域，其余次级道路分别与这条主要道路相连，这类形式适合遗址年代久远、重要遗址呈线性分布的环境。

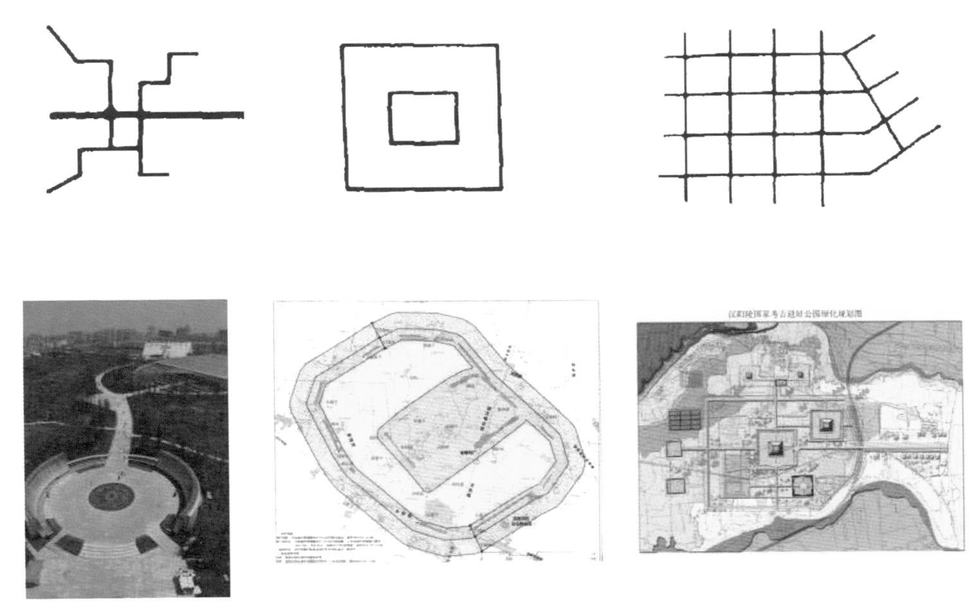

图 5-28　遗址景观的道路布局形式

（资料来源：金沙遗址博物馆）

② 铺装样式。

道路铺装设计来源于遗址出土文物造型、相关文献图案、图腾及历史资料背景等，能给人强烈的心理暗示。例如，南京宝船厂遗址公园路面铺装融入贝壳造型及航海图案，创造出体验感强的场景。

图 5-29　与文物关联的铺装设计

（5）景观设施。

游览设施规划的主要内容包括大门、游客服务中心、餐饮设施、购物设施、休闲娱乐设施、公园景点服务设施、安全救护设施等。

图 5-30 与文物关联的小品设计

① 门。

大门具有引导游人和阻挡游人的作用，是遗址景观的形象标志，是游人进入考古遗址公园的第一站，需要给游人留下深刻印象，因此其造型应尽可能突出考古遗址公园的特色。例如，自贡恐龙遗址博物馆大门模拟了恐龙外形，生动直观地传达了主题；三星堆遗址博物馆造型直接取材于出土文物的外形，令人印象深刻。

图 5-31 与文化背景关联的大门设计

② 游客服务中心。

游客服务中心给考古遗址公园带来新的活力，是展示考古遗址公园文化、形象的窗口。游客服务中心的设计要本着以人为本的原则，追求实用、协调、美观，不仅要突出其基本功能，还要与周围环境及遗址主题相协调。

图 5-32 与文化背景关联的服务性建筑设计

③ 服务设施。

为方便游客参观游览，不同的休闲场地和功能区中休息座椅、景墙、雕塑、厕所、垃圾箱、指示牌等景点服务设施，都是反映遗址文化底蕴的载体，处处让人感受独特的文化效果。

5.3.2　行为模式法应用

1. 滞留空间职能

遗址景观的滞留空间纳入的是室外公共空间，游人主要用于社会性活动，如交谈、娱乐、运动、休息、阅读、观赏等，这些活动也是感知、感受环境的重要方式，或者理解为人们对空间的亲密度与对场地环境理解认知度高度一致。景观规划就是将遗址无法复制的独特个性展现于环境中，赋予环境特定职能。

（1）文化功能体现。

遗址景观范围内的滞留空间，有别于一般公园公共空间的功能之处是尝试在游人活动场所传递文化信息，试图通过或明示或隐喻的方式营造与遗址文化息息相关的氛围，展示独特的文化底蕴，加深人们的理解与印象。

（2）游憩功能体现。

遗址景观公共空间日益成为缓解城市高密度人居环境压力的角色之一。它突破了传统理解中的公园、广场、庭院、小游园等景观类型，建立了遗址景观与城市社会生活良性的动态关联，提高了场地功能复合度与人居空间利用效率。遗址景观滞留空间独特的吸引力能激起更多使用活动、产生更多效益的功能，实现对空间潜力的挖掘。例如，旧金山格雷罗公园注重将当地材料与植物特色融入设计以提升游人步行体验感受；洛杉矶的日落三角广场经常放映露天电影、举办集市，成为市民理想的活动场所；芝加哥许多街头公共空间设施组合灵活多变，各项经营性服务性功能不断完善，为游人提供发呆晒太阳的场所，这些功能性可以增加人气，提升环境品质，带动更广泛的宣传效应。

（3）精神文化感悟。

人在空间中感知各种信息，通过自身分辨、分析和加工后，完成对环境的认识。空间带来的整体性感知，是从个别信息、单独的符号、零散的要素中升华与整合，给人强烈的规律感。遗址景观空间将规律感转化为一种精神体验，让人在环境中产生归属感，与环境产生情感层面的化学反应，诱导人们进行各种体验活动。例如身处庄严、神圣的寺庙中，香烟萦绕，促使你端庄肃穆；而宁静、安然的墓园环境，则引起你无尽的哀思，忍不住思绪绵绵。

遗址景观空间感知的目的在于人的活动与场地的精神匹配，使人们更专注于认识遗址的价值，从而热爱它、保护它。

2. 叙事方法串联滞留空间

在景观的创建过程中，在遗址景观整体空间里，利用引入故事来丰富景观的景观叙事法，串联起各个独立的滞留场所，并进行适当的叙事性展示设计。这种展示风格建立在充分的遗址历史背景知识挖掘与分析上，以游人最舒服的方式把文化价值讲了出来，用活了空间关系，激发了人们游览、停留的兴趣。例如，郑国渠遗址公园，以众多的水利工程遗址为依托，形成水利工程遗址展示的特色景观区，通过空间序列的组织叙事、场地叙事、建筑叙事、景观自然要素叙事等多个方面，达到对遗址景观的叙事性表达。在空间序列叙事方法的应用上，通过道路交通流线的规划串联起原本较为分散的遗址，以此来组织景观序列。又如神木石峁国家考古遗址公园，在石峁遗址的核心保护区组织叙事空间序列，由外及内依次分为外城城墙、外城遗址区、内城城墙、内城遗址区、皇城台等，模拟古城的城市布局、防卫体系、交通规模、生产生活情景等。

3. 引入体验感设计滞留空间

在考古工作人员带领下，在遗址公园的公共空间里进行发掘劳动，整理出土文物和记录考古日志活动，这种考古发掘体验是普及考古知识最好的方式。像成都平原的邛窑，伊始于南北朝，发展盛行于唐宋，期间其产品在西南地区广泛流通。邛窑国家考古遗址公园划分出民俗文化体验区和现代陶艺户外展示区，将制陶体验工坊设置在主游线上，提供烧制陶器全过程体验活动，增加游园的参与性、趣味性。像长沙铜官窑国家考古遗址公园在核心区外模拟现场考古工作，宣传文物保护意识。在保证文物安全的前提下，架设栈道，让游客走进发掘探坑近距离体验考古发掘，享受考古的乐趣。除了考古发掘体验性场所，公园内还设有制陶体验场所，这种方式能够让游人在视觉参观的基础上对铜官窑产生更加深入的了解。

下篇 案例分析

第 6 章 国家金沙考古遗址公园案例

金沙考古遗址公园建设时期正值我国大遗址保护事业方兴未艾之际，金沙遗址是新千禧年后全国第一个重大考古发现，属于首批国家考古遗址公园。当时对国家考古遗址公园的社会价值及其规划理念均处于摸索阶段，绝大部分遗址公园仍沿用原有思维模式，注重遗址本体的文物保护设计，周边空间多以草坪、树木覆盖，缺乏景观的观赏性、可游性。金沙考古遗址开业界先河，以城市森林公园的标准进行规划，其部分理念超前创新，作者有幸参与了金沙遗址公园从规划到建成项目始末，在书中将分享大量宝贵的一手资料。

6.1 原设计分析

6.1.1 价值分析

表 6-1 金沙遗址景观价值分析

价值类型		状态描述	分析结果
自然价值	质	出土精美玉器、金器、石器等文物	价值突出，表现性较强
	时空	距今 3000 多年，年代久远	
	资源性	出土文物极其珍贵，与三星堆文物有一定关联性	
审美价值		遗址发掘坑分布广且分散，出土文物造型精美	尚不具备休闲、欣赏的景观条件
文化价值		金沙遗址属于商周时期，有可能为古蜀国都邑，考古研究价值极高	价值地位突出，有助于推动地方文化事业发展，树立区域自信心
社会价值		尚不明朗	遗址处于城市中心城区，有巨大环境价值潜力

6.1.2 模式与方法

1. 设计体系

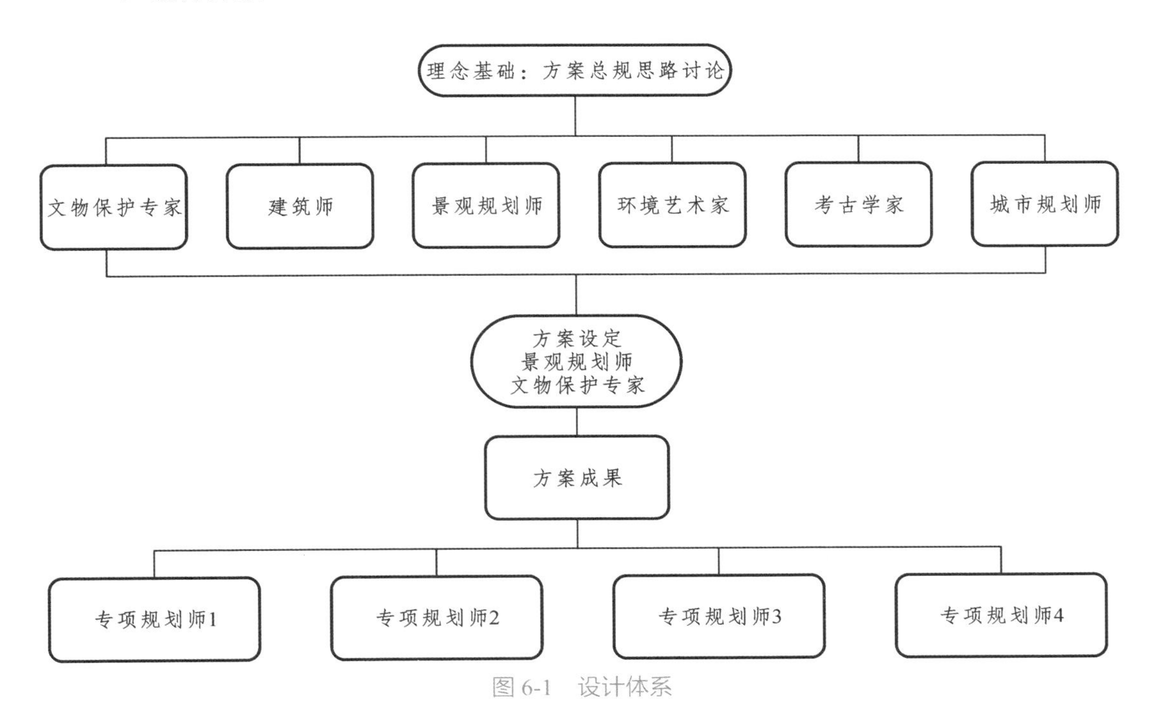

图6-1　设计体系

2. 设计流程

表6-2　设计流程

阶段	主要工作内容	参与团队		成果
阶段1：资料整理	对考古遗址现状进行调研并收集相关资料	考古人员，景观规划师		整理保护对象基本情况
阶段2：评估工作	对遗址景观进行价值分析	考古学者，城市规划师，景观规划师		确定规划设计的理念与方法，设定职能目标
阶段3：完成方案	研讨保护方案	考古专业学者，城市规划师，景观规划师		方案形成
阶段4：实施后评估	方案执行，后评估	考古专家，历史专家，城市规划师，景观规划师，环保学者		根据评估反馈信息，不断完善改进保护方式

3．设计方法

（1）方法体系：根据规划理念与原则制定的设计方法体系中，以符号法为主导，用于景观要素设计，展现金沙的悠久历史内涵；行为模式法与叙事法为辅，合理布局景观空间，科学统筹各空间的关系；美学法则始终贯穿整个设计体系。

（2）符号法运用思路：金沙遗址出土的精美文物具备较强景观表现张力，是景观元素设计的思维源泉；围绕古蜀背景文化资源特殊的地域文化特质，可规划可游玩性强的主题活动空间。

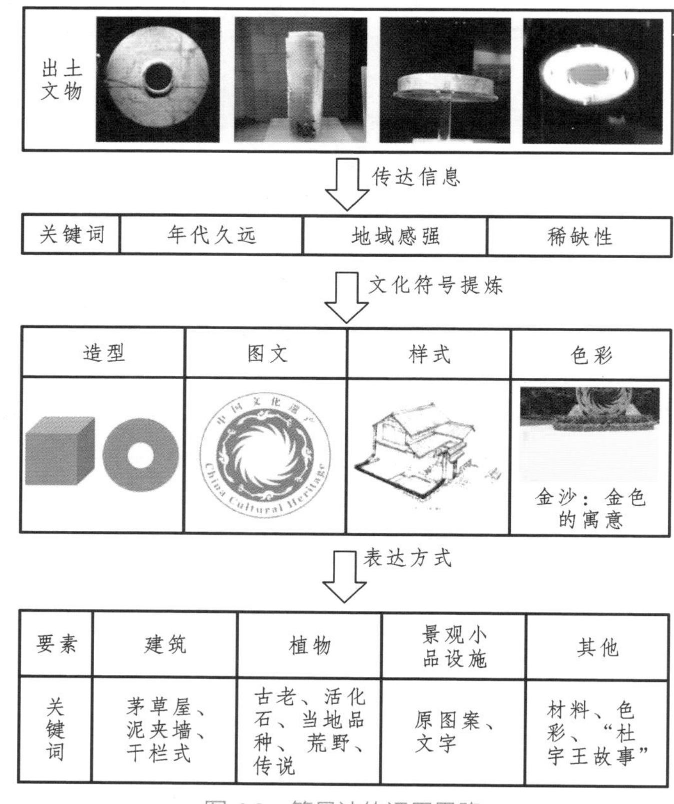

图 6-2　符号法的运用思路

6.2　现状分析

6.2.1　价值分析

金沙考古遗址公园于2007年建成，是首批国家考古遗址公园。当时正值全国遗址公园建设方兴未艾之际，国家考古遗址公园建设模式与方法尚未成型。本人亲身经历了公园从设计到施工的全过程，深刻体会到传统保护思维与现代遗址景观思维的碰撞。

1. 历史价值

金沙遗址的文化堆积年代约为商代晚期至春秋时期，以商代晚期至西周的遗存最丰富，遗址距今超过3000年，是2001年中国十大考古发现。从遗址规模与等级来看，应是一处中心聚落，是当时的政治、经济和文化中心，它极有可能是古蜀国在商代晚期至西周时期的都邑所在地。

2. 科研价值

通过祭祀用器推测，许多考古学家认为，金沙遗址的发现为先秦时期成都平原考古文化序列的建立和完善，深入探索三星堆文化的继承与发展，提供了极其重要的实物资料。

3. 艺术价值

遗址出土各类样式精美的金器、铜器、玉器、石器等珍贵文物5000余件，象牙1000余根，还有数以千计的野猪獠牙、鹿角等，特别是太阳神鸟金箔那巧夺天工的技艺让人叹为观止。“四鸟绕日图”已经成为成都平原文化的标志性符号，曾随神舟六号飞船到太空遨游。

6.2.2 设计理念

地面景观力求创造出历经3000年斗转星移的自然景象，体现出古老文化与现代城市公园的统筹，打造“自然之美，草野之趣”的仙风道骨般意境。

1. 原真性造景

金沙遗址公园占地30.4万平方米，在原址上覆土回填后建设而成。金沙文化年代久远，尚未发现相关文字记载，无法进行猜测性、推断式环境营造，避免误导游客。

2. 最小干预与可逆化

树木地下根系的生长往往对古遗址地下土层及未出土文物有干扰破坏作用。大多数遗址在植物种植时，采取较谨慎的方式，即在遗址核心范围铺植草坪，只在遗址外围远离地下文物的区域栽植树木。金沙遗址公园除目前发掘的探坑外，其余绿地范围均存在未出土文物的可能，因此，建设前首先回填2米厚的种植土，再进行绿化栽植，这样可以保护地下文物免受树根伤及。

景观环境中没有大型人工水体和多余建筑体，主要以园林绿化覆盖，为日后可能进行的考古工作预留空间，以最小的代价开挖发掘。

6.2.3 模式与方法

1．设计团队体系

金沙遗址公园由考古与文物保护专家牵头构建设计体系，集合建筑、景观、艺术专业背景的专家共同组建规划团队，保证金沙遗址日后的建设在遗址保护思想主导下进行。

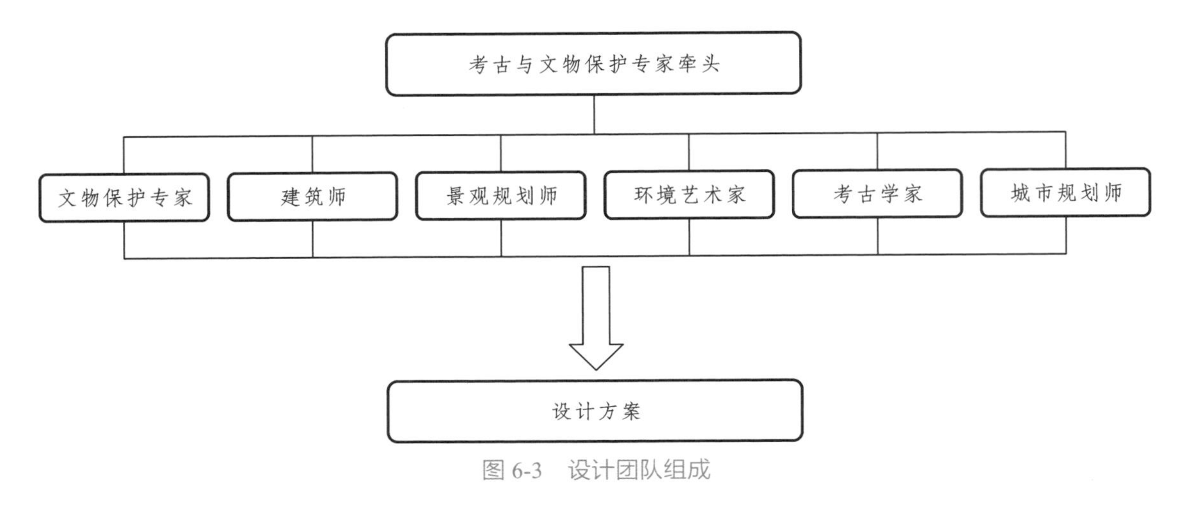

图 6-3 设计团队组成

2．设计流程

表 6-3 设计流程

阶段	主要工作	实施单位
Ⅰ论证阶段	考古遗址论证现状调研、立项申报	成都市文物考古工作队具体实施
Ⅱ规划阶段	考古遗址公园及周边整体规划（包括博物馆、遗迹馆等主体建筑）	北京泛道国际设计公司牵头实施
Ⅲ初步设计阶段	公园环境基础绿化设计（主要是地形地貌改造及植物群落覆盖）	四川省风景园林设计院牵头实施
Ⅳ深化景观规划阶段	公园景观规划设计（包括大门、围墙、厕所、游客接待中心等建筑设施）	四川省建筑设计院牵头实施

3．设计方法

金沙遗址公园规划设计采用的方法不同于以往任何一种单一的手法，更趋向于原型法与叙事法综合并略作改进的结果。基于原型法的大面积落叶与常绿配置的植物群落覆盖，尽量保护地下遗址原始分布状态；设计“西山”“玉石之路”等景观空间时借鉴叙事的手法；公园整体规划布局则更类似于城市公园的方式，呈现出树林草坪、密林混植及幽静竹林等不同的效果场景。

6.2.4　建成状态

1．景观要素分析

（1）主体建筑。

金沙遗址公园的陈列馆用于展示出土文物，建筑平面为方形，造型模仿考古勘探方坑；遗迹馆建于遗迹坑上方，造型为圆形，模仿出土的环形玉器。从空中鸟瞰仿佛两件巨型出土文物跃然于一片绿地上，建筑物方与圆的造型，比喻“天圆地方”的豪气与伟岸情怀，令人荡气回肠。

图 6-4　遵循文物的建筑设计

（2）植物。

首先，注意公园基调树种的选择。银杏、水杉是古老的孑遗植物，又是四川本地物种，从第四纪开始生长。其中，银杏在中国的种植历史可追溯到3000年前的商代，正好是金沙文化堆积年代。选用这些孑遗植物，可映射出古老王国的氛围。被称为“活化石”的国宝级木本蕨类植物——“桫椤”配置在遗迹馆探坑旁边，映衬久远的气氛。

其次，植物配置时采用“乔木+草坪”的模式，减少低矮灌木层次，突出大树的挺拔沧桑与小草野趣凌乱的对比，营造一种原始森林视觉效果。

另外，在基调乔木的搭配上，也注重针叶与阔叶林混交，落叶与常绿林混交。银杏、水杉等树种周年生长期内，会有叶色、落叶等季相变化，秋冬季的沧桑景象，让游客浮想联翩，与3000年前文化神交穿越，同时搭配常绿桢楠树，避免整个园区冬季太过萧瑟。

图 6-5　遵循文化背景的植物设计

（3）山体。

成都平原自古有山神崇拜的传闻，在遗址公园的西侧堆砌起峰峦自然起伏的“西山”，作为整个遗址景观地貌制高点，象征金沙文化的起源与依靠。

（4）其他。

游客接待中心设计为干栏式建筑，配合茅草屋顶，营造原始聚落风貌；按照出土的“四鸟绕日”金箔图案，在主干道节点位置，打造太阳神鸟雕塑，供游人合照留念；公园围墙修建运用“编笼入石”的手法设计，表现古蜀造墙艺术；道路铺装掺入金色洗米石，面层保持凹凸不平、原始蛮荒的感受，园区各种景观要素都是金沙文化展示的角色。

2. 公共滞留空间设计

（1）“玉石之路”景点：金沙遗址出土了大量精美的玉器和玉石，所以开辟了面积3300平米空间，散置大小不等的美石，形成具有观赏性和娱乐性的休闲空间，游客通过木栈道在石滩上穿行。周围密植桂花树，与古蜀人观石、赏月、闻桂花香的民俗一致。

（2）乌木林景点：占地2000多平米，在一片金黄的沙滩上树立着高高低低的乌木，将千年沉睡的阴沉木活灵活现地展示给游客。乌木（阴沉木）兼备木的古雅和石的神韵，有“东方神木”和“植物木乃伊”之称。地震、洪水、泥石流将地上植物全部埋入古河床低洼处，埋入淤泥中的部分树木处于缺氧、高压的状态，在细菌等微生物的作用下，经上万年的炭化过程形成乌木，故又称“炭化木”。神奇的乌木是四川的宝贵遗产，是古蜀文明的重要组成部分，有“活化石”的美称。

图 6-6　再现古蜀人桂花林中赏石观月的情景

图 6-7　“活化石”乌木林

乌木林的周围主要是阔叶的香樟树围合，栽植时注意高低连绵的林缘线处理，产生厚重的绿色背景板效果，可突出乌木林的棱角与高耸。

（3）西山水景广场景点：是一处人工堆砌的高约12米的假山，是登高俯瞰全园的良好视点。满山覆盖着以楠木和杜鹃为主的植物群落，其寓意取自古蜀国杜宇王“啼血杜鹃”的传说，待花开时节，漫山的杜鹃花映红神州，给蜀国子民带来安康。西山脚下模拟瀑布冲击形成一片开阔平地，名曰“水景广场”。

（4）摸底河滨河景观：金沙遗址出土了数量众多的象牙，中国古代方术家有用象牙殴杀水神之法。成都平原在李冰治水前长期河流泛滥，人们用象牙祭祀，祈求驱除水患。

遗址公园正巧一条摸底河自西向东，潺潺萦绕。沿岸设计蜿蜒曲折的木栈道，局部挑出水面，仿佛祭祀的平台，亦可作为游客休闲亲水之处。河道保留原有的曲折度，驳岸建成缓坡生态河堤，从陆地往水岸线，依次栽植巴茅、芦苇、菖蒲和千屈菜等野趣、亲水植物，再现古蜀国河流原始风貌。

图 6-8　西山水景广场

图 6-9　芦苇投射出河流千年的沧桑景观

6.3 对比分析

6.3.1 理念方法的对比

表 6-4 理念方法对比分析

项目	已实施设计思路	现今研究理念
价值分析	历史价值	自然价值
	科研价值	审美价值
	艺术价值	文化价值
		社会价值
理念	“自然之美，草野之趣”的原始生态观念	以价值分析为基础
设计体系	由文物保护与考古专家牵头，其他规划设计专家为辅，组建设计团队	考古专家与景观规划师等一道组成顶层设计团队
设计流程	Ⅰ论证阶段	Ⅰ资料整理
	Ⅱ规划阶段	Ⅱ评估工作
	Ⅲ初步设计阶段	Ⅲ完成方案
	Ⅳ景观生化规划阶段	Ⅳ实施后评估
设计方法	原型法为主，叙事法为辅	集成的设计方法体系

通过对比分析发现：

（1）规划理念方面，金沙遗址属第一批国家考古遗址公园，作为新兴事物其规划理念为：尊重自然、崇尚自然美，从生态角度考虑保护方案，在时代背景下显示了一定的前沿性、先进性。但是，这种理念并没有从考古遗址景观价值出发，难以客观把握遗址特征与景观表达之间的关系，对于规划设计指向性不强，规划时虽融入部分遗址文化符号，却没有彰显一定的中心思想与组织规律，主题景点略显凌乱，意境表现如蜻蜓点水没有形成有力的震撼冲击；同时暴露出面向社会公众的现代景观的担当与游憩休闲公共职能保障的不足，也是对价值认识先天局限性造成的。

（2）规划模式方面，由考古与文物保护专家牵头的“金字塔”似的规划团队，其设计思路受制于传统文物保护思想较多，环境被看作文物本体的保护空间，更多采取整治处理，对景观的内涵与价值认识不足，对景观的审美、文化展示、休闲娱乐等社会功能不够重视。书中提出的设计人员体系更具有开放性，各个专业背景人员参与设计时间较早，更容易把控全局，跟踪问题，跳出文物保护思维格局的约束。设计流程方面，新的模式增加了后评估阶段，有助于发现问题，及时反馈调整规划设计，完善遗址景观的品质。

（3）规划设计方法方面，景观环境塑造与文化氛围的营造，不再单一强调叙事、演绎性，更趋于客观表达文化背景与内涵；充分考虑现代公共园林景观职能需求，面向大众提供更贴切服务，高度认识考古遗址景观的自身优势，将神秘的考古工作与宣传教育良性结合，让普通百姓更容易理解与接受。

6.3.2 问题总结

就对比结果而言，金沙遗址公园的景观设计可能存在两方面问题：

一是视觉效果方面，景观要素设计结合了文化符号，表达的效果如何，是否客观展示了遗址文化和达到教育传承的目的。

二是公园内的公共空间对承担的社会公共职能认识不足，考虑不周全，后续开放使用过程中会暴露出一些障碍。

出于对这两方面潜在问题的思考进行客观检验的目的，分别设计评估方法进行调研分析，验证实验结果是否与主观分析结论符合。

6.4 评估检验

以下内容将基于考古遗址景观评估体系，主要对两个方面进行评估：一是文化氛围营造中景观要素的效果；二是空间使用情况下的空间利用效率。

6.4.1 景观要素评估

1. 研究方法

为了评估遗址景观构成要素是否满足设计预期要求，采用定性分析与定量计算相结合的方法。其中，定性分析采用德尔菲法，又称专家意见法，是采用匿名发表意见的方式征询专家小组成员的预测意见，通过几轮意见征询，最终使专家小组的预测意见趋于集中，以做出符合未来市场发展趋势的最优化预测结论。德尔菲法是一种最为有效的判断预测法。它充分利用了不同专业背景的专家的经验和学识，避免了传统专家会议那种因畏惧权威而产生的随声附和，或因顾及情面而不愿与别人意见相左的弊端，充分保证了每位专家能独立地做出自己的有效判断。经过多轮次的调查反馈，得到各位专家基本一致的结论，这个结论一般就是最优化结论，具有可靠性和科学性。

在数据定量分析阶段采用IBM SPSS Statistics 24软件分析前期数据的统计学意义，以此证明数据的可信度、可靠性。

2．评判对象

（1）拟表达的文化符号样本。

出土文物 1

出土文物 2

出土文物 3

出土文物 4

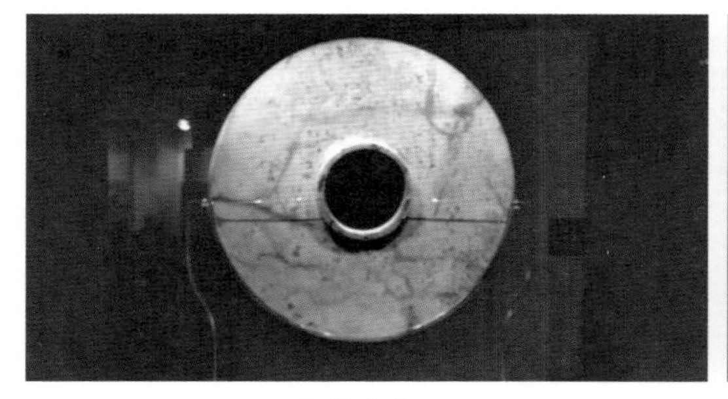

出土文物 5

出土文物 6

图 6-10　出土文物

（2）景观载体。

建筑样本 1

建筑样本 2

建筑样本 3

建筑样本 4

图 6-11　建筑样本

植物样本 1

植物样本 2

植物样本 3

植物样本 4

图 6-12　植物样本

设施样本 1

设施样本 2

设施样本 3

设施样本 4

图 6-13 设施样本

道路样本 1

道路样本 2

道路样本3

道路样本4

图6-14 道路样本

以金沙遗址公园内的建筑物、植物、设施小品和道路四类景观要素的现场照片为样本，筛取其中16张具有代表性的照片作为实验样本。

3. 评判实验参与者确定

根据《社会调查方法》一书对样本数与误差范围之间的关系分析，德尔菲法被访验者通常介于20～50人之间，误差范围是±15%。为保证实验结果的准确性，对于被验人群职业背景、文化水平、性别、年龄结构均仔细斟酌，特选文物考古专业工作人员20名，建筑规划专业教师及学生30名，共50人组成受验团队。该人群年龄在19～50岁之间，男女比例接近1：1，文化程度均达到大学本科以上。

4. 前期评分尺度及实验样表

（1）评分尺度。

评价尺度设计为五段式，即取分为1、3、5、7、9，均为奇数，每组景观要素形容词各异，但尺度统一。

表6-5 数值的设定标准

比较值	定义
1	同样重要（Equal Importance）
3	稍微重要（Weak Importance）
5	明显重要（Strong Importance）
7	非常重要（Very Importance）
9	极为重要（Absolute Importance）

（2）评分的内容。

① 可识别度：景观要素在表达文化符号上可以被观赏者解读的程度。

表 6-6 各要素可识别度程度值

要素	比较值				
	无视	不明显	一般明显	较明显	很明显
	1	3	5	7	9
植物 1					
植物 2					
植物 3					
植物 4					
设施 1					
设施 2					
设施 3					
设施 4					
道路铺装 1					
道路铺装 2					
道路铺装 3					
道路铺装 4					
建筑物 1					
建筑物 2					
建筑物 3					
建筑物 4					

② 环境协调度：景观要素与环境文化氛围的一致性。

表 6-7 各要素环境协调度

要素	比较值				
	不可接受	可接受	不高	较高	很高
	1	3	5	7	9
植物 1					
植物 2					
植物 3					

续表

要素	比较值				
	不可接受	可接受	不高	较高	很高
	1	3	5	7	9
植物 4					
设施 1					
设施 2					
设施 3					
设施 4					
道路铺装 1					
道路铺装 2					
道路铺装 3					
道路铺装 4					
建筑物 1					
建筑物 2					
建筑物 3					
建筑物 4					

③ 干扰度：环境中的景观要素是否真实客观地表达了遗址的文化信息与历史资料，是否存在干扰与误导现象。

表 6-8　各要素干扰度

要素	比较值				
	无	低	不高	较高	很高
	1	3	5	7	9
植物 1					
植物 2					
植物 3					
植物 4					
设施 1					
设施 2					
设施 3					
设施 4					

续表

要素	比较值				
	无	低	不高	较高	很高
	1	3	5	7	9
道路铺装 1					
道路铺装 2					
道路铺装 3					
道路铺装 4					
建筑物 1					
建筑物 2					
建筑物 3					
建筑物 4					

④ 印象深刻度：游客观赏后对该景观要素的记忆深刻度。

表 6-9　各要素印象深刻度

要素	比较值				
	无印象	易忘记	一般	较深刻印象	很深刻印象
	1	3	5	7	9
植物 1					
植物 2					
植物 3					
植物 4					
设施 1					
设施 2					
设施 3					
设施 4					
道路铺装 1					
道路铺装 2					
道路铺装 3					
道路铺装 4					
建筑物 1					
建筑物 2					
建筑物 3					
建筑物 4					

5. 实验统计与验算

（1）统计结果表。

表 6-10　数据统计结果

要素	评判因素			
	可识别度	环境协调度	印象深刻度	干扰度
植物	1.58	8.24	1.82	1.39
设施	7.34	4.95	7.49	4.88
道路铺装	5.55	5.50	4.03	3.33
建筑物	5.80	2.29	6.65	7.64

（2）验算。

采用SPSS处理数据：每两组间的可识别度、环境协调度、干扰度、印象最深刻度采用曼-惠特尼检验，当$P<0.05$表示差异有统计学意义；四组间采用克鲁斯卡尔-沃利斯检验，当$P<0.05$表示差异有统计学意义。

① 可识别度。

表 6-11　可识别度的检验结果

克鲁斯卡尔 - 沃利斯检验秩			
变量	VAR00002	个案数	秩平均值
VAR00001	建筑	200	456.57
	设施	200	613.34
	植物	200	105.29
	道路	200	426.81
	总计	800	

检验统计[a, b]	
检验类型	VAR00001
卡方	545.798
自由度	3
渐近显著性	0.000

注：a—克鲁斯卡尔-沃利斯检验；b—分组变量：VAR00002。

② 环境协调度。

表 6-12 环境协调度检验结果

克鲁斯卡尔 - 沃利斯检验秩			
变量	VAR00002	个案数	秩平均值
VAR00001	建筑	200	113.45
	设施	200	369.94
	植物	200	686.70
	道路	200	431.92
	总计	800	

检验统计[a, b]	
检验类型	VAR00001
卡方	672.750
自由度	3
渐近显著性	0.000

注：a—克鲁斯卡尔-沃利斯检验；b—分组变量：VAR00002。

③ 干扰度。

表 6-13 干扰度检验结果

克鲁斯卡尔 - 沃利斯检验秩			
变量	VAR00002	个案数	秩平均值
VAR00001	建筑	200	685.90
	设施	200	443.94
	植物	200	115.37
	道路	200	356.79
	总计	800	

检验统计[a, b]	
检验类型	VAR00001
卡方	660.149
自由度	3
渐近显著性	0.000

注：a—克鲁斯卡尔-沃利斯检验；b—分组变量：VAR00002。

④ 印象深刻度。

表 6-14　印象深刻度检验结果

克鲁斯卡尔 - 沃利斯检验秩			
变量	VAR00002	个案数	秩平均值
VAR00001	建筑	200	560.11
	设施	200	633.61
	植物	200	137.07
	道路	200	271.21
	总计	800	

检验统计[a, b]	
检验类型	VAR00001
卡方	667.649
自由度	3
渐近显著性	0.000

注：a—克鲁斯卡尔-沃利斯检验；b—分组变量：VAR00002。

6．实验结果

根据调查结果显示，可识别度最高的是设施，最低的是植物；环境协调度最高的是植物，最低的是建筑物；印象最深刻的是设施，最不容易留下印象的是植物；干扰度最高的是建筑物，最低的是植物。

普通民众对植物树种、背景知识了解甚少，对树木、花草观赏时并不留意，并没有意识到景观表达的价值，造成其可识别度低的结果。

建筑物因其体量较大，造型突出，对视觉冲击感强烈，更能引起关注，其可识别度高和干扰度高都在情理之中。

景观设施肩负着许多日常使用功能，与游客接触最频繁，尺度上更接近人视线舒适的观察范围，无论是别致的景墙浮雕图案，还是棱角分明的栏杆扶手造型，处处都贴心地营造着文化氛围，给人们带来方便，留下深刻的印象。

6.4.2　公共滞留空间利用率评判

一般通过三方面指标评判滞留空间景观规划的成效：① 场地活力，也就是场所生命力的反映，是与人互动最根本的表现。② 可识别性，即景观呈现出的与众不同的特质。③ 可达性，该场所与其他活动空间顺畅连接，方便游人使用。这三个方面都与游人的行为模式息息相关，游人的行为模式调查亦可反过来进一步指导优化环境。

就依据游人行为模式调查分析改造公共空间有不少先例，例如：芝加哥大都市区规划委员会调查发现，公园停车位使用频繁，周边居民反映增加停车位会提升人们出行意愿，吸引更多游客到该地区游玩，因此公园重新规划调整了停车位布局。其他城市如旧金山、西雅图等甚至将停车位公园规划纳入地区复兴策略中。另外，旧金山格雷罗公园（Guerrero Park）设计惬意的街头绿地空间代替简单的指示牌作为三岔路口的导流标识，为周边居民增加了室外活动空间，成为人们公共交往的有益场所。奥地利的维也纳重视城市中过渡性闲置土地利用，将此类零星空间改造为青少年和儿童运动、休闲的场所，搭建邻里交流的平台。

公共空间是人使用的场所，坚持以人为本的理念，基于使用者心理与行为需求，对环境空间进行优化改造，满足人的审美观、好奇心、舒适要求等，可以提高人们滞留的意愿达到提升空间利用率的目的。遗址景观中的公共活动空间是遗址文化体验的重要载体，游人对公共空间的利用度是评判其成功性的重要标准之一，促进人与空间良好的交流，有助于积极发扬场所精神。下面以金沙考古遗址公园为例，分析公园公共滞留空间利用情况。

1．研究对象

金沙国家考古遗址公园，主体包括遗迹馆、陈列馆和园林区等。其中，园林区面积21万平方米，公园园林区内建成了“玉石之路”“乌木林”“西山水景广场”“摸底河沿河栈道”等多个供游客游憩休闲使用的开敞空间。

2．研究目的

金沙国家考古遗址公园（以下简称公园或金沙遗址公园）自2007年开放以来，其知名度与日俱增，吸引越来越多的游客参观。

表 6-15　往年数据统计

年份	购票人数	免票人数	总入园人数
2010	319978	526549	846527
2011	302674	847199	1149873
2012	310151	793251	1103402
2013	373179	935017	1308196
2014	428388	918256	1346644

每年前往金沙遗址公园的游客数量不断攀升，2013年仅前三个月就达到2010年全年游客总量。公园的园林区占总面积约70%，里面的开敞空间是公园公共空间的重要组成部分，也是可滞留游客最大的场所。合理规划利用开敞空间，是保障遗址公园品质的基础条件。本研究的主要目的是：

（1）摸清金沙遗址公园的开敞空间主要服务主体是哪类人群。

（2）了解滞留人群主要行为模式、主要滞留空间等。

搞清楚这些问题，是提升公园园林区景观的前提，为进一步改造提供数据支持。了解开敞空间存在的问题，滞留的游客对环境舒适度的感受，人们在空间里的行为表现，都为金沙遗址公园实现基本职能指明方向。

3. 调研时间设定

为了更全面、客观反映开敞空间使用情况，调查采样时间分别选取了工作日两天和周末休息日两天。据天气预报，调查日的天气都是多云，适合人们进行户外运动。最终选择采样时间为：2015年10月15日（工作日，天气多云，气温15～23℃），2015年10月17日（周末，天气多云，气温14～24℃），2015年10月20日（工作日，天气多云，气温14～21℃），2015年10月24日（周末，天气多云，气温15～23℃）。

4. 空间地点的选择

金沙遗址公园内适宜游人滞留、游憩的空间：

（1）"石头林"或"玉石之路"景点：金沙遗址出土了大量的玉器和玉石，与之呼应地在面积3300平方米空地上布置大小、形态各异的美石，形成具有观赏性和娱乐性的休闲空间，游客可通过木栈道在石滩上穿行。

（2）乌木林景点：占地2000多平方米，在一片金黄的沙滩上树立着高高低低的乌木，将千年沉睡的阴沉木活灵活现地展示给游客。

图 6-15　玉石之路

图 6-16　乌木林

（3）太阳神鸟雕塑沙滩：在金沙遗址出土的众多文物中，太阳神鸟金箔以其高超的制作工艺和无与伦比的美感，于2005年8月16日正式成为中国文化遗产标志，无疑是镇馆之宝。专门仿制太阳神鸟建造了一座雕塑，雕塑前面开辟一片小广场供游客拍照。小广场表面铺设厚厚一层金色洗米石，备受小朋友喜欢，无意间成为一处儿童游乐“圣地”。

（4）水景广场：是一块占地3000多平方米平坦的小广场，地处公园西山脚下。广场四周水渠环抱，竹林萦绕。

图 6-17 “太阳神鸟雕塑”沙滩

图 6-18 水景广场

（5）河边栈道：金沙遗址公园正巧有一条摸底河自西向东，潺潺萦绕。沿岸设计蜿蜒曲折的木栈道，局部挑出水面，仿佛祭祀的平台，亦可作为游客休闲亲水之处。

（6）陈列馆前小广场：陈列馆主入口广场地面采用花岗石铺设，周边布置休息座椅，时不时会有广场舞团队出现。这里是金沙遗址公园主游览线路的必经之地，人流量比较大，此场所的活动对过往人流也有一定影响。

图 6-19 河边栈道

图 6-20 陈列馆前小广场

5．实地调研方法

调研中将实地观察法与问卷调查法结合使用。

（1）实地观察。

安排观察人员在公园开放的主要时间段（上午10点至12点，下午2点至5点），每30分钟对各空间游客数量、年龄结构、行为模式等情况记录一次。

（2）问卷调查。

实地观察法不能取得观察对象的年龄及在空间滞留感受等相关信息，这时就需要用问卷调查法进行辅助。问卷调查是一种结构化的调查，其调查问题的表达形式、提问的顺序、回答的形式都是固定的，省时省力，可以直接获得大量无法观察的实验数据。制定问卷时，首先设计了客观性问题，其次设计了背景性问题来了解采访对象的基本情况。另外，为了使收集结果更有利于公园环境的改造提升，还设计了主观性和检验性问题。总共设计了10个问题，发放200份问卷。

发放的对象不仅仅局限于在开敞空间滞留的游客，也包括在公园往来活动的游人，随机调查。这样可以更大范围地了解游客需求和心理动态。回收的问卷可以作为现场记录数据分析的有益补充，通过结合两者分析得出结果。

（3）采集数据。

① 收集当天入园总人数，分为购票入园人数、免票入园人数以及在几个观察空间的滞留人数。金沙考古遗址公园兼具博物馆性质，对满足部分条件的游人有免票政策。这组基本数据可以反映公园开敞空间的利用情况和全部游客中使用开敞空间的人数比例。同时，记录游客在各空间的分布情况，这种使用偏好在一定程度上反映着空间的环境质量、设施合理性等，也可以了解每个空间的使用效率，哪些处于闲置状态。

② 掌握在开敞空间中滞留的游客年龄背景。将观察对象划分为四个年龄结构区间：0～4岁的幼儿，5～25岁的青少年，26～60岁的上班族和60岁以上的老年人。因为人的年龄背景一方面与他的行为模式息息相关，另一方面与是否符合免票政策紧密联系。

③ 基于公园游客行为模式的相关研究。预先分出几类行为模板便于记录，如看书、玩耍、健身、休息等，然后根据实际观察结果，再调整行为模式类别，力求详尽记录数据。

6. 入园人数记录统计

根据我们的记录发现：①两天工作日平均滞留公园园林区人数为862人次/天，实际购票入园人数445人/天；两天周末休息日平均滞留公园园林区人数778人次/天，实际购票入园人数698人/天。②工作日与休息日在公园园林区滞留总人数在上午10点至11点和下午2点半至4点时间段达高峰，下午滞留的人数比上午多。③工作日在公园园林区滞留的人数比周末休息日人数多。

发放问卷200份，有效回收149份，发放对象包括滞留人群与非滞留游客。根据问卷结果，游客中只参观博物馆不游园的占总数1/4左右，只游园不参观博物馆的和既参观博物馆又游园的人数比例相当。

7. 滞留人群年龄结构

公园园林区滞留人群总数最多的是“一老一少”，就是老年人与小孩，两者加起来超过总数的75%；青少年人数是最少的，工作日占总数的3%，周末也只占4%；上班族工作日占总数的21%左右，周末变化不大，只有19%左右。

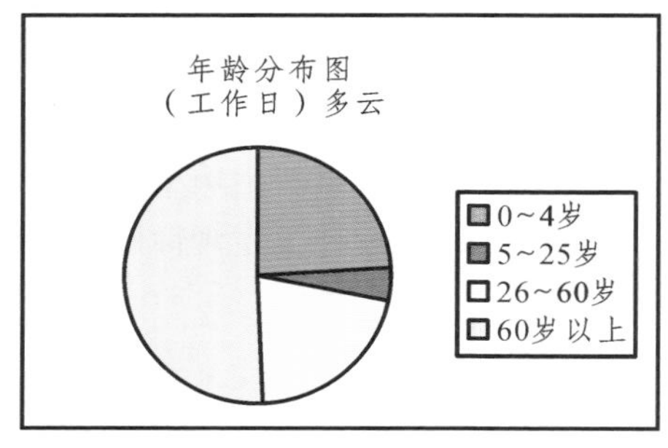

图 6-21 工作日游客年龄结构

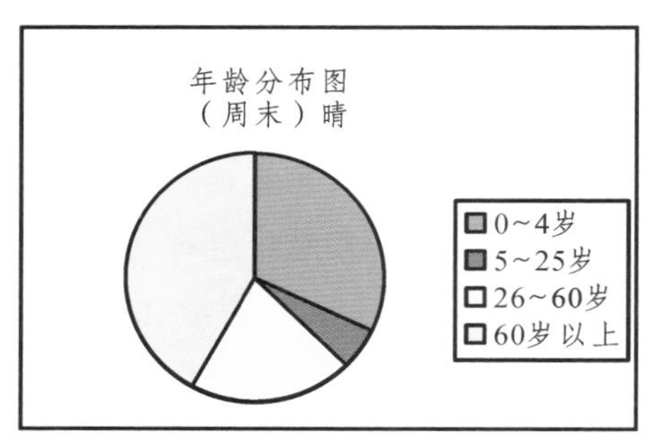

图 6-22 周末休息日游客年龄结构

8. 空间里游客行为模式

（1）各行为模式排序。

① 工作日看护和玩耍的人数是最多的，两者之间比例相当；在周末看护的人数是玩耍人数的两倍。

② 交谈行为的人数也不少，在工作日有284人，而在周末有103人。

③ 其他行为模式人数在工作日与周末变化不显著。

（2）不同年龄游客行为模式。

① 60岁以上老年人主要行为是看护与交谈，还有不少在健身。

② 上班族的行为主要是看护与交谈。

③ 青少年的行为是以其他为主，例如拍照，观赏等。

④ 较小的幼儿由于没有行为能力，只能坐在推车里与监护人待在一起，划入看护类型；有行为能力的幼儿都是在玩耍，玩耍的地点主要是太阳神鸟雕塑前的洗米石沙滩。

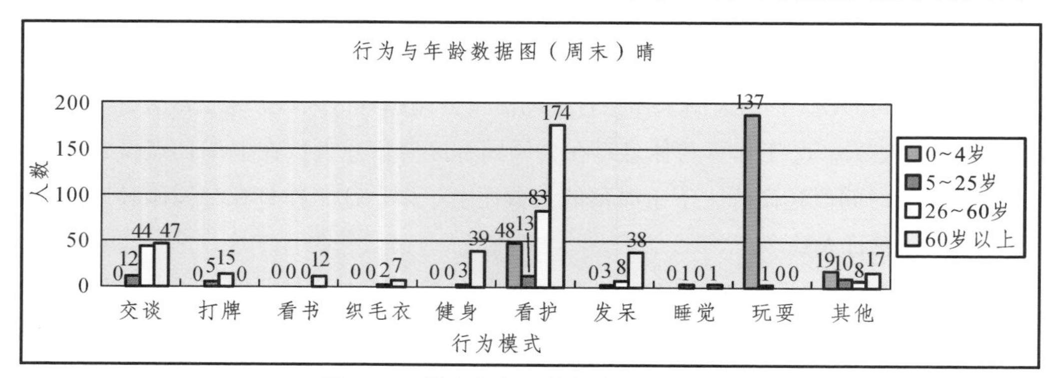

图 6-23 周末休息日滞留游客行为模式

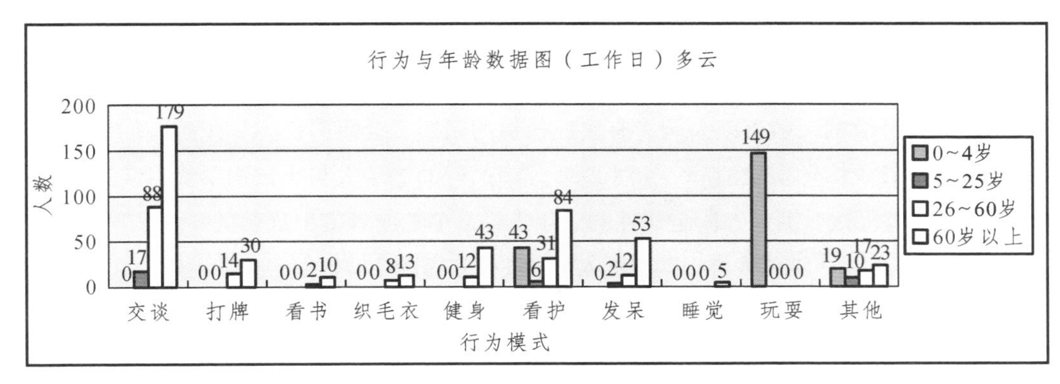

图 6-24　工作日滞留游客行为模式

9. 不同空间滞留人数调查

“太阳神鸟雕塑”沙滩和“乌木林”两个空间滞留人数较多，而“水景广场”和“玉石之路”两个空间人数最少。在工作日“乌木林”滞留的人没有“太阳神鸟雕塑”沙滩多，但是到了周末却反过来。根据回收的问卷得知，“太阳神鸟雕塑”沙滩滞留人数受团队参观游客影响，周末是团队参观游客较多的时候，这类游客一般会在“太阳神鸟雕塑”沙滩上合影留念，这样就影响在此地滞留的人群，他们往往会转移到“乌木林”去，那里相对安静。

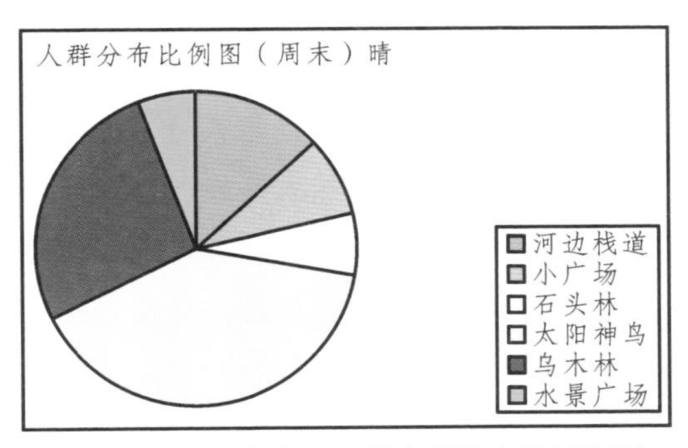

图 6-25　周末休息日不同空间游客数量比例

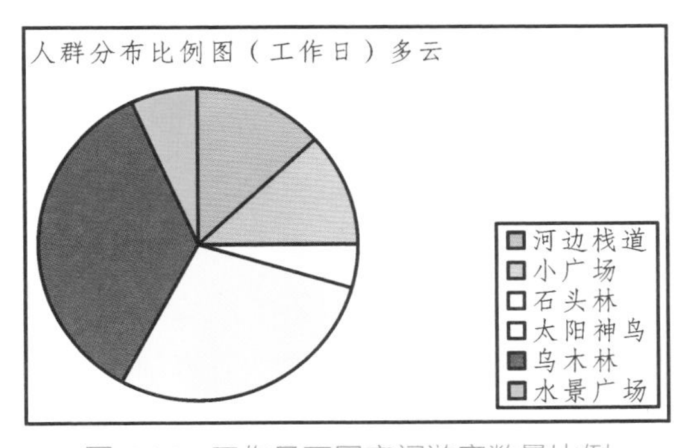

图 6-26　工作日不同空间游客数量比例

10. 滞留的游客主要类型分析

（1）从数据上看，滞留在公园园林区的游客超过了当天购票入园的总人数。由于购票优惠政策的存在，会造成这一现象。这个结果表明，滞留的游客要么整天待在公园，多次到同一空间游玩；要么一天内多次入园游玩，造成统计数据人次重复。一天内会多次入园的，一般是本地免票游客。

（2）从调研观察与问卷回收结果看，滞留的游客中绝大多数为60岁以上老年人和4岁以下小孩，并且是家住金沙遗址公园附近的居多。工作日滞留的老人401人，小孩305

人，两者占总数的75%；周末滞留老人475人，小孩227人，两者占总人数也是75%左右。不难发现，无论周末或者工作日，在公园园林区游憩的主要游客是老年人与小孩。金沙遗址公园不是免费开放的一般市政公园，有比较昂贵的门票，会阻碍许多只想游园的消费者，滞留人群相对较少，环境较清静。金沙遗址公园执行的老年人与小孩购票优惠政策，又使得这两类人受益匪浅。所以，附近居住的老年人经常单独或者带小孩去玩耍。

（3）根据问卷，滞留人群中购票进入金沙遗址公园的游客比例很少，不到总数的20%。购票的游客中，外地游客比例超过80%。不难发现，外地游客很少在公园园林区滞留。

11. 滞留人群主要行为模式分析

滞留人群主要类型也决定了其主要行为模式结构。即老人与小孩间的一种对应活动关系：小孩玩耍，老年人在一旁看护。除开看护与玩耍，交谈的比例也较高，分析发现，交谈行为主要存在于看护的老年人之间。小孩一般喜欢成群玩耍，旁边看护的老年人成群地聊天，打发时间。

健身的老年人也有一定比例，集中在开敞空间的有一部分，其余的分散在各个林间小道，没有纳入观察范畴。

12. 不同空间使用情况分析

（1）从公园各个开敞空间使用频率高低看，“太阳神鸟”沙滩与“乌木林”无疑是最高的，而“水景广场”和“玉石之路”很少有人涉足，主要有以下几方面原因：

① 从使用功能分析，在金沙遗址公园滞留的主要人群是带小孩的老年人，小孩在哪玩耍，老人一定在附近看护。“太阳神鸟”沙滩是小孩的最爱，自然人气最旺。“乌木林”的地面也是沙滩，里面还有可以休息的小广场，不少老年人喜欢用推车带没有行为能力的小孩在这里休息。“河边栈道”空间与“陈列馆门前广场”一般是健身的老年人聚集地，使用频率不算低。“水景广场”和“玉石之路”除有少数健身的人外，鲜有游客滞留。

② 从位置分布看，“太阳神鸟”沙滩、“乌木林”“河边栈道”与“陈列馆门前广场”在金沙遗址公园主干道沿线，而“水景广场”和“玉石之路”远离主干道，位于西面的支路环线上。

③ 从功能配套看，“乌木林”“河边栈道”空间与“陈列馆门前广场”周边布置的休息座椅比较多，滞留人群使用较方便。“水景广场”和“玉石之路”几乎没有休息设施，滞留人群不方便休息，流动性大。“太阳神鸟雕塑”沙滩虽然也没有休息设施，但是小孩要玩耍，老年人必须看护，只有在周边平坦的草坪上休息。

（2）从空间使用功能分析，“太阳神鸟雕塑”沙滩与“乌木林”一方面在公园主干道上，老年人带小孩走路或者推车到达都很便捷，另一方面都有小孩爱玩的沙滩，所以成了玩耍与看护空间。“河边栈道”空间与“陈列馆门前广场”也在主干道，但是栈道有阶梯，推车到达不方便。另外这两处小孩没有玩耍的条件，所以相对人群不是很拥挤。再者还布置了休息设施，所以成为老年人健身的理想场所。“水景广场”和“玉石之路”地理位置偏僻，缺少休息设施，空间还算开敞，除偶尔有老年人健身活动，一般都闲置。

13. 其他建议

大多数游客积极参与访谈与问卷，抱着希望把金沙遗址公园环境打造更好的愿望，热忱地提出不少建议，归纳起来主要是：

（1）公园园林区导识系统不合理，约有1/4的客人因为不知道有什么景点（空间）或者怎么去景点而放弃在园林区游玩。还有约1/4游客根据指路牌引导，在公园园林区大费周折才到达“玉石之路”“西山景点”和“水景广场”，玩耍兴致全无。公园园林区道路系统与导识系统需要合理地改进。

（2）公园园林区没有像普通公园那样有茶室、小卖部等服务性设施，游客行为模式中没有考虑到喝茶这一因素，在成都这么一座茶文化氛围很浓的城市，让逗留时间较长的游客很不适应。

14. 结　果

（1）调研证明，金沙遗址公园园林区是老年人的重要活动场所，滞留人群的主体是老人与小孩。随着中国城市人口老龄化的高速发展，老年游客占的比重会越来越大。从老年人生理特征、活动内容和形式及游憩时间出发，研究和建设以老年人为主体的公园开敞空间环境，是老龄化社会必须面对的课题。

（2）掏钱购票的人主要是外地游客，但是外地游客却很少到公园园林区的开敞空间活动。金沙遗址园林区占总面积的70%，种植有本土特色的珍贵植物水杉、银杏和桢楠，还有一些珍稀的乡土植物如灯台树、无患子、四照花、峨眉含笑、桫椤等，园林景观也是展示金沙文化与精神的重要舞台。应该加大力度在外地游客中宣传金沙遗址公园园林区文化底蕴，有利于金沙遗址文明的宣传。

（3）公园园林区开敞空间里，距离主干道较远的“水景广场”和“玉石之路”景点，基本处于闲置状态。小孩喜欢玩耍的空间是使用率最高的场所。

（4）在公园园林区的开敞空间中，最主要的行为模式是看护与玩耍，大部分看护的人群相互间有交谈行为。在部分空间有健身活动存在，其余行为比较零星。

该研究结果有助于未来遗址公园开敞空间按“以人为本”的思路进行优化提升，随着中国城市人口老龄化的高速发展，老年游客占的比重会越来越大。从老年人生理特征、活动内容、形式及游憩时间出发，研究和建设以老年人为主体的公园开敞空间环境，是必须面对的现实。

6.5 总　结

6.5.1 公共空间方面

金沙考古遗址公园占地30.4万平方米，其中园林区面积占了70%。融合了古蜀文明与遗址文化的“玉石之路”“乌木林”“西山杜鹃林”与“水景广场”等景观滞留空间，有机分布于园区内，是供游人休闲、娱乐的公共场所。这些公共空间承载着游憩功能，拥有便民设施，与城市公园公共空间高度相似。

在景观规划时结合出土文物要素特性和景观布置手法，将古蜀文明魅力栩栩如生展现于眼前。在整个园区中有机地布置了“玉石之路”“水景广场”“乌木林”“西山”和“原生态摸底河”等景观空间，与古蜀文明息息相关，既满足了游客休闲的需求，又形象地表达了遗址的文化内涵。

但是，评估显示各个空间彼此串联性不强，空间场地只供休息、观赏之用，严重缺乏人气。

6.5.2 景观要素方面

（1）硬质景观方面，保护性建筑、服务性建筑、景观小品及道路铺装等要素注重与金沙文化的有机融合，“天圆地方”的建筑造型、“太阳神鸟”雕塑、干栏式游客接待中心处处营造着特殊氛围。路面铺装设计避免单一的混凝土整体路面或城市道路常用的规则式石板拼接，更多运用嵌草搭配石材铺装和木质栈道，保持野趣。

（2）植物材料选择上丰富多样化，与大多数遗址公园只选择草坪简易绿化不同，金沙遗址公园在原址上回填近2米厚土层作保护，植物树种选择突破对根系深浅限制要求。有高大挺拔的银杏林，有茂密常青的桢楠林，有山花烂漫的成片杜鹃，有香飘千里的桂花，还有千姿百态的桃花、梨花、梅花、玉兰花、樱花，整个园区步移景异，多姿多彩，充分表达了植物景观的审美艺术，为游人展示了自然美的魅力。

植物造景艺术多元化，由银杏与楠木组成的混交林，既有色彩上的变化，也有落叶与常绿的交替；西山上有各色杜鹃相映成趣的景色；水景广场周边有数十种竹类交相变幻；河边有浮水、挺水植物群落的配置。考古遗址公园不再是单调一成不变的枯草、砂石景观，有丝毫不逊色于城市公园的植物景观设计。

6.6 建　议

（1）以价值为中心的规划设计理念与模式，是符合现代社会发展要求，使考古遗址景观的发展与利用得到根本保障，承担社会职责，值得其他遗址景观规划推广与应用。

（2）考古遗址公园拥有考古研究与休闲游憩双重职能，园内游憩活动模式包括休憩、看护、健身、看书、玩耍等，形式多样，是市民的重要活动空间。因此，景观设计要依据不同遗址环境特征，科学分析，充分评估，建立处理价值分析问题为导向的综合的规划设计方法体系，方能最大限度满足各方需求，积极地保护好文化遗产。金沙遗址公园，已成为重要的假日游憩型绿地，设想变更设计方法以符号法和行为模式法为主导，叙事法为辅助，营造体验性强、参与度高的公共空间与景点，将更有利于提升游客综合满意度。

调研评估结果显示，滞留空间使用率低是考古遗址公园面临的严峻现实。前文分析的案例中，有不少引入体验式活动的做法，并已取得不俗反响。金沙遗址文化属性里宗教属性色彩明显，出土了大量用于祭祀的金器、铜器、玉器等，据推测，当时举行了许多主题与治洪水、保平安等有关的祭祀活动。如果各个开敞空间中引入与金沙文化紧密相关的文化体验活动，增加景点吸引力和游客互动性，对推广地域文化与传统知识意义重大。

图 6-27　体验式活动引入开敞空间的构想

景观要素是文化表达的最直接物质载体，恰如其分地运用各要素可以营造赏心悦目的环境，反之则可能扭曲遗址文化真实性，让环境成为低俗的艺术堆砌场所，影响遗址的审美和文化价值。根据评估实验结果，本人认为：有效保持遗址文化原真性，应尽可能减少设计对其造成干扰的景观要素，因此在核心区域避免造型突出的建筑体、艺术手法夸张的雕塑与装饰物，减少脱离实际的演绎成分；植物是和环境协调度最高、对遗址干扰度最小的景观要素，因此考古遗址公园内使用植物要素造景，无论作为背景还是主景都是避免遗址内涵被误导最有效的方式。

第7章 宝墩考古遗址景观案例

从空间形态上看，宝墩遗址有地面城墙遗存，与金沙遗址属于地下遗址有一定的区别；从地理环境看，宝墩遗址不同于金沙遗址处于城市主城区而是位于郊野，环境要素有突出的乡野特征；从遗址的相关属性看，宝墩遗址出土文物缺少震撼的艺术性效果，城墙遗址本体视觉辨识度不高。因此本章基于将研究理论应用于不同类型的考古遗址的角度考虑，以宝墩遗址为例进行景观价值分析。本案例研究是建立在金沙考古遗址公园规划设计的经验基础上，将部分验证的成果运用于宝墩考古遗址公园规划，从而提出规划设计构思，以期对该拟建设的考古遗址公园提供积极的参考。

1995年，新津县龙马乡宝墩村发现了古城遗址。遗址区整体呈长方形，地面有明显的人工修筑城墙，总占地面积约59.3万平方米。遗址内有蒋林、田角林、余林盘等几个大的聚居区。接着在2009年考古发掘时，又在外围发现了土埂，初步确认属于宝墩文化时期的夯土城墙，城墙夯筑方式均采用斜坡堆筑形式。

研究表明，宝墩遗址代表的文化从属年代大约从公元前2800年持续到公元前2000年，地理位置广布于成都平原，是新石器时代遗址。

宝墩遗址2001年被公布为全国重点文物保护单位，之后国家文物局和四川省人民政府共同签署《大遗址保护成都片区共建协议书》，决定成立专门的新津宝墩大遗址保护和利用工作组。新津宝墩遗址作为大遗址，将申报国家考古遗址公园，并最终与金沙遗址、三星堆遗址、邛窑遗址、罗家坝遗址、芒城遗址、古城遗址和鱼凫遗址等形成古蜀文化的考古遗址公园群。

7.1 价值分析

1. 文化历史价值

在了解宝墩文化的价值前，先看清古蜀文明发展演进的脉络：首先是宝墩文化时期（公元前2700年—公元前1800年），然后进入三星堆文化时期（公元前1800年—公元前1200年），接着是十二桥文化时期（公元前1200年—公元前500年），后来是战国青铜文化时期（公元前500年—公元前316年），最后秦灭巴蜀，古蜀文明融入汉文化圈。苏秉琦先生在1987年就指出：巴蜀文化具有独立的体系，而四川古文化是中国古文化的重要组成部分。早于三星堆文化的宝墩文化很可能与蜀文化有直接渊源。宝墩文化不仅在巴蜀文化，乃至在中国古文化也占有重要一席。

2. 新津宝墩遗址的区域价值

从时间连续性上讲，宝墩文化的四期与三星堆文化的前期重合，两者衔接很紧密。另外从遗存的考古研究分析，成都平原早期城址的砌城方法为斜坡堆砌法，有一定的原始性与自身特点。例如，宝墩遗址发现的鼓墩子是一个位于中心位置，明显高于四周的台子，其上有密集的建筑遗存。郫县古城村遗址发掘中，城址中心部位发现了长方形建筑基址，可能是举行重要仪式活动的大型礼仪性建筑。后来的发掘中，证实了都江堰芒城，温江鱼凫城，郫县古城，崇州市下芒城、紫竹古城都属于同期而略有先后的文化遗存。至此，整个成都平原早期城址群初露端倪，彼此有着相当内在联系，地理位置遥相呼应。规模化的成都平原遗存中，最古老的宝墩遗址成为了“龙头”。

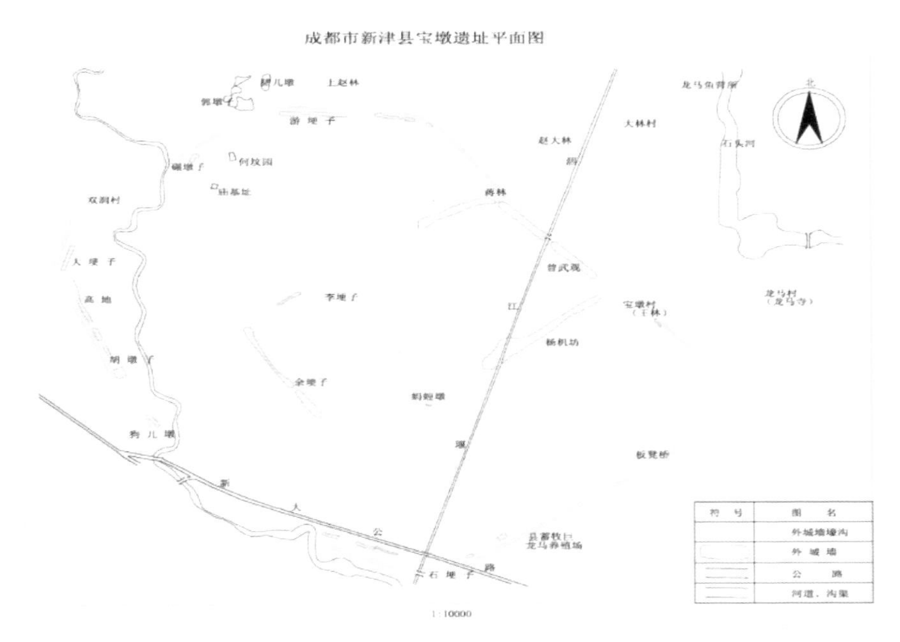

图 7-1　新津宝墩城墙遗址范围
（资料来源：成都市文物考古工作队）

3. 出土文物的稀缺价值

宝墩遗址出土文物丰富，目前已发掘出极具观赏价值的石锛、石斧和陶器。出土的文物主要分为两大类：一是生产工具，这一时期的生产工具主要是石器，石器多通体磨光，制作较精致，石器制作技术有相当高的水平。另有少量陶制生产工具，其中大多为泥质灰白陶，如纺轮和网坠。这些文物反映出当时成都平原繁荣、稳定的生活水平。

二是生活工具，主要是陶器，其中大多为泥质灰白陶，火候较高，质地较硬。陶器纹饰发达，夹砂陶以绳纹为主，泥质陶以划纹、戳压纹为主，有少量细线纹。盛行平底器和圈足器。另外在蚂蟥墩发现建筑遗存，一类推测房屋构造方式可能为挖沟槽的“木骨泥墙”式；一类是没有基槽，只有柱洞。

4. 其他相关专属特性

宝墩遗址周长达3200米，墙体宽度8～30米，高度约4米。初步推算土方量超25万立方米，这样大型城垣建设的工程量需要相当的人力物力才能完成，说明当时社会总体生产力水平发展到了一定高度。另外，考古工作人员还发现了豇豆、豌豆、薏仁、水稻、小米等植物遗迹，反映了当时农业生产的作物比较丰富。《山海经》记载“西南黑水之间……百谷自生，冬夏播琴”，这里的冬作物可能就是豌豆、蚕豆。其他栽培谷物可能从云南起源，另有大麦大概从青海传入。这说明当时的定居农业生活达相当高的水平，兼有渔猎，对外交流也比较频繁。

5. 分析结果

（1）文化价值极高，与周边文化联系紧密，辐射范围广，对四川甚至中国古文化都有重大影响。规划设计时应给予特别关注，站在更宏观的范围去思考。

图 7-2　辨识度低的宝墩城墙遗址

（2）与金沙遗址不同，宝墩遗址的位置不在城市而在农村，环境要素以田野、缓坡、川西竹林盘为主，这些造就了宝墩遗址独特的环境个性，有利于融入景观元素设计中。

（3）夯土城墙遗址本体现状可识别度低，观赏价值不高，对游客吸引力不强，但是出土的陶器与粮食作物遗迹都更具生活化，更易于普通民众认识与理解，结合这些有地域特征的产物，景观规划时可适当进行体验设计，增强吸引力。

7.2 模式与方法

7.2.1 设计团队体系

宝墩遗址既有地下出土文物，又有地上城墙遗址，其所处环境相对自然、原生态，所以规划时对设计团队专业背景要求更具针对性，环境艺术家加入顶层团队，负责梳理川西民居环境特征，更能突出地域文化景观。

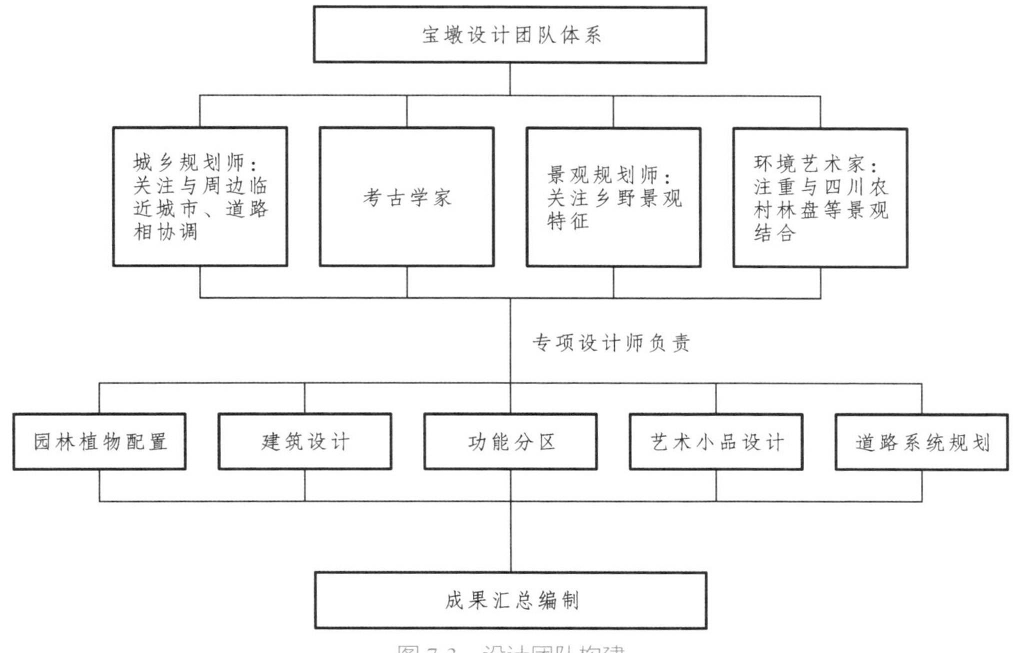

图 7-3　设计团队构建

7.2.2　设计流程

规划设计的流程与金沙遗址公园相似。

表 7-1　设计流程

阶段	主要工作内容	参与团队		阶段性成果
阶段 1：资料整理	对考古遗址现状进行调研并收集相关资料	考古人员，景观规划师，城乡规划师		整理保护对象基本情况
阶段 2：评估工作	对遗址景观进行价值分析	考古学者，城乡规划师，景观规划师，环境艺术师		确定规划设计的理念与方法，设定职能目标
阶段 3：完成方案	研讨保护方案	考古学者，城乡规划师，景观规划师		方案形成
阶段 4：实施后评估	方案执行，后评估	考古专家，历史学专家，文物保护专家，城市规划师，景观规划师，环境与艺术学者		根据评估反馈信息，不断完善改进保护方式

7.2.3 设计方法

经价值分析，宝墩遗址自然价值具有特殊性。完善的川西林盘风貌、充满野趣的木桥流水、疏林田坎等，都是景观塑造个性化的材料。但在审美价值方面，由于遗址夯土城墙残损严重，可识别度低、欣赏性不高，缺乏惊艳的出土文物，难以形成直观的视觉效果。

因此，其景观设计方法是在综合主导性方法中加入原型法，与符号法、行为模式法综合一体，其他诸如美学法则依旧贯穿整个设计始末。延续原有地貌肌理与风貌风格，合理诠释文化内涵，创造高品质观赏与游憩环境。

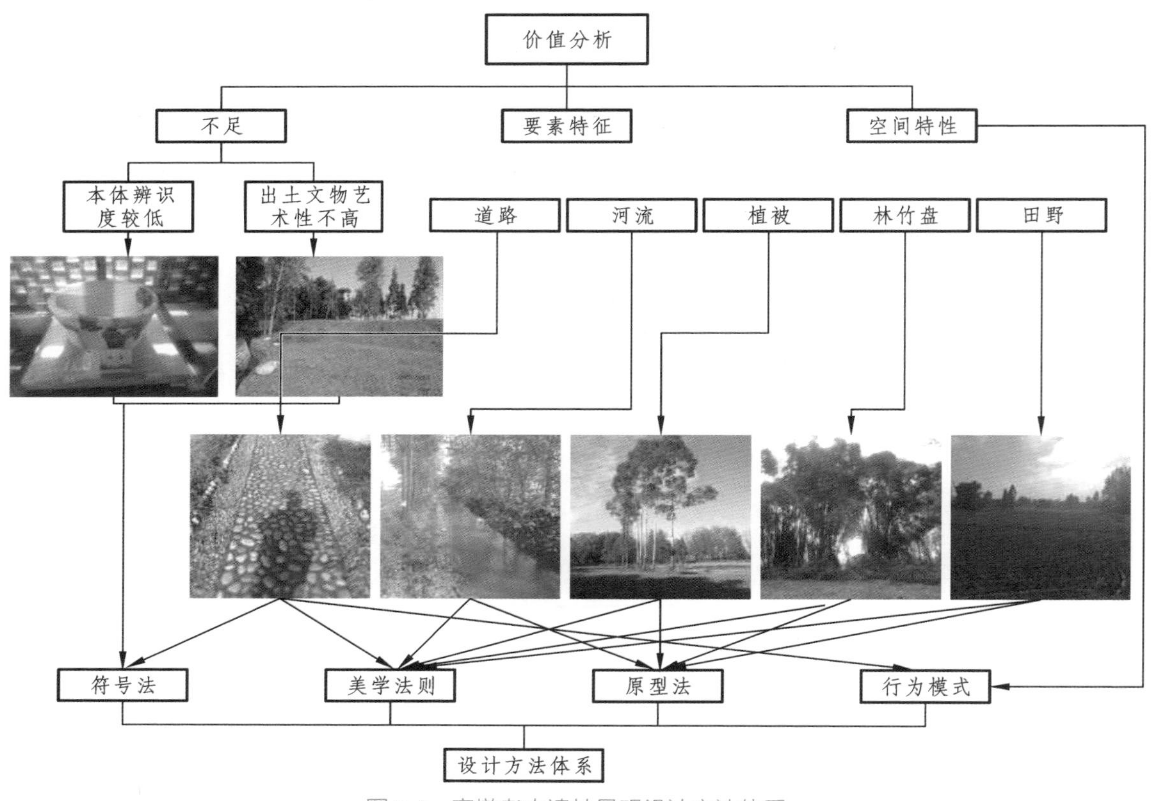

图 7-4 宝墩考古遗址景观设计方法体系

具体地，原型法主要是原真性保护地面城墙遗址，传承川西林盘景观格局，尽可能维护好遗址多年形成的自然状态；符号法是设计功能型建筑、道路、设施、植物配置等，有机结合遗址历史文明与地下文物的图案、造型，合理表达内涵与核心价值；美学法则更是融入每个设计环节，提高景观的审美价值。

图 7-5 将文化元素运用到功能建筑的细节造型中

7.3 优化构思

7.3.1 突出核心价值

李学勤、严文明、童恩正等著名历史考古学家都认为，成都平原是长江上游地区古代文明的起源中心。以新津宝墩遗址为首的成都平原城址群年代为公元前2000—公元前3000年，代表四川古代文化的中坚角色。早于三星堆文化的宝墩文化可能与蜀文化有直接渊源。著名考古学家马继贤先生认为，宝墩这类城址以及其他地方时代相当的古城址，应当是中国古代聚落发展的一种特殊形式。宏大的规模，高耸的夯土城墙，大小不等的建筑基础，说明它们还是中国城市发展中的一种早期形态。宝墩遗址发掘发现的文化层可分为宋代、汉代和宝墩文化层，宝墩期到汉代，汉代到宋代属于空白期，也许是洪水所为，人们移居到较高的丘陵地带。宝墩遗址跨越那么多历史时期，那么景观保护规划时，突出哪部分，重点放在哪里？我认为，首先应该注意的是“早”字，从古老的文化内涵入手。这里有一个强烈干扰项，就是新津宝墩遗址过去是“孟获城”，与三国文化有紧密联系，三国文化又是普通群众喜闻乐见的，但是，若景观规划重点表现三国故事题材，可能会丢失新津宝墩遗址的根与魂。“早”的特性在景观表达里面就是突出环境的原始性、沧桑感，悠久的文化总是激起人们的探索欲望，这种天然的神秘感让世人充满敬意，驱使更多的人向往了解它，感受它，认识它的价值，进而保护它。

据考古推论，宝墩遗址在四五千年前已呈部落相连，钟鸣鼎食之家的景象。发展到如今，宝墩村没有受城市化的蚕食，依旧一片乡村田野景象。但是，发现新津宝墩遗址后，这里却面临着“大拆大建”的问题。不少民居和原始林盘被推平，大量居民被迁出，大规模清空原有环境条件，变成一片圈起来的奇怪的土地准备建设考古遗址公园。我认为，这种背景下，以保护村落文化景观为主体的发展思路具有现实意义。村落文化景观的构成要素一般分为三部分：自然基底、硬质要素和软质要素。宝墩遗址川西林盘的乡村风貌是得天独厚的自然基础条件。新津宝墩有熟悉的田野、小径、树木、河流、浅丘等，都是自然元素，遗址内的蒋林、田角林、余林盘等几个大的聚居区是具有成都平原特色的院落，竹林掩映，错落有致。世世代代居住在当地的人是“活文物”，他们的生活是古人精神的延续，这一切都是建设考古遗址公园最美好的资源，可以很好地诠释村落居民的生产生活方式、语言、习俗等文化特征。

7.3.2 结合周边整体规划

成都平原古城址群是彼此有联系的。对成都平原古城址群进行整合景观保护规划，需要探寻彼此之间的联系点。新津宝墩遗址是距今4000 ~ 5000年前四川地区最大的中心聚落遗址，它的后续文化是三星堆文化。在茂县发现的龙马古城遗址，其出土的陶片与三星堆一期、绵阳边堆山遗址、汉源狮子山遗址遗物非常相似。温江鱼凫城遗址发现的有纹陶片，确认其属于宝墩时期遗存。郫县的三道镇古城、青城山芒城遗址的城墙断面结构和出土陶器，与宝墩遗址差别甚小。从择地标准或城墙夯筑方式可以想象，当时成都平原的人们是为了躲避洪水还是战争侵犯而迁移聚居？这些信息显示，各遗址起没交替时代衔接紧密，地理位置靠近，筑墙方式及部分出土器物相似，都为整合规划提供了有力支撑。从宏观尺度区域景观规划看，新津宝墩遗址与周边的广汉三星堆遗址、温江鱼凫村遗址、郫县古城遗址、青城山芒城遗址等成都平原古城址群形成大区域文化景观环，联动开发与保护，共同形成整体旅游、宣传效应，这种合力势必更有利于宣传宝墩文化，保护好个体小环境。从微观各遗址内景观营造看，早期夯土城墙有部分段残留，筑墙方式有共通之处，可以是景观表达的积极要素。景观构建上可以各有特色，同时又彼此呼应，让人印象深刻。

7.3.3 基于文化要素的景观展示

四川一直被推测在秦汉时代以前存在古蜀文明，直到广汉三星堆出土的大量青铜器被证实是公元前1000多年的遗物，城墙则建造于公元前1500年左右。同时证明了巴蜀属于以太阳信仰、养蚕、大麦栽培、饲鹈等为特色的稻作文化。宝墩遗址发现了豇豆、豌豆、薏仁、水稻、小米等植物遗迹，为新津遗址提供了特色文化元素。这些文化元素则可以通过恰当的视觉景观效果得到诠释。例如，大地艺术使用大尺度、抽象的形式及原始的自然材料创造出精神化的场所，它不是简单地描绘自然，而是参与到自然的运动中去，达到与环境相融的境界。具体思路可参考沈阳大学的稻田景观，整个基底是大块稻田，模拟田埂的步道连着位于稻田中央的读书台，每个读书台由孤景树和座凳组成，它是供人学习、交流的空间。景观和环境处于一个宏大的、视觉无限延展的、人造事物与自然事物组成的系统中营造。

7.3.4 结合教育传承的场景

20世纪90年代出现了“体验式”教育，发现让未成年人体验实际生活，有助于个人意志品质与道德标准的塑造，有利于培养他们的民族精神及爱国情怀。遗址公园旅游开发模式是以文化体验为核心所设计的可持续旅游开发模式。例如河姆渡遗址公园，它的发展格局规划为：遗址公园以文化主题园与生态农业产业园为核心，以环境景观为载体，终端产品输出与营销一体化打造，纪念品的销售形象化了河姆渡文化，游客易于接受，并能达到进一步推广宣传的效果。就新津宝墩遗址的案例来讲，在公园规划中增加游客体验感，把考古科研的成果转换成人们易于接受的方式展示出来。

在遗址范围局部区域可体验式地展示遗址的陶器文化。这种体验可以选择在博物馆里实施，也可以在室外空间完成。一般地，中国被认为是世界陶瓷器烧造的先进技术区域。新津宝墩出土的陶器，显示了“传统”技术与“先进”技术的共存，可理解为成熟的技术现象。从陶器上可以获得烧成方法、色调、质感、烧结度等相关信息，我为古人能掌握并运用自然科学知识的能力感叹，同时对色调在烧制过程中的变化颇感兴趣。由明代宋应星所著的《天工开物》一书中，列举了为使器物表面变成灰黑色，在停火后加水的还原烧成法。这里运用了氧化-还原的基本原理。另外，铁元素在调色中发挥了巨大作用。陶器表面颜色在降温阶段很关键，如果非常慢地冷却会呈现出四氧化三铁的黑色，迅速冷却则呈现出三价铁的红色。这些在中学时代就可以接触到的化学知识可以帮助理解陶器的色调现象。在景观保护规划中，设计可体验、参与烧制陶器过程的场所、环节，不仅可以丰富青少年的物理、化学知识，激发少年的求知欲，还可以锻炼动手能力，进一步弘扬、传承古技艺。

第8章 茶马古道遗址灾后重建案例

四川在2008年与2013年接连遭受两次大地震，人民生命与财产损失惨重。震后相关部门对文化遗产也迅速开展了恢复重建工作，考古遗址类文物也包括在列。震后重建的考古遗址案例与一般的考古遗址相比有一定的特殊性，大灾大难后的恢复过程对学术研究而言是一次千载难逢的机会。震后文化遗址恢复重建是具有极高研究价值的新课题，本章基于地震前后价值变化对重建恢复的茶马古道考古遗址规划设计进行分析，依据总结的问题，针对性地提出规划设计思路。

8.1 受灾分析

8.1.1 灾情概况

四川位于中国大西南腹地，素有“天府之国”的美誉，历史悠久，自然与文化资源丰富。四川境内发现了200多万年前旧石器时代人类遗址，以及闻名于世的三星堆、金沙遗址，经统计有不可移动文物3万余处，其中全国重点文物保护单位128处。四川有5处列入《世界遗产名录》，分别是四川九寨沟风景区、四川黄龙风景区、四川大熊猫栖息地、峨眉山-乐山风景区、青城山-都江堰风景区，有8个国家历史文化名城。2008年和2013年四川接连遭遇两次较大级别的地震灾害。其中，2008年发生的汶川大地震震级高、烈度大，对全省文化遗产造成空前的灾难。全省共有83处国家重点文物保护单位受到不同程度损害，占四川省总数的65%；有174处省级文物保护单位受到不同程度损害，占全省总数的30%；在重灾区，有48处国家重点文保单位受损，占全省受损总数的58%。2013年发生的雅安芦山地震，导致24处全国重点文物保护单位及多处省市级文物保护单位遭受不同程度破坏。

8.1.2 灾损的特殊性

地震造成不同类型的文化遗产灾损各异，如历史文化名城都江堰，景区内以二王庙为主的大量古建筑严重损毁，文化街区的完整性和真实性遭受破坏，部分房屋损毁严重甚至发生结构性损坏，大量建筑构件（如墙体、屋脊等）出现塌毁，传统风貌破坏，建筑功能难以为继。震后出台的《四川文物抢救保护修复规划》（2008年）把不可移动文物的受损程度分为A（全部垮塌）、B（结构严重受损）、C（局部受损严重）、D（一般受损）四级。

相比之下，古遗址灾损情况有些特殊之处，金沙遗址和三星堆遗址文物用房有些损害，遗址本身影响甚微，而位于山区的雅安段茶马古道遗址受芦山地震影响严重一些，其受损结果主要有以下特征：

（1）遗址本体影响较小，周边山体有局部垮塌、落石，遗址没有明显损伤。

（2）震后社会各方对古道遗址灾情空前关注，社会力量的介入更有助于在恢复重建过程中推广遗址文化，宣扬地方文明，对保护与传承文化事业意义重大。

8.2　遗址概况

茶马古道雅安段通常指从成都邛崃出发经泸定到康定一段，全线约324千米。这一段穿越重要的产茶基地和茶文化中心地雅安蒙顶山地区，历史文献很早就记载这里驯化野生茶树，生产皇室贡茶的事件，茶马市场的发展推动了该地区的繁荣稳定。

本书研究的茶马古道遗址雅安段具体范围是：① 泸定县兴隆镇化林村从盐水溪至飞越岭段，建于明代，总长约7.5千米，路面宽0.7～2.5米，由石块铺设而成，表面留有大小不一的拐子窝，系古代山民用以支撑拐杖长期作用的痕迹。茶马贸易起源于唐朝，历经宋、元、明、清等朝代的发展，形成稳定的四川和西藏之间的贸易通道。化林坪是川藏茶马古道的必经之路。化林坪在清代就设有都司千总，化林商贾云集，热闹非常，当时一度成为川边第一重镇。明朝以来，从化林坪出发经磨西、雅家埂进入炉城一线是主要的通勤段。② 佛耳岩茶马古道段，全长0.8千米，在大渡河东岸，泸定城南约20千米处，为邛崃山脉之最西端。佛耳岩山腰上的茶马古道开凿于明代中期，当时在冷碛中街经营衣粮的商人那期笃信佛教，他为祈福求嗣捐资对崖道进行修补和加宽。古道上的泸定桥于康熙四十五年（1706年）建成，紧接着冷竹关到瓦斯沟的大路修通，此后便逐渐成为贯通川藏的咽喉。整个清代到民国的驻藏大员，前往打箭炉等地的达官贵人、社会名流、行商坐贾，以及驮茶的马帮、背茶的苦力莫不取道于此，并留有诗、文记叙。

8.3　价值分析

8.3.1　震前价值分析

1．自然条件优越

茶马古道途经雅安境内，自然条件优越，山峦此起彼伏，参天古树遍布峰崖，绿水青山连绵不绝。该区域沿线河流纵横，拥有8个风景名胜区和各种自然保护区、生态湿地、地质公园、茶园基地及景色迷人的田园风貌。除了宝贵的自然资源，还分布有各具特色的历史文化村镇、古建筑群、古遗址等文化遗产。这些文化与自然要素共同谱写了茶马古道雅安段的整体景观形象与格局。

2. 文化价值内涵丰富

茶马古道悠久的历史造就其丰富的文化内涵，落实到物质层面有几种形式：历史上承担茶马古道运输、管理及相关辅助配套的设施、构筑物；沿途因茶叶贸易而兴盛的古镇街区和宗教建筑群；与茶马文化有一定关联的历史事件场所与遗迹遗存。据统计，沿线大大小小分布近百个文物点，与之关联的非物质文化遗产（表演艺术、工艺民俗等）有十几项之多。

3. 综合价值深厚

经多年积淀与发展，茶马古道形成了大范围覆盖的廊道形态，沿途涉及城镇、居民生产生活的方方面面，从民俗文化、建筑形式到宗教仪式，相互影响，相互交织，最终构成复杂的社会、环境、经济等综合价值，意义深远。这间接促进了各类文化遗产事业的蓬勃发展，目前有45处全国重点文物保护单位正在申报，还有若干项省级遗产和非物质遗产待批。

8.3.2 震后价值变化

表 8-1 震后价值变化

<table>
<tr><th colspan="3">价值类型</th><th>灾害影响</th><th>受损描述</th><th>价值变化</th><th>恢复结果</th></tr>
<tr><td rowspan="4">文化价值</td><td colspan="2">历史与科学</td><td>无</td><td rowspan="4">—</td><td rowspan="4">增加价值</td><td rowspan="4">有特殊的纪念意义</td></tr>
<tr><td colspan="2">教育</td><td>甚微</td></tr>
<tr><td colspan="2">传承</td><td>有</td></tr>
<tr><td colspan="2">认同</td><td>甚微</td></tr>
<tr><td rowspan="3">自然价值</td><td colspan="2">质</td><td rowspan="3">有较大变化</td><td rowspan="3">有损失价值：原真性受损</td><td rowspan="3">改变价值</td><td rowspan="3">可修复，但不可还原</td></tr>
<tr><td colspan="2">时空</td></tr>
<tr><td colspan="2">资源</td></tr>
<tr><td rowspan="2">审美价值</td><td colspan="2">视觉审美</td><td>有</td><td rowspan="2">有损失价值：物质形式上有破坏</td><td rowspan="2">优化价值</td><td rowspan="2">可修复，不必还原，可提升</td></tr>
<tr><td colspan="2">愉悦</td><td>有</td></tr>
<tr><td rowspan="6">社会价值</td><td rowspan="3">经济价值</td><td>影响周边经济</td><td rowspan="3">无</td><td rowspan="6">有损失价值：安全隐患，道路、植被、建筑等环境破坏</td><td rowspan="6">优化价值</td><td rowspan="6">可修复，不必还原，可提升</td></tr>
<tr><td>提升地区形象</td></tr>
<tr><td>影响区域布局</td></tr>
<tr><td rowspan="3">环境价值</td><td>休闲游憩场所</td><td rowspan="3">有</td></tr>
<tr><td>改善环境</td></tr>
<tr><td>保障遗址独立与安全</td></tr>
</table>

从表8-1可以看出，地震引起价值的变化是多元的。

（1）增加价值，地震灾害产生的影响是持久难以磨灭的，但是抗震救灾过程中展现的英雄主义精神和八方支援的团结情谊，却是一份特殊遗产，由此而建成的地震遗址、纪念馆、博物馆等是灾区特殊的情感记忆。

（2）改变价值，地震的巨大破坏力造成山体垮塌、树木倾倒，原有自然环境的改变往往是不可逆转的，但在景观的层面是可以恢复到原有观赏、使用水平的。

（3）优化价值，借助灾后重建群策群力，聚集更大的财力恢复重建，结果甚至可能优于原有环境水平，可以弥补原环境不利因素，创造更有利于游憩、观赏的景观环境。

8.4　现状分析

8.4.1　实施的方案

1. 整合线型区域资源

古道遗址地处偏僻且荒废多年，与现代社会渐行渐远，要想恢复往昔活力，应与周边有关联的文化景点整合规划，逐渐融入人们生活视野之中。古道沿途附近的古镇规模不大却宁静清雅，借助自行车骑行可上山体验古道爬行历程的艰辛。更大范围内可考虑蒙顶山、上里古镇、泸定桥等文化休闲景区，打造具有一定规模的休闲文化旅游整体，将各个分隔开的遗存遗址通过古道文化串联起来，代表不同地域的特色，提供精品文化体验，提升知名度与关注度。

图 8-1　通过景观设计让遗址重新回到人们视线之中

从景观规划的层面看，茶马古道的有形实体范围是线性廊道景观，无形的意识形态是整个沿线区域文化底蕴与生态环境的综合体。茶马古道遗址景观的空间构成，不仅是古遗址本身美学的直观感受，还有与其历史背景相关的多要素空间和建筑群组合。看清整体景观框架，因条件不同而营造风格多变的主题景点，采取不同的保护与发展模式，逐渐形成有机统一的廊道型景观体系。茶马古道是新旧文化现象不断演化整合而成的，离不开地方经济发展交往、居民变迁和文化沉积，因此茶马古道遗址景观需从整体视角出发，不能简单打造各个孤立的场所。

2. 发挥地域资源优势

茶马古道不是主观营造式演绎景观，而是通过规划设计保护具有特殊文化背景的生态环境，唤起人们对有重大价值的历史遗迹的关注。茶马古道考古遗址是线性廊道景观，整合成整体景观是不现实的，但可以通过局部景点视觉表达关联性特征，形成整体序列的印象。① 雕塑，可艺术性表现文化内涵。像类似的大连十八盘海底峡谷景观，在其线性景观带上布置了体现远古动物化石和近代海洋生物的雕塑，给游客带来了强烈的视觉冲击，引发思维的场景穿梭。② 茶园等节点，这些场所是传承遗址文化，保留古道精神的绝佳载体，通过巧妙的设计与构思，可营造出良好的游憩空间。例如郑州许昌河道景观沿线设计再现三国文化的十景，部分形成三国文化主题游园，弘扬传统文化时融入城市居民生活之中，完善了新时代城市精神文明建设。

综合保护、展示、演示体验等表现手段，查阅历史文献与历史遗留佐证，梳理完整的茶马古道发展脉络，围绕产茶、制茶、运茶产业全方面诠释与展示，可充分结合民间故事、历史事件演绎茶马文化景象，传承一段重要时期人们生产生活风貌。像位于荥经县的茶马古道新添驿站，建于清雍正年间，至今保留了明清时期的一些居民建筑，如“幺店子”“虚脚楼”等，整体布局完整，该项目极好地融合了荥经砂器、制陶工艺产业，形成了一定的商业休闲氛围。

3. 增加演绎文化场景

茶马古道文化景观形成是一个历史演化的动态过程，是各个历史时期生活、生产信息的叠加。地震灾害的发生，无疑在古道遗址发展史上留下浓墨的一笔，它生成了后人对遗址特殊的纪念情感，流传于世。这些情感信息，与遗址数千年积累的文化信息一道，融合成一个整体，蕴藏于景观元素符号里面。

8.4.2 分析结果

前面对茶马古道遗址景观的价值进行了分析，就现状来看，规划实施结果有的符合价值保护与利用要求，也有的产生了不利影响。

1. 价值提升方面

第一，充分利用遗址所处地域的自然资源条件，将周边良好的山岳植被景象纳入统筹范围，保护了原始的良田、茶园、河流与林地景观，把自然价值推向更高层面。通过震后恢复的契机，与自然要素有机整合，再加上媒体大力宣传与推广，为茶马古道赢得了空前的高人气、高关注。

第二，通过设计一系列手法，让偏居一隅、被人遗忘的小道又回归大众的视野，提升后的形象迎合了人们的审美口味，让其审美价值得以大幅度提高。例如重新铺设了路面，更方便游人通行；增加观赏性风雨亭，丰富看点；部分路段打造以报春花为主题的植物景观，别具一格；部分节点上设计有象征意义的雕塑小品，演绎传递历史情境。

图 8-2　古道景观沿线增加厕所、服务点等人性化设施

2. 价值受干扰方面

第一，古道遗址的震后恢复中，投入了大量的精力用于周边景点的开放与联动，如复兴茶园，改造产茶基地，塑造成展示地方文化的活动场所；改扩建邻近的古镇、驿站，形成制卖地方手工制品的商业带。这些做法拉动了区域经济发展，带来了一定旅游效益，但是过多开发周边的商业价值，会导致遗址本身的文化价值、审美价值等受到忽视，其重要性比重反而降低，甚至影响遗址文化的传承与发扬。茶马古道遗址核心区域的交通可达性没有明显的改善，步行道凹凸不平，不便于游客行走。

第二，在遗址景观游览线路节点上增加的观赏性强、艺术性高的各种人物、事物的雕塑作品，以及有文化特点的植物配置，形成了独特的视觉感染效果，但这种手法必须清醒地在数量和表现的内容上把握尺度，若数量太多会造成审美疲劳或眼花缭乱之感；若设计不合理会降低审美价值；若艺术表现过于夸张，又会造成过度演绎、过度设计的后果，误导游客对遗址文化的解读，干扰遗址历史文化的原真性，这一点是遗址景观设计的大忌。

图 8-3　两处分别以报春花和泉水为主题景点，并没有体现遗址应有的视觉美感价值，却给人一种粗糙的城市小品印象

综合以上两方面来看，茶马古道遗址震后恢复重建取得不俗的成绩，注重了审美价值与自然价值的利用与开发，但也存在不足之处，过度设计与情景演绎破坏了原真性的氛围，不利于整体价值的保护与发展。鉴于此，下面将立足研究成果针对茶马古道遗址景观恢复重建的问题提出解决构想。

8.5　优化构想

8.5.1　规划理念

震后茶马古道遗址景观恢复优化规划设计的理念与前面所提理念没有本质的区别，首先要做好的是最大限度利用现今社会知识与技术保护遗址，为传承千秋万代服务。它应是符合当前社会时代背景，以绿地为载体实现对古文化遗址被发掘出的状态和性质做到最小程度影响的保护，预留给后人持续考古研究和改善遗址环境的空间与立地条件。

特殊之处在于，要认识清楚震后价值的变化，要重视变化的结果。① 增加的纪念性价值是地震这类偶然事件为遗址在历史的发展中又增添的积累，后人为此多一份牵挂。② 优化的价值必须谨慎对待，在保持古道的历史氛围基础上，合理运用景观要素演绎或表达文化内涵；提升茶马古道遗址社会职能，增加景观区域的接待设施、休息设施，创造更适合游憩、休闲、观赏和学习的环境。

8.5.2　规划设计的模式与方法

1. 设计团队体系

茶马古道考古遗址的线性廊道特征和处于地震灾区的地理条件，跨越区域广阔，注定其所处环境更复杂，制约因素更丰富，设计团队构建需要更多专业的介入。

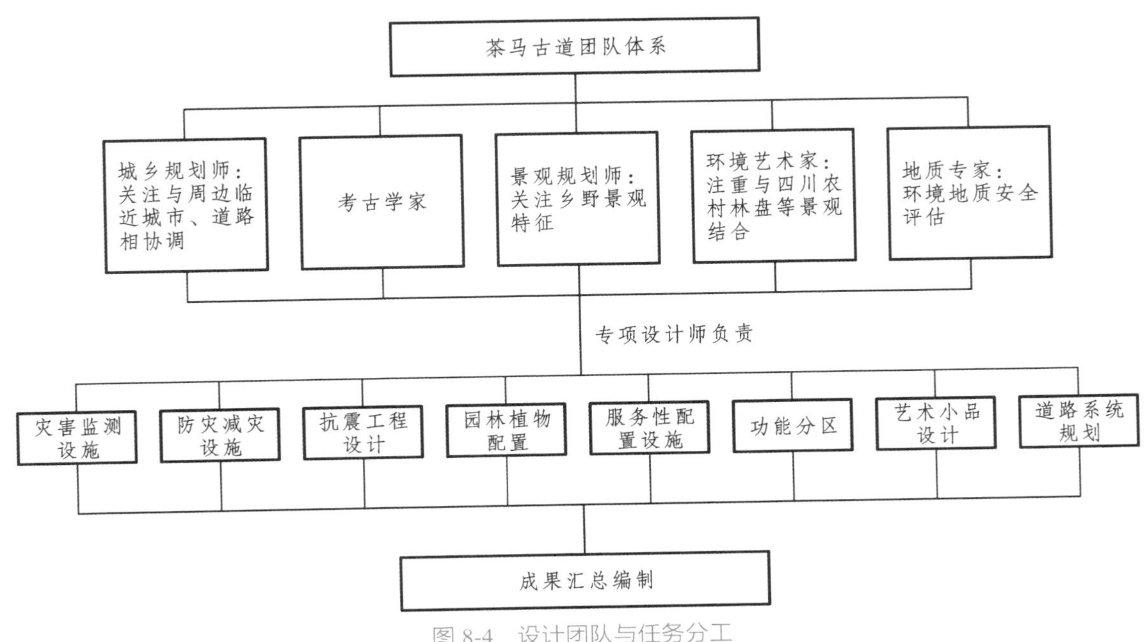

图 8-4　设计团队与任务分工

2. 设计流程

表 8-2　设计流程

阶段	主要工作	参与团队		阶段性成果
阶段 1：资料整理	震后灾损统计与分析	考古人员，景观规划师，城乡规划师		整理保护对象基本情况
阶段 2：评估工作	对遗址景观进行价值分析，评估价值变化	考古学者，城乡规划师，景观规划师，环境艺术师		确定规划设计的理念与方法，设定职能目标
阶段 3：完成方案	研讨保护方案	考古学者，城乡规划师，景观规划师		方案形成
阶段 4：实施后评估	方案执行，使用后作调研评估	考古专家，历史学专家、文物保护专家、城市规划师、景观规划师、环境与艺术学者		根据反馈信息，不断完善改进保护方式

3. 设计方法

设计方法体系由符号法与行为模式法为主导，叙事法配合构建。经价值分析，茶马古道遗址景观主要运用符号表现历史文化信息及震后纪念价值，从关爱人的原则出发，布置游憩景点，增加休息设施，改进道路步行系统。此外，美学法则仍然贯穿设计方法始末，叙事法用于串联沿线各文化景点与相关主题，使得整个廊道景观统一性更强。

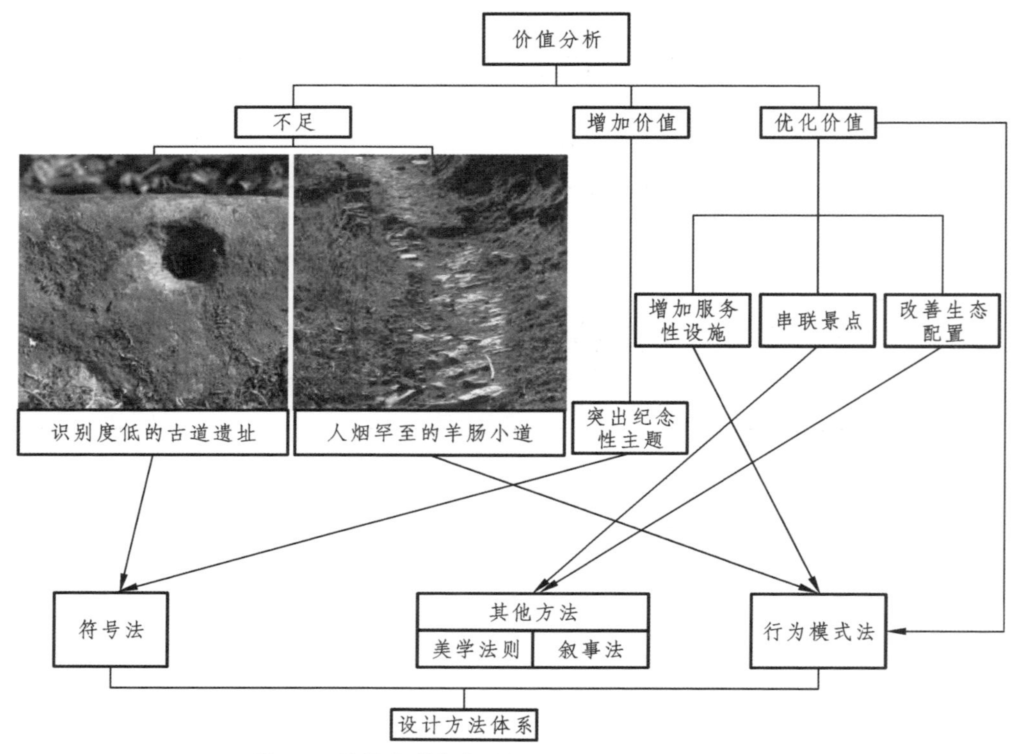

图 8-5　茶马古道考古遗址景观规划设计方法体系

4．优化建议

（1）维护好自然环境基底，沿线生态基础较好的地段，需维护当地景观群落的自然演替，注重对古树名木养护管理；在植被基础较为薄弱的地段，应选取乡土树种改善植被结构，同时维护当地群落的生物多样性。像茶马古道局部段设计的报春花主题景点为遗址注入新的气息，但单一植物品种营造的环境尚不足以满足人们日益增长的观赏需求，需要深入研究不同地段的气候特征、海拔数据，挖掘有代表性的植被形象，打造出更有吸引力的环境风貌。

（2）发展现代的多形态交通体系，改善通往景区、景点和主要遗产地的通勤条件，核心区域引入慢行系统理念，合理设计观光游览步道、登山道、自行车道等慢速通道，增加了骑行、徒步等特色项目，提供更多体验性、娱乐性的游览项目。茶马古道多位于山区地段，城市交通体系难以覆盖，慢行系统的建设正好与机动道路有机链接，弥补通达不便的缺陷。

（3）以人为本，综合考虑游览者的各种需求，依据人的行为模式和审美情趣设计休息设施、服务性设施或娱乐设施。像茶马古道遗址景观可融合区域内的名山、天全的茶文化以及荥经的驿站文化，规划有品茶功能的景点，适当增加可供休息的亭、廊建筑物，配建厕所及小规模餐饮服务点。只有把游客的满意度提升上去，景观才有可持续发展的潜力。

（4）茶马古道遗址景观主线多位于山地荒野，受关注度不如城市景点，为了提供更高水准的游览感受，可借鉴城市主题观光景点的展示设计，提供讲解导游服务，让观赏者欣赏美景的同时增进对传统文化的了解，聆听更多的背景信息，达到良好的宣传效果。

第9章 三星堆遗址景观优化案例

三星堆遗址位于四川省广汉市，北连绵阳，南接成都，西连什邡，东面与金堂、中江相连，地处“天府之国”腹心地带，区位条件优越。遗址主要分布在鸭子河南岸台地及马牧河两侧的台地上，面积达12平方千米。三星堆遗址包括地名“三星堆”在内的整个遗址群，该遗址年代上限可到新石器时代晚期，下限到西周早期。

三星堆遗址公园景观优化可分为两个阶段，一是汶川地震灾后重建，二是建设国家文物保护与利用示范区。

9.1 灾后恢复

9.1.1 灾情评价

三星堆遗址位于四川省广汉市，地理坐标：北纬30°59'01" ~ 31°00'55"，东经104°10'34" ~ 104°13'10"。遗址所在地行政上隶属于广汉市南兴镇、三星镇、新平镇和西外乡，南距成都市40千米，东距广汉市（雒城镇）7千米。三星堆遗址区主要分布于鸭子河南岸二级阶地及马牧河两侧二级阶地上，其范围横跨4镇11村，面积达12平方千米。据现场踏勘，三星堆遗址城墙包括西城墙、月亮湾城墙、东城墙、南城墙，损害类型主要为河流冲刷侵蚀及地震作用、降水冲刷、农耕放牧破坏、居民建房占用及其他人类活动破坏等。现对各城墙损害情况分述如下：

西城墙：现存长度约495米，宽度40 ~ 50米，高度5 ~ 8米，在城墙中段有一宽度近40米的缺口，城墙南端的壕沟宽度20 ~ 25米，北端的壕沟宽度在30米左右，壕沟两端分别与鸭子河和马牧河相通。西城墙南、北端墙体边坡分别受到马牧河和灌溉水渠冲刷侵蚀及地震作用的影响，边坡处于失稳状态，部分土体滑塌，且有进一步滑动趋势，需要采用导流墙导流+支挡进行防护。墙体大部分受到过耕地开垦、放牧踩踏及降水冲刷侵蚀，顶面凹凸不平，呈不规则状，且植被不均匀，局部墙面植被稀少，需对城墙顶面或局部墙段进行覆土，并植草加以保护。

月亮湾城墙：全长650米。北端宽30 ~ 45米，南端最宽处可达80米，成正南北向；中段有拐折，夹角为148°。月亮湾城墙东侧有壕沟，在发掘的断面处，壕沟距地表深3.5米，壕沟沟口距沟底深2.95米。月亮湾城墙墙体主要受到耕地开垦、放牧踩踏及降水冲刷侵蚀，且城墙北段现被乡村道路、水渠及耕地占用，城墙大部分墙体顶面凹凸不平，呈不规则状，且植被不均匀，局部墙面植被稀少，需对城墙顶面或局部墙段进行覆土，并植草加以保护；同时，应将位于城墙北段之上的乡村道路和水渠改道，覆土恢复为墙址。

东城墙：东城墙长1093米，宽40～45米，城墙最高处可达8米。壕沟宽度20～25米，深2.5～3米。城墙中段有370米被砖厂取土破坏，北段100米被砖厂取土挖毁。城墙中段有一水门，宽度约30米，深约3米，水门向东（城外），与藏（朝）龙沟相通。东城墙大部分墙段已被耕地和居民区占用，且现存墙段还受到耕地开垦、放牧踩踏及降水冲刷侵蚀的破坏，为进一步加强对文物的保护，须搬迁民房和退耕，将其覆土恢复为墙址。因此，东城墙需对全墙段进行覆土，并植草加以保护；同时，由于墙体高度较小，可在墙体周围栽植乔木以圈定墙址范围，且对墙体进行展示。

南城墙：全长约1140米，墙体宽度一般为30米左右。城墙外（南）侧有壕沟，壕沟宽度一般在20米左右，深1.6～2.4米。南城墙全墙段基本全被耕地和居民区占用，现存遗迹已很难识别。为进一步加强对文物的保护，需搬迁民房和退耕，将其覆土恢复为墙址。因此，南城墙需对全墙段进行覆土，并植草加以保护，同时，由于墙体高度较小，可在墙体周围栽植乔木以圈定墙址范围，且对墙体进行展示。

主要危及对象及造成损失估算：根据现场踏勘，河流的冲刷侵蚀、耕地开垦、放牧踩踏、居民建房、降水冲刷及其他人类活动都会对城墙墙体造成破坏，直接威胁到文物保护的价值，其造成的损失将不可估量。

综上可见，在汶川特大地震中破坏影响大的文物本体是城墙遗址，尤以西城墙南、北端较为严重。

9.1.2　灾后保护规划

1．保护标准

保护区新构造运动以差异性升降运动为特征，以间歇性沉降为主，中新世以后，地层有一相对较强的抬升，将中更新统地层抬升至海拔465～503米。全新世以来，新构造运动显著减弱，北部全新统地层分布广泛，而南部只在狭窄的沿河两岸，表明北部较南部沉降幅度相对要大。

由于2008年5月12日汶川发生里氏8.0级特大地震，根据《中国地震动参数区划图》第1号修改单，新建工程应执行新的规范和标准。三星堆遗址区历史上最大地震基本烈度为Ⅶ度，故在三星堆遗址“5・12”地震灾后城墙抢救保护施工设计中按Ⅷ度设防考虑。

2．保护措施

（1）加强监测。

监测目的：通过对三星堆遗址城墙变形段及环境条件的系统监测，及时掌握三星堆遗址城墙的灾变动态，为今后的预测和防治工程提供必要的依据，实时验证设计方案，确保施工安全，并对工程防治效果进行检验。

监测任务：针对城墙的具体特点以及主要防治工程类型，利用多种监测手段，建立全方位的立体式监测系统，采集、储存、传输数据，进行数据处理和信息反馈，研究掌握墙体变形破坏过程与内外营力的关系，借助地质灾害预报的理论与方法，为选择最佳防治方案提供依据，对施工期间的工程施工进行监测，确保施工安全，为检验工程的防治效果提供科学依据。

设计原则：监测工作应做到重点突出，目的明确，以控制城墙变形段为准，并适当考虑邻区地质灾害对其产生的不良影响。监测重点放在城墙变形段及主要防治工程布置的区段；监测工作以地表位移监测为重点，以仪器测量为主，辅以人工巡视和宏观地质调查；监测内容主要包括变形位移监测、地下水动态监测、防治过程中的施工安全监测、防治效果监测；监测网点应布设在对三星堆遗址有直接影响的墙段，同时兼顾便于安装、维修和通视等条件。监测仪器应力求少而精，能满足实际需要。

监测工程布置：三星堆遗址城墙变形监测主要是了解施工期和运行期库岸岸坡的位移性、位移变形速度、活动范围与活动特征，为施工安全和检验治理工程效果提供可靠的信息。

监测控制点、观测点设计及技术要求：控制点、变形监测点标石应固定于少扰动、稳定的地层里或结构物上，标石顶部固定“十”字中心钢筋标志。

大地变形监测：主要是了解治理工程施工期和运行期墙体变形位移量、变形位移速率、活动范围与活动特征，为施工安全和检验防治工程效果提供信息。

施工期专题监测：在防治工程施工过程中，应进行施工期间变形监测，综合分析各类影响坡体稳定性的因素，并作为判断边坡稳定状态、指导工程实施、调节工程部署、安排施工进度、反馈设计、检验防治工程效果的依据。

活动迹象巡视监测：活动迹象巡视监测是为了弥补仪器监测的片面性和局限性而设立的，采用宏观地质调查的手段，巡视监测内容包括：①地表及排水沟裂缝出现的位置、规模、延伸方向、发生时间等；②地表鼓胀位置、范围、形态特征、发生时间等；③地面沉降位置、形态、面积、幅度、发生时间等；④塌方位置、范围、体积及发生时间等；⑤建筑物破坏和树木歪斜情况、发生时间等；⑥地下水露头变化情况，井泉流量，水质物化特征突变等。

监测技术及成果要求：为保证今后监测工作的顺利实施及实施后工程的可用性，监测网点的建立应体现精度高、稳定性好、误差小；监测的结果应及时进行记录；数据采集应尽可能自动化，数据处理宜在计算机上进行，随时提供监测的原始资料；监测数据测报系统包括现场监测、数据和图形处理、趋势及险情预报；监测成果以周报、月报、季报、半年报、年报等综合分析报告形式提交，并及时反馈设计单位。

（2）应用天然材料。

三星堆遗址“5·12”地震灾后城墙抢救保护方案及施工设计主要包括导流墙、城墙覆土、喷播植草、栽植乔木等，工程所需建筑材料主要为填土、水泥、石材、草籽及乔木等。主要材料料场位置及运距分别如下：

填土主要为粉质黏土，可从邻近的松林镇和双泉镇采挖，运距约30千米，交通便利；施工用砂可从广汉市最近的河砂采砂场或转运场购买，运距约10千米，运输便利；施工用条石可从广汉市最近的采石场或转运场购买，运距约10千米，交通便利。

由于遗址区位于广汉市近郊区，距离成都市较近，水泥、草籽、乔木等其他建筑材料采购便利、供应充足、运输方便。

为确保工程质量，工程施工所需各类建筑材料质量必须满足设计要求，应附正式的出厂合格证及材质化验单。

（3）系统化管理。

有序搬迁整治：搬迁三星堆遗址城墙范围内及重要遗址区内的居民，使遗址获得有效保护；控制重点整治范围（即遗址保护范围）内人口数量，迁并居民点，净化和整治景观风貌，满足文物保护需要，协调遗址整治范围内居民生产、生活活动与文物保护的关系；促进整治区内村落布局和土地利用的合理化，推动村镇住房建筑的标准化和实用化，改善环境与基础设施，提高农居点生活质量。

基本对策：遗址保护范围内居民搬迁实行分级、分类和分期进行；凡位于一级整治区A区内的农居点一律列入政府搬迁计划，在近期或中远期分期搬迁，安置于A区外的规划中心村；凡位于一级整治区A区内的建筑物、构筑物，涉及《三星堆遗址保护与展示设计方案》要求保存利用的，予以留存，其余一律分期分批搬迁出该区。凡位于二级整治区内的建筑物、构筑物，配合考古工作进展和文物保护要求，不定期搬迁；重点整治范围内所有严重污染性生产项目一律立即停产，分期分批搬迁，应与广汉市村镇体系发展规划衔接，择址设置工业园区实施安置；重点整治范围内未列入搬迁计划的建筑物应根据环境和谐效果进行外观整饰，尽可能消除或削减对遗址景观造成明显破坏的形象与色彩。

基本要点：布局紧凑，功能合理，逐步形成设施配套、交通方便、整洁卫生、环境良好的新型村落；引入生态建筑设计策略，降低建设活动能耗，提高住户的舒适度和降低日常费用；农居建筑设计与遗址生态资源相适应，农居外观应与遗址环境景观相协调，建议在设计中充分运用川西民居传统形象要素；中心村外围进行绿化遮蔽，确保遗址景观效果。

9.1.3 景观改造

马牧河湿地景区位于园区中部，包括马牧河的部分河道以及景区主要道路跨越马牧河的桥梁、滨水林地、田园、鱼塘等，是园区目前服务性业态最集中的区域，有大量原发性经营活动在此进行，并形成了一定的规模。该区占地11.5万平方米。本区设计范围主要是滨河用地和水塘等，设计内容主要包括观景亭台设施、滨水驳岸系统、亲水景观设施、水塘等相对大面积的水体景观系统、管理设施、引导系统、交通组织设施等。

根据大地景观学原理对景区各要素进行分析，可以得出这样的结论：农田和林盘景观属于景观基质，而各景点可定义为该基质内的斑块，道路、水渠系统则形成廊道。根据这一系统，马牧河因贯穿整个园区，从而形成园区最完整的生态廊道。为有效利用现有的水系和滨水植物资源，规划和设计将建议以马牧河水体、河畔体系以及植被为基础，打造连续的湿地公园，进一步强化马牧河的生态属性，提升其功能对整个园区的辐射力，并在流线组织上成为整体游览不可或缺的单元。

各个局部的设计思路：首先对于湿地生态体系而言，湿地公园主要以自然植被和少量的功能性建构筑物作为基本要素。除形成自然、宜人的步行空间外，有效地净化水体也是该区承担的重要职能，建议在农田通往河道的排水口处栽植多种耐污、抗污、净水类植物，形成比较丰富的植被层次。另外，在河道两侧亦可适当设置一些简单的过滤、沉淀、出渣、脱油、抑臭等净水设施并进行适当的景观化处理，使马牧河成为适合亲水活动的景观要素。对于马牧河两侧的数个鱼塘，则分别将其打通，形成两大水面，既提升了整体景观效果，又增强了自身的生态调节能力和免疫能力。其次对于大众滨水观景亭台，其分布在马牧河3～4个景观节点处，沿水系主要的走向整理河道的驳岸，并布局景观小品和观景设施，如亲水木平台、亲水木栈道、观景亭、座椅、花池等，以驳岸、植物和硬质景观设施等为基础，组成多个小尺度场所，体现内在的韵律感；在业态上，可适当利用部分空间，为游客提供餐饮、茶座、售卖等服务，形成园区最为集中的湿地景观体验区，并作为各分区业态的有效补充；同时，重现当年马牧河畔的“三星义渡，永不取钱”“十八驾筒车”等社会风情，提升马牧河滨水区的历史人文性。对于古蜀果木观赏园，其分布在马牧河游览步道两侧，可以通过古蜀果木的相关介绍等，提升三星堆文化历史内涵底蕴，也可为将来周边相关的业态完善发展提供良好的依托氛围。对于周边景观效果控制，在马牧河以西种植水稻、玉米等农作物，在河道以东种植经济型果树林为佳，不仅能充分保持马牧河湿地区域的良好生态，也能使野趣景观效果得到体现。

9.2 优化改造

9.2.1 背景概况

2020年，国家文物局公布第一批国家文物保护利用示范区创建名单，包括北京海淀三山五园国家文物保护利用示范区、辽宁旅顺口军民融合国家文物保护利用示范区、上海杨浦生活秀带国家文物保护利用示范区、江苏苏州文物建筑国家文物保护利用示范区、四川广汉三星堆国家文物保护利用示范区、陕西延安革命文物国家文物保护利用示范区。三星堆国家文物保护利用示范区建设的基本原则是：坚持保护第一、考古先行。强化考古在文物保护利用中的基础性、指导性作用，系统保护文物本体及历史环境，妥善处理文物保护利用与文旅产业开发、城乡建设的关系，突出三星堆文物保护利用示范区的公益属性和社会效益。坚持守正笃实，秉持正确历史观，科学阐释三星堆遗址考古发掘成果，落实意识形态工作责任制，有序开展考古研究成果宣传传播，加强文物资源知识产权保护与运用。坚持改革创新，创建三星堆考古研究与文物保护利用的协作机制，创新文物保护技术手段，探索文物合理利用方式和管理运营模式，坚持可持续发展与合作共赢，推动大遗址保护利用机制改革。示范区的建设目标：通过示范区的建设，把三星堆打造成为世界一流的博物馆和国家考古遗址公园，践行中国特色、中国风格、中国气派考古学的典型范例，世界知名旅游目的地，展现中华文明起源与发展的国家文化地标，中华民族精神的重要标识。围绕这一重要目标，具体要从7个方面展开：建设深入研究中华民族文化基因的考古科研高地，也就是系统开展三星堆遗址考古工作，做好三星堆遗址考古成果的整理、研究和阐释，不断取得学术新突破，进一步揭示三星堆文化面貌，梳理和构建长江上游区域古代文明的发展脉络，为深入挖掘三星堆遗址在中华文明起源与形成中的历史价值和当代价值提供考古实证，为深入研究中华民族文化基因特质做出重要贡献。建设科技为先导多学科融合的考古创新实践区，建设国内领先国际知名的考古遗址系统性保护集成平台。深入开展三星堆遗址的价值研究，不断完善价值阐释体系，讲好中国故事，不断推动考古成果的公共宣传与创造性转化。建设世界一流的国家考古遗址公园，创建具有可持续性、互动感、场景感的考古遗址展示新体系。建设世界一流的博物馆，全面提升博物馆数字化、智慧化水平，展示三星堆所代表的中华灿烂文化，建立起阐释中华文明多元一体起源发展的国家文化标识。打造文化旅游深度融合的世界知名旅游目的地，打造共建共享共赢与协调发展的大遗址和谐社区，打造具有全国影响力的成渝地区双城经济圈特色产业驱动引擎。

该示范区的范围：以三星堆遗址为核心的“一江两岸三镇”区域，总面积约160平方千米，包括24平方千米的核心区和136平方千米的辐射区。核心区包含20平方千米的三星堆遗址保护范围和建设控制地带，以及4平方千米的三星堆文化产业园。辐射区包含三星堆镇、南丰镇和高坪镇行政区域。

9.2.2　价值分析

1. 传统价值

三星堆文化在考古学的年代分期上包括了三星堆遗址二至四期，绝对年代约在商代后期至西周早期（公元前11世纪）。三星堆文化是中国西南地区最为重要的考古学文化，也是中国重要的考古学文化之一。以三星堆文化为代表的蜀文明，代表着巴蜀文明史上最辉煌的时期，是商周时期长江上游的文明中心，有着重要的历史、文化和科学价值。

2．景观价值

遗址现存有城墙、城濠、房屋建筑遗址，其中城墙遗址东、西、南三面仍有保留；城濠位于外城墙和内城墙的外侧，是人工河道，具有防御、交通运输与调节积水的功能；建筑遗迹多为一般居住遗址，分为长方形、方形和圆形等，布局有单间、多间和组合排列，房屋木构架体现了古蜀建筑的特色，此外还发现了类似殿堂式的建筑遗址。这些不可移动的遗址具有天然的景观价值，但前期因认识不足及保护不力导致部分遗址环境遭到破坏，因此应加强对遗址的环境保护，在勘探和考古发掘的基础上，通过绿化种植和农田耕种结构的调整，逐步展示古城格局。遗址周边自然林地、耕地、水系、乡土建筑等原生态景观资源丰富，具有极高的自然环境价值。

9.2.3 现状评估

（1）城墙被损。城墙南北两端连年遭受洪水冲刷，至今未发现北城墙，西南及东南部分因人工取土而部分消失，其余城墙被毁，部分已被辟为农田。此外，三星堆城墙遗址的部分墙体受汶川地震影响出现了开裂和坍塌。

（2）遗址完整性遭到破坏。由于缺少规划，遗址被广木公路穿越，周边的污染企业、无序建设及部分农业生产活动破坏了遗址的完整性和历史环境风貌。

（3）周边居民对遗址保护工作理解还不充分。遗址保护工作对当地居民的生产生活或多或少产生了影响，因此需制定相应的保护规则，在遗址保护原则基础上充分保障居民的合法权益。

（4）易受自然灾害的侵袭。原建按50年一遇洪水设防的鸭子河防洪大堤不符合全国重点文物保护单位的防洪标准，因此遗址可能面临北部鸭子河与遗址内马牧河的内涝灾害。

图 9-1　三星堆城墙遗址灾后现状
（资料来源：四川省建筑设计研究院有限公司）

图 9-2　三星堆遗址西城墙受灾开裂
（资料来源：四川省文物考古研究院）

9.2.4 规划思路与设计方法

1．规划思路

（1）点面结合的展示规划。

利用现在的城墙、城壕、三星堆、发掘点等内容，组织遗址亮点段进行展示，要求展示遗址点自身内容及其周围的历史环境。在勘探和考古发掘的基础上，通过绿化种植和农田耕种结构的调整，逐步展示古城格局。鉴于三星堆遗址历史环境并不清楚的现实，建议开展环境考古研究，利用研究成果，进行历史环境的形象修复。要充分考虑随着考古发掘研究的不断深入的可持续展示。

（2）合理利用现状建筑物。

主要是控制产业结构和种植结构，严禁新建建筑物和构筑物，以确保地下遗存不被破坏。在条件许可时，利用现有建筑进行改造，赋予现有建筑新的功能，丰富遗址内的业态结构。

（3）防灾减灾工作。

鉴于鸭子河是遗址区主要洪水来源，河床比降为2‰，鸭子河三星堆遗址区一段不宜建滚水坝；三星堆遗址西北部鸭子河上游要有工程措施确保遗址区不被淹没；遗址区鸭子河南岸的防洪标准应高于北岸。而马牧河目前无内涝资料记录，因此对马牧河河道进行综合整治，其河水来源维持现状，不引入2号渠水增加马牧河水量。

2. 设计方法

（1）建筑设计。

以“融入自然，和谐呼应公园自然环境，浸染历史，创新表达传统明代建筑文化符号，建构具有时代地域性的配套服务风景建筑”为设计策略，在建筑空间上依据组团关系和规划设计，对现有建筑功能和形体关系进行适度改造；在建筑结构上对原有结构适度利用，加快改造进程和减少建筑重建对环境的影响；在建筑立面上对原有材料改造利用，尽量选用当地木竹、夯土等原始材料，保留场所记忆和集合建筑地域特色表达。

（2）道路设计。

园路设计分四个等级，即机动车道及三级园路系统，绿道串联起园区中驿站、七处三级驿站，兼顾游览与服务的职能。地面铺装遵循生态环保、与周边景观建筑相协调、多种材料相结合的原则。此外设计16.5千米环古城墙慢行系统，让游人尽兴完成一个完整的都城气象感受和多层次的古城、古国、古蜀文化遗址体验。

（3）景观植被规划设计。

以“恢复古蜀森林景观，重现蜀地田园风貌”为设计策略，根据考古发现及研究，评判出适合该区域种植的植被，再进行森林生态重建。在地势平坦以农田与园地为主的遗址区，整合土地，并结合考古成果，利用现状农田肌理，合理规划作物种植范围和品种，形成整体统一的田园风光。

（a）

（b）

图 9-3　三星堆遗址公园景观展示

（资料来源：四川省建筑设计研究院有限公司）

9.2.5　数字化优化

随着21世纪大数据概念的提出，信息数字技术快速改变了建筑、农业、能源等传统行业的发展方式，也为文化遗产保护领域提供了新的思路。近年来，关于遗址公园的研究日渐增多，研究内容也逐渐丰富，有必要对遗址公园数字化研究文献进行全面的梳理，进一步把握当前数字化建设的趋势和问题，以更好地指导遗址公园的保护利用工作。三星堆遗址公园的数字技术改造可在以下方面下功夫：

1．增强体验性与互动性

数字化技术能够重塑时间和空间的概念，改变传统的信息呈现和成像的方式，这也使得其在文化遗址的展示中得到大量运用。与传统的展示方式相比，数字化景观的模式（例如虚拟复原展示、立体动态效果展示、3D影视展示等）更加具有趣味性，动态的成像可以调动参观者的五感，更加充分理解所展示的内容。在未来遗址公园景观设计、景观展示中应当借助数字化技术带有交互属性特征的力量，让大众有更多的机会能够参与到遗址公园的建设、活动当中去。此外要充分利用数字技术调动参观者的多种感官，打造沉浸式的景观体验，帮助公众更好地理解遗产的价值，参与到文化遗产保护的行列中来。

图 9-4　三星堆遗址公园数字化展示

（资料来源：四川省建筑设计研究院有限公司）

2. 建设专属数据库

数字档案库的建设在各个行业受到推崇，但目前在遗址公园方面的应用还较少。风景园林信息模式（Landscape Information Modeling，LIM）的概念由哈佛大学Ervin教授提出，衍生自BIM技术，是面向风景园林行业的独特表达，以实现园林工程项目从设计、建造到后期运营管理的信息无损交换为目标。建设LIM遗址公园场地信息的数据库从而进行精细化模型的搭建，以此支持后续方案的设计，还能对场地中的建设项目进行及时的查验调整，进行更加协调的团队工作方式，避免建设行为对遗址本体造成破坏。

3. 优化运营管理系统

随着游客的增加，遗址公园所面临的游览压力也在逐年增加，带来了严峻的管理压力和服务压力。而在数字技术的支持下，文化景观的管理方法将进行新的升级。未来遗址公园管理系统由数据采集模块、数据传输模块、数据中心模块、服务应用模块四大模块构成，形成数据的采集、传输、存储和应用等功能，帮助管理平台向更加智能、高效的方向转变，让智能化的管理系统一方面可以对园区内的人流情况、车辆疏导、电子票务等进行实时的监控，合理优化遗址公园内的游览结构；另一方面也能为参观者提供游玩规划、在线购票、互动讲解地图等智慧化服务，带来更加愉悦的游览体验。高效的数字管理模式是推动遗址“动态”保护的关键保障，对推动遗址价值的长期传播有重要意义。

4. 数字技术全覆盖

数字化技术可以实现多地区、多平台、多学科内容的相互联系，突破单一合作模式的局限，构建跨区域的双向信息网络。通过数字化技术可避免对遗址公园进行单一的保护，将其范围扩大到更加广泛的区域和景观文脉，形成区域的保护系统。未来数字网络将通过把握区域内自然、人为要素的演替变化，对周边区域的建设环境、经济条件、遗产情况、社会价值观进行综合考量，以此对遗址的定位进行一个动态的调整，提出最为有效的保护措施。在数字技术的支持下，遗址公园保护将会突破传统自身价值评判的局限，支撑数据将会扩展到更大的城市环境，为遗址公园的保护和发展提供更加全面、综合的信息支撑。

第10章 其他国内考古遗址公园案例

10.1 汉长沙国考古遗址公园

10.1.1 价值分析

1. 传统价值

长沙国是西汉时期湖南历史上出现的第一个诸侯封国，自公元前202年建立至公元7年废除，共存在209年。汉长沙国是汉代最重要的诸侯国之一，是长沙城市的文化之根，奠定了湖湘地区的发展轨道，因此其具有很高的历史价值。长沙国王陵遗址的发现不仅使人们能完整系统地开展对长沙王陵的研究，而且能极大地推动对汉代诸侯王葬制的研究，具有重大科学价值，其出土文物造型精巧细致、色彩丰富、纹饰精美，具有极高的艺术价值。

2. 景观价值

场地内具有多处不可移动文化遗产，包括城址、居住遗址、诸侯王陵、各类名贵墓群等，且场地内整体自然环境较为优越，植被覆盖较好，整体水土保持状况较好，因此原始景观价值较高。但由于前期规划不足、保护意识不强造成场地内部分地区垃圾堆积，部分山体裸露，场地周边建设多处高层建筑，以至于对遗址整体景观造成不利影响。

10.1.2 现状评估

1. 遗址保存现状

遗址内地表植被茂盛，整体水土保持状况较好，但部分位置被挖掘推平作为搅拌场地，对山体切削较为严重，部分汉墓出现不同程度的盗掘现象，部分遗址被当地村民取土破坏。

图 10-1　遗址保存现状
（资料来源：长沙文物考古研究所）

2．场地内建筑现状

场地内建筑大多依山而建，布局分散，且大部分建成于20世纪90年代。由于遗址公园建设工作的开展，村民自行搭建违建建筑，其中较多数量的建筑临近、压占王陵遗址，给遗址保护、管理及考古研究工作均带来较大问题。由于近年来建设量逐渐增多，遗址安全问题逐年递增，建筑风貌与环境较不协调，亟须对相关建筑进行风貌整治。此外，部分建筑已经进入山体，存在滑坡隐患，对遗址造成严重危害。建筑的高度严重影响遗址整体景观，需考虑建筑腾退、绿化遮挡、视线隔离等措施。

10.1.3　规划思路及设计方法

1．规划思路

遵循“遗址决定公园，公园表现遗址，切忌公园化遗址”的思路，以遗址资源为基底提出以下三个定位：

（1）展示与考古科研平台。

王陵遗址本体呈现多样的陵园格局、墓葬形制、随葬等级以及丧葬礼制，而这些内容可以通过与考古科研工作的发现经过、工作成果、研究现状以及主要论著相结合，从而全面详细地展示汉长沙国王陵的遗产信息，同时也为王陵遗址考古与科研工作的持续推进提供空间和平台。

（2）教育体验中心。

结合历史文献记载，打造汉长沙国历史教育的开放平台，提供汉长沙国的历史沿革、文化艺术、经济开发、军事战争、医疗养生等方面的教育与体验活动，全面展示汉长沙国作为“长沙文化之根”的重要地位。

（3）休闲空间。

充分发挥汉长沙国王陵的生态优势，积极融入城市及区域发展，依托陵园景观及现状山水林田资源，打造质朴、舒适的城市生态空间，完善包括餐饮、住宿以及零售在内的配套服务，提供良好的休闲与游憩体验。

2．设计方法

（1）展示区设计。

展示区分为北、中、南三个区，北区以墓葬的现状展示为主，结合现状开阔的场地与自然环境和既有建筑进行改造，对汉长沙国文化进行综合展示，突出汉文化主题，包括但不限于农业、军事、科技、文化方面。南区展示区位于马坡、庙坡，考古工作开展较多，历史格局保存较好，通过开展王陵现场综合展示，展现王陵遗址的现状、历史格局、历史风貌等。

（2）交通系统设计。

对外连接出入口共五个，分布于南北两侧，主要组织对外的社会车辆交通与公共交通。其中，社会车辆自城市道路到达公园出入口后即换乘内部交通，公共交通主要包括公交及地铁的人流。内部交通主要依据现状道路体系及现状地形特点，在尽可能利用现状道路避免新建的原则下，规划为主要道路、次要道路、公园支路的三级道路交通系统。

（3）景观绿地设计。

规划区的景观规划结构为两廊、三带、四线、多节点。景观设计结合谷山片区山体景观的自然性以及城市建成区的整体景观风貌进行综合考虑，将整体景观与周边环境要素及景观节点在空间上进行呼应，形成城市尺度的景观廊道与视觉通廊，使汉长沙国王陵考古遗址公园的整体景观特点区别于一般的城市公园与郊野公园。此外，古遗址公园的景观设计结合各个功能分区与公园节点的景观特征以及功能定位进行植物种植设计，遗址公园内的植物配植尽量选择乡土植物种类，形成丰富自然的植物群落层次，避免出现模式化、市政化、人工化的园林景观。

（4）综合防灾设计。

① 消防系统。

规划区道路可作为消防车的主要通道，其他道路则采取消防摩托的形式进行消防救援。规划区配置灭火器，并悬挂标识。规划区内消防给水由市政给水管网供给，设置14处消防蓄水池。按消防要求建设完善的供水管道。给水管道最不利点消火栓供水压力不应小于0.1兆帕。

② 防洪系统。

由于汉长沙国考古遗址公园地形复杂，地表径流分布密集，且片区内现有数十处山塘，可承担蓄水功能，结合环境整治工程，整合现有山塘资源，增强其蓄水与防洪能力，加强相关山塘之间的补水联系。

③ 抗震工程。

规划结合公共开敞空间、停车场等设置5处避难场所；结合山体土质情况，采取山体护坡或防冲刷措施；结合游客服务中心设置1处医疗救助点；结合城市道路、人防疏散通道和消防要求统一设置疏散通道，疏散通道通向城市内的疏散场地、室外旷地。

10.2　南昌汉代海昏侯国家考古遗址

10.2.1　价值分析

1. 传统价值

海昏侯国遗址由海昏侯国国都紫金城城址、第一代海昏侯刘贺墓、城址西部及南部墓葬群组成，是我国典型汉代列侯国都城聚落遗址，其中包括城址、墓葬、出土文物在内的丰富完整且连续的汉代侯国文物遗存，展现了同期汉代的文化、艺术、审美、科技取得的卓越成就，因此对完善秦汉历史研究具有重要的传统价值。

2. 景观价值

海昏侯国遗址的环境包括鄱阳湖及其子湖等水域，赣江及其支流，以及岗地周边的自然湿地和农田等，形成了鄱阳湖国家级自然资源保护区、南矶山湿地国家级自然保护区、修河国家湿地公园等，体现了汉代海昏侯国独特的地理特征。海昏侯国周边的自然环境，以及出土物中有关食邑的记载，反映了西汉时期海昏侯国的地理文化特征、都城陵墓选址及相关规划思想、生态环境特征。

10.2.2　现状评估

1. 基础设施缺乏

海昏侯国遗址东侧紧邻铁河乡，东侧距大坪塘乡7千米，两乡目前尚缺乏条件较好的餐厅和宾馆等基础服务设施，不具备游客服务和接待的基本能力。

2. 展示条件

墩墩墓园及城址南部墓葬区具有较为充分的考古支撑，墓园格局完整，价值研究较为充分，展示条件在整个区域内最佳，此区域内遗存分布集中、密集，可观赏性较好，但遗存类型相对单一。苏家山墓园及紫金城城址考古工作仍在进行中，周边环境较差，存在居民影响本体和环境、岗地土壤裸露等问题。

3．遗址环境

目前遗址区范围内的道路为村落内部交通道路，道路两侧观赏性差，难以展示和阐释海昏侯国遗址公园的价值特征。墩墩墓园内植被杂乱，周围有架空电线等影响整体景观的问题。

10.2.3 规划思路及设计方法

1．规划思路

（1）构建遗产价值诠释体系。

在参观遗址的基础上，充分而准确地向公众诠释海昏侯遗址的历史信息和传统遗产价值，促进公众对遗产保护工作的理解。根据游客认知过程设计价值诠释体系，引导游客进一步理解其价值，使游客近距离接触考古遗址与考古工作，全面体验汉代生产、生活场景和工艺技术，通过轻松、活泼的方式将遗产价值与价值载体结合，通过深入浅出、逐渐递进的诠释方式让游客易于接受与理解。

（2）策划遗产价值诠释系列展示节点。

因墓葬群分布较为分散，除城址外，墓葬群主要呈片状、点状分布在城址东、南两侧，遗存间距较大，不利于形成考古遗址公园的整体氛围。因此策划不同价值特征的展示点，以自然和生态景观过渡，通过合理的交通流线组织将多个展示点串联。

（3）系统划分遗址公园功能分区。

结合海昏侯国遗址的分布及场地自然条件，从遗产价值特征出发，将各个遗产价值展示点和功能服务点扩展为不同的功能区，以便更好地进行遗址展示、整体景观和功能的控制。

（4）基于遗产价值的整体景观控制。

根据各展示点遗产价值的侧重和功能区的展示需求，结合海昏侯国遗址的环境气候条件、地形地貌特点、现有植被基础和历史植被景观特点，确定各区和节点需要营造的景观氛围，并以此作为环境修复和植被配置的基本依据。同时，需凸显遗址景观，避免出现人工化和城市公园的形象，力求海昏侯国遗址历史景观氛围的还原。

（5）梳理遗址公园内外交通。

对外交通组织好主次出入口人流以及与停车场、主干道的关系，内部交通组织电瓶车道路主流线以及步行道路体系。

（6）正确处理考古工作遗址公园的关系。

划定考古预留区，严格遵守最小干预原则，对道路的选线和坡度、遗址现场展示工程的范围进行严格控制。

2．设计方法

（1）建筑设计。

各功能区的建筑形象与海昏侯国遗址公园景观相协调，尽可能保持原有生态景观环境。建筑高度控制在不对环境造成破坏和干扰的范围内。墓葬区及紫金城展示区内的建构筑物体型均为小体量，以实现与周边自然环境的协调。设计均引入可持续的绿色建筑理念，以降低博物馆运营成本。

（2）道路交通设计。

尽量利用考古遗址公园的现有道路进行改造，外部交通及出入口设置考虑周边地区居民点的关系以及与周边道路之间的衔接关系，并保障现状和规划的外部道路不穿越遗址公园，为遗址公园提供便捷可达但不穿越的外部网络交通。考古遗址公园内部交通便捷顺畅地连接各功能分区和展示点，便于游客参观和管理巡视。

（3）景观设计。

以现状场地资源特征为依据进行景观分区，并在各分区场地地形地貌基础上进行因地制宜的合理规划，避免对现状地形进行大动作、大规模的扰动。各功能区在植被品种的选配上保持地方性、历史性，并满足空间景观功能要求，按照当地自然形态进行种植，避免园林化、城市化倾向。

（4）水系设计。

在保留现状河湖、水塘、沟渠等水系结构基础上，对出入口区域、遗址博物馆区及历史体验生态休闲区等集中水系进行梳理及拓宽，以完善景观空间，提升游览体验；对苏家山墓葬园、墎墩墓园岗地周边水系进行连通梳理，形成清晰的墓葬区展示结构。其余区域水系根据秉持积水疏浚、景观造景等原则进行适当梳理。

10.3　殷墟国家考古遗址公园

10.3.1　价值分析

1．传统价值

殷墟是我国第33处世界遗产，以甲骨文、青铜器、玉器、天文历法、丧葬制度及相关理念、习俗、王陵、城址、早期建筑等闻名于世。其出土文物对研究商代历史与社会具有不可替代的价值和作用。殷墟发现的建筑、城墙以及出土文物代表当时最高的生产力水平和社会发展水平，对研究包括商代在内的古代社会、文化和思想、古代城市规划以及商王朝的国家形态等具有极高的科学价值。殷墟是中国考古发掘次数最多、时间最长、面积最大的一处古代都城遗址，是中国学术机构第一次独立组织的考古发掘，成为了解中国史前文化与历史文化之间关系的一把钥匙。

2. 景观价值

遗址内的水资源、土地资源、生物资源以及矿产资源十分丰富，城墙、陵墓等遗址保存较为完整。但遗址周边有重工业分布，村内建筑风格形式不一，景观质量不高。此外，遗产地整体景观风貌中历史文化特色体现严重不足，未能与殷商时期的历史格局与环境相应，现状宫庙及王陵展示区环境与景观体现了部分殷商时期的文化元素，其他区域包括城市建成区、村庄、农田几乎都没有殷墟文化元素的体现。

10.3.2 现状评估

（1）遗址保存较好，文物遗存均保存于地下，埋深不等。浅表文物都已被采集整理，少数埋藏较深已回填。除了展示开放区域、城市建成区域外，殷墟遗址区内尚有数量众多的遗存位于田野，部分已钻探确认或发掘回填。未进行考古发掘的区域为农田覆盖，地表情况单一，尚无占压破坏，但其埋深不一。居民耕作、植树、灌溉、取土等基本生产生活活动和自然降水下渗，对地下遗存造成一定影响。

（2）生态环境较差，位于殷墟遗址西侧的钢铁厂产生的废气、废水对遗址乃至整个城市造成重大影响。洹河水质一般，局部段落受生产生活影响较大。村庄整体环境水平不高。

（3）景观风貌基底较差，历史文化特色体现严重不足。村庄现状建筑层高不一、风格各异、色彩混乱，管线杂乱，绿化空间严重缺乏；农田肌理杂乱，作物品种不一，田间多有私搭乱建现象；洹河水质、水量一般，驳岸及沿岸景观质量不高；安钢厂区废气排放对遗址区景观造成了不良影响。现状宫庙及王陵展示区环境与景观体现了部分殷商时期的文化元素，其他区域包括城市建成区、村庄、农田几乎都没有殷墟文化元素的体现。

（4）道路现状情况欠佳，整个遗产区内缺乏系统的道路体系，无法满足遗产管理和展示的基本要求，现有流线混乱，缺乏必要的人行流线。

10.3.3 规划思路及设计方法

1. 规划思路

（1）遗产活化。

探索遗址地的零强度或低强度利用方式，在不影响地下遗址的前提下，引导种植，打造融入遗产地元素的农业景观，沿洹河布置生态木屋、集装箱酒店等；同时拓展空间以外的利用形式，在坚持文物保护的前提下，探索文物活化利用的新形式，融入遗产教育、文化创意、会展交流等新兴业态，允许金融资本和社会资本进入未来考古遗址公园的建设和运营。

（2）乡村振兴。

结合遗址公园的整体景观环境营造，制定适合殷墟的村庄风貌控制导则，引导村庄环境改善，增加村民广场、儿童活动区、乡村博物馆、文化活动中心等公共空间，发展休闲农业等新兴产业。选取武官村等部分村庄，容纳公园的旅游配套服务等溢出功能，采取腾退+政府统一租赁+适度补贴的方式，腾出一定比例的现状建筑，作为村庄公共文化服务和园区配套服务空间；在实现乡村生态和产业振兴的同时，丰富遗址公园的游览层次，塑造自身的独特吸引力。

（3）城市更新。

主要针对安钢片区、安钢大道以南的城市建成区和原豫北棉纺织厂及周边区域，进行空间结构更新和景观环境更新，规整城市肌理，重塑城市形象。在此基础上，对城市产业和功能进行更新，腾退重工业等对城市环境和遗址保护不利的产业，依托豫北纱厂容纳遗址公园的延伸展示和城市大型公共文化服务功能，在纱厂及周边区域着力植入科研教育、文化创意等新兴产业，打造安阳的城市文化娱乐高地。

2. 设计方法

（1）展示设计。

综合遗产资源、现状交通、场地空间等因素，在充分考虑市场需求及旅游产品打造的基础上，重点依托场地资源条件划分七大功能分区——宫殿宗庙展示区、洹北商城展示区、王陵与民俗文化展示区、考古学展示区、创意文化展示体验区、洹水文化景观带、预留发展区。

图 10-2　殷墟考古遗址

（资料来源：四川省建筑设计研究院有限公司）

① 宫殿宗庙展示区。

将小屯村整体腾退，拆除东部及北部对遗址环境影响较大的建筑，恢复为绿地；将考古工作站东侧的村庄和小屯小学进行改造，作为安阳考古工作站扩展用地，进行整体改造以及功能的提升，利用四盘磨村改造一组建筑用于族邑文化展示体验，王裕口村改造一组建筑用于制陶体验；对现状宫庙展示区进行展示提升；新建轻体量、浅基础的建（构）筑物，展示宫庙展示区范围以外的甲骨坑等遗迹。

② 洹北商城展示区。

利用红色装饰柱，沿洹北商城城墙布置，展示其遗址格局；对村庄进行环境风貌整治，利用村庄、农田、乡土风情特色，融入殷墟文化元素；对安阳航校资源进行整合，结合本地文化特征，助推休闲农业、低空飞行等产业发展。

③ 王陵与民俗文化展示区。

提升对王陵格局的展示，增强展馆展陈设施，实施祭祀坑群整体展示提升，融入数字展示、VR等科技展现王陵文化，实现遗产活化；利用现有农田、村庄、民俗文化等资源进行乡村资源整合；通过文旅产业的植入实现多样的感知体验，打造生态田园村庄、振兴遗产地乡村发展。

④ 考古学展示区。

拆除铁路以北的村庄，作为遗址展示区；保留铁路以南的村庄，进行整治提升；拓宽南北向主要道路，作为进入遗址展示区的次要入口；增加公共活动空间、提升街巷品质；加强邻里互动，营造绿色的生活空间与趣味的生活方式。

⑤ 创意文化展示体验区。

保留街巷格局、永久性建筑及文化教育类建筑等建筑肌理；拆除临时建筑，无特点、已废弃的价值较低的建筑，以及临近洹河的厂区建筑，建设配套服务设施；改造原纺织厂旧厂房、织补道路格局，增加公共绿地、景观小品等休闲空间。

⑥ 洹水文化景观带。

将洹河分为三段，即上游生态湿地区、中游历史文化展示区、下游城市滨河公园区，根据不同段落的现状情况给出不同的策略。

上游生态湿地区——此区域距离安钢较近且处于河道上游，污染较严重，设计应考虑河道生态环境以及为下游净化水源，另外此处人的可达性较小、河道滩涂较多，考虑种植大量植物、建立生态湿地区，主要以生态修复以及净化水质为其主，一方面满足基本的生态功能，另一方面满足城市游憩功能与自然科普功能，能提供户外活动空间。此分区应控制游览人次。

中游历史文化展示区——此区域距离各个村庄较近，且处于河道中游，并处于宫殿宗庙区以及王陵区之间，历史文化氛围较浓厚，另外此处人的可达性良好，沿河两岸场地较开阔，适宜布置一些文化节点以及公园游园，同时开展与殷墟的历史文化主题相关的户外体验活动，设置文化节点、历史展厅、景观小品以及相关配套设施。

下游城市滨河公园区——因上中游的水质净化，此区域水质较好，且河道较宽、河床较深、滩涂较少，适合进行一些水上活动。此区域人的可达性很高，且距离城区很近，附近基础设施条件良好，适宜建设城市滨水公园作为市民游憩场所，除了满足基本的游憩功能以及文化功能，分区依托宽阔河面以及滨河基础设施，开展一些小型水上活动以及滨水文艺活动。

⑦ 预留发展区。

根据安钢集团的特殊性与复杂性给出两条实施路径：A. 保护范围内严禁扩大厂区规模，禁止新增钢铁产能建筑，推进工业产业绿色转型升级，建设花园工厂，沿河用地规划与殷墟遗址公园协调一致，打造沿河遗址展示公园；B. 整体搬迁，实行退二进三，打造城市产业新城，实现文化传承、带动周边区域协调发展、塑造生态修复+遗址展示的产业示范园区，通过工业遗址资产的盘活与创意创业的引入，建设土地增值与创意经济的新高地。

（2）交通组织设计。

设计目标为在最小干预的前提下，根据阐释与展示结构合理体现遗址公园整体布局，保证遗址展示区的可达性和考古遗址公园的服务质量。在保护的前提下充分利用现状道路，尊重自然环境和景观环境，保证公园内游客的观览活动便利顺畅。在公园出入口设计中，结合邺城大道和安钢大道南北两条城市干道设置3个遗址公园出入口，其中北侧两个入口为次入口。南入口、北1入口、北2入口承担整个遗址公园的主要人流量的接待任务。遗址公园内路网结构主要是通过贯穿南北部的主干道串联而成，采用人车分流的路网结构。车行道延伸到步行道区域时设置景观路障截断，平时交通做到“通而不畅”，紧急时车行道与步行道都可以通行消防车，符合消防要求。

第11章 国外相关案例

11.1 西班牙塔拉科考古遗址

11.1.1 项目概况

项目位于西班牙的Tarraco（塔拉科），Tarraco古剧场考古遗址于1885年被发掘，位于沿着原有场地形态延伸的古罗马残垣的边缘地带。塔拉科又被称为“建筑丰碑”“罗马荣耀的象征”“古代工程学的经典”。场地内遗址出现大面积的破损，建筑材料腐蚀风化严重，场地与周围环境难以融入，整个空间处于一种搁置的状态，当地居民难以与遗址文化产生共鸣。

11.1.2 价值分析

塔拉科考古遗址是罗马人在欧洲扩张时所留下的遗址，遗址本身所采用的顺应地形的建造方式，至今仍然是一种重要的设计手法，而半圆剧场作为古罗马人声学造诣的集中体现，是人类技术史中不可或缺的一环。通过对遗址内历史文物及建筑物造型的研究，能充分感受到古罗马人丰富的娱乐生活以及出色的建造技术，具有宝贵的历史研究价值。

11.1.3 景观价值评价

根据联合国古遗址改造准则，本项目广场的改造，在尽量不破坏原环境的同时，为当地居民提供了优质的公共空间，利用钢筋结构复原古罗马剧场的几何形体，采用消隐的设计手法，真实地保持原古遗迹的完整风貌。钢筋结构的可拆除性，有利于后续遗产的改造与保护，满足可逆性原则。

在满足遗址保护的基本要求前提下，最大程度保护了遗址的完整性与延续性，为传统遗址注入了新的活力，还为当地居民提供了全新的公共活动空间，极大地促进了当地旅游业的发展。

11.2 意大利利沃里城堡

11.2.1 项目概况

位于意大利都灵的利沃里城堡当代艺术博物馆是建筑修复改造的一个典范，其诞生与兴衰都与意大利萨沃依皇室有着千丝万缕的联系。关于城堡的最早描述始于11世纪，萨沃依伯爵阿梅德奥四世决定在利沃里的高地上修建一座可俯瞰整个市镇、具有战略意义的城堡。根据1609年萨沃依皇室的资料，城堡的原型得以显现：四个塔楼簇拥的城堡主体与一个东西向的长型建筑，后者是皇室的私人美术长廊。

图 11-1　遗址一角

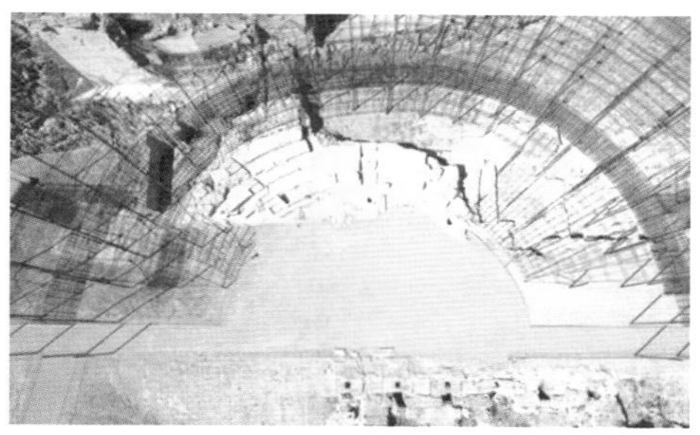

图 11-2　遗址俯视图

（资料来源：上海交大建筑遗产保护中心）

11.2.2　现状与价值分析

利沃里城堡作为一个时代兴衰的见证，具有极高的历史价值。城堡在建造之初，邀请了尤瓦拉设计，他的作品遵循古典法则，讲求精准的对称，无论整体效果还是细部设计都美轮美奂。因此，这座城堡在艺术价值上也是无与伦比的美丽。城堡的保存状况实在不容乐观，建筑本身渗水、结构变形、装饰表面严重剥落。政府预算难以完成浩大的修复工程，计划暂时搁置，只有少量清理工作在进行。20世纪70年代末，政府考虑与其单纯修缮城堡展示萨沃依王室生活，不如改造利用现存建筑，用作当代艺术博物馆。

11.2.3　景观价值评价

历史建筑修复与再利用是文物古迹活化的途径之一，这在意大利建筑学中是一门专业学科，它所考虑的不仅是如何保存建筑本体的价值与历史信息，还要寻找与建筑空间及形式相匹配的新用途。

本项目修复工程的独到之处在于其中所表达的历史态度，既不是消极的感伤怀旧，也不是徘徊于古典与当代的折中，而是权衡功能与现状后，通过建筑语言交代城堡的历史变迁，在保存重要的历史信息和艺术价值的同时，又使它的形式不至于陈腐。这给我们的启示就是并不只有原状或修复后的原貌才是遗产是否可被接纳的指标。结合实际需求，采用现代的构造和处理方式延续建筑生命的做法同样值得肯定。

11.2.4　规划思路与方法

项目源于人们的日常经历和对即时语境边界的感知，通过交流消除不同人之间的界限空间的关系，强调一种边界的感知。通过简单的建筑材料，在不影响原遗址的前提下，使空间与时间和谐相融，同时也重塑了古罗马遗迹的几何形态与尺度特征。

在进行城堡的规划与设计时，人们不再拘泥于原有的功能和形式，而是从保护古迹的艺术、历史价值转向开发利用。基于这一理念，利沃里城堡虽然保留着传统、古典的外表，但内容却是现代、前卫的，形式和内容的对比成为了城堡新颖与精彩之处。

改造方案的出发点首先来自于对建筑与工地现状的分析，现存的建筑可以分为三部分：一是停工的中央大厅，只留有柱础和建造了一半的拱廊；二是尤瓦拉设计并大体完工的城堡东翼；三是尤瓦拉预备拆除的美术长廊。

对于未建造完成的中央大厅，设计避免用个人主观想法呈现它完工后的景象，而是"凝固"住工地未完成的状态以表达对历史真实性的尊重，虽然这会丧失了一部分使用功能，却可以作为博物馆独有的入口空间。

图 11-3　被覆上铜板的墙体顶部

（资料来源：上海交大建筑遗产保护中心）

至于尤瓦拉建造的城堡东翼，以畅通展览空间的流线、修复内部房间的装饰为主。既呈现了它引以为傲的壁画、石膏、木雕，也不掩饰它由于时间或是不恰当的人为因素造成的缺损和瑕疵，对于没有完成的装饰则采用留白的方式或是保留草图。对长廊的处理手法不同于城堡，城堡是要把原来皇室的居住空间改造成艺术品展览室，而长廊原本的功能就是美术馆，只需恢复即可。

长廊单层建筑面积为882平方米，顶层展览空间使用屋顶天窗采光，并在侧立面安装巨大的透明玻璃。完工后的长廊以极富个性的建筑体量与鲜明的表情成为这一带的新地标，丝毫不逊于尤瓦拉古典风格的城堡。

11.3　德国鲁尔工业区遗址

11.3.1　项目概况

德国鲁尔工业区是联合国教科文组织评定的世界第一个以工业旅游为主题的世界文

化遗产。鲁尔区位于德国西部的北莱茵——威斯特法伦州，面积达4430平方千米，人口约540万，区内包括多特蒙德、波鸿、埃森和杜伊斯堡等城市。

11.3.2　价值分析

鲁尔区拥有近200年的工业发展史，基于有利的地理位置，丰富的矿产资源和良好的历史条件，形成了以煤炭、钢铁、电力、化学、机械为主的产业结构，逐渐成为德国能源、钢铁和重型机械制造基地和龙头区域。该地区具有极大的历史和人文价值，是德国工业发展的缩影。

11.3.3　景观价值评价

在对工业区进行改造时，遵循“修旧如初”的原则，最大限度地保护原来的建筑和环境，同时还鼓励科研机构和高等教育对产业转型提供支持，使得鲁尔区已发展成为欧洲大学密度最大的工业区。

11.3.4　现状评估

鲁尔区于20世纪60年代末到70年代先后遭遇“煤炭危机”和“钢铁危机”，使该区经济受到严重影响。主导产业衰落、工厂关闭、失业剧增，出现严重的经济衰退，园区内破败不堪，环境污染严重，通过一系列政府干预和改扩建，鲁尔区走出了一条新路，实现了经济结构转变和产业转型，赋予鲁尔区新的生命力。

11.3.5　规划思路与方法

该方案旨在以最少的改动使遗址重生，因此成立了鲁尔煤管区开发协会，作为鲁尔区最高规划机构。摒弃了对已丧失经济价值的工业基地进行大拆大建的“除锈”行动，而是尽可能地对原有工业建筑物进行精心梳理和改造留存。除此之外，还大力改善当地的交通基础设施，兴建和扩建高校和科研机构，以此提高区域的产业竞争力。

鲁尔工业区在转型改造的同时，注意保护本地区传统历史文化。当资源枯竭以后，当地政府不是简单地拆毁工厂，回填煤矿，而是政府投资，将工厂和矿山改造成风格独特的工业博物馆，变成旅游资源，成为当地的著名风景线，并被联合国教科文组织批准成为世界文化遗产。这样不仅减少了拆迁所带来的工业垃圾的污染，而且为当地的旅游业带来丰富的资源，创造了大量的就业机会。鲁尔区积极培育新兴产业，重点发展服务业，同时引进高校和教育机构，为区域发展提供技术和人才支持。

11.4 日本奈良平城宫遗址

11.4.1 项目概况

平城宫是奈良无数宫殿建筑中的一个，建于710年，坐落在整个平城京北部中线处，东西宽约1.3千米，南北约1千米，这里不仅建有天皇居住的大内，举行国家仪式和处理政事的大极殿、朝堂院等，还设有许多政府行政机关。平城宫的四面用高约5米的筑地围成，三座一组共设12座城门，南面正中央的门是朱雀门。

11.4.2 价值分析

平城宫遗址是一座举世无双的历史宝库，出土了5万多件木简、陶器、瓦片、生活用具等文物。在1998年春，朱雀门和东院庭园复原工作完成。如今恢复了昔日风采的朱雀门，已经成为奈良光明的未来的象征，矗立在广阔的平城京的土地上，具有极高的人文和艺术价值。

11.4.3 景观价值评价

根据《奈良真实性文件》，避免只关注“物质上的存在”，更在乎“整体环境的精神承载”。视保护对象为一种变化的过程，保护则是管理方法，是一种对于时间和变化的管理。遗产事实上被作为反映整体文化的信息载体，保护遗产的核心目标是对文化多样性的保护。

简而言之，偏向《奈良真实性文件》的重建，除了重视对过去历史和时代的精神保存，同时也回应了臆测性修复应有的包容和尊重。

基于以上文件与保护理念，平城宫保留了大量破损遗址，出土的文物则通过博物馆保护起来，而为了增加遗址公园的吸引力，在旁边兴建复原了遗址原貌，为历史文化保护和历史文物展示做出了巨大的贡献。

11.4.4 现状评估

整个遗址在政府与研究团队的全力合作下，各种复原建筑都精美无比，形象逼真，气势恢宏，给人留下非常深刻的印象。

通过合理的规划与管理，如今的奈良城不仅吸引着本国人民，也吸引着全球各地的游客前去观赏，极大促进了当地的旅游业，也改善了当地居民的生活方式。

11.4.5 规划思路与方法

首先，国家政府高度重视，发掘研究持之以恒，可以说是站在国家利益、民族利益之上来对待，并把其作为提高国民素质和国家知名度的途径。

其次，总体规划一步到位，分期实施目标明确。研究团队通过长期研究，在大量第一手资料的基础上，通过科学论证和规划后再开展，其主要依据为《平城遗址博物馆设立初步构想计划》，该计划在批准前进行了11次论证，一步到位。

除了对方案的精雕细琢，由于政府经济实力雄厚，对施工技术精益求精，整个规划建设还强调以人为本，服务设施周到齐全。在修复过程中强调整体环境、精神、历史意义上的保存，而不是一味地去追求真实性。

11.5　日本吉野里遗址公园

11.5.1　项目概况

日本吉野里遗址公园位于九州佐贺县吉野里町，是日本弥生时代大规模环濠聚落的遗迹，面积约50万平方米。遗址在1986年被发现，现在一部分属于国有的吉野里历史公园。其中的瞭望建筑和双重壕沟等被认为是注重防御的日本城郭起源。根据在20世纪由陶瓷纹路推定出来的弥生时代年表显示，吉野里的历史最早可追溯至公元前300年。最近利用碳测年等绝对测年法（absolute dating method）的研究发现，吉野里遗址可追溯至公元前400年左右。

11.5.2　价值分析

吉野里遗址被评为“日本国家特别历史古迹的文化遗产”。人们研究并梳理吉野里地区的部落发现，它存在于自公元前300年至公元300年的弥生时代，可以说是日本开始栽培水稻，定居生活文化的起点。该遗址具有十分重要的历史地位和极高的学术价值。

11.5.3　景观价值评价

吉野里历史公园已经成为一座能够系统地让参观者体验并感受弥生时代部落生活的遗址公园，在保存历史遗迹的基础上，通过对设施的仿造、复原修建以及出土文物的展示，创造出弥生时代的气息，使其成为文化信息传递、发送的据点。在向日本展示弥生时代特色的同时，也作为日本弘扬其民族文化的重要手段。主要通过建筑复原、陈列、多媒体、生活场景复原和游客参与等方式对遗址进行充分展示。

11.5.4　现状评估

遗址在被发现的时候，较为零散，建筑物破损严重，无法窥其原貌，感受不到建筑的历史感。同时周围遍布住宅与农田，与日本市郊常见的景色并无二致。

通过合理的保护与规划，遗址公园营造具有弥生时代气息的景观，使公园成为具有历史浪漫的有魅力的风景公园。而在日本人的审美价值观中，会对具有历史底蕴的地域心存浪漫情怀，当这种情怀与美丽的风景相得益彰之时，这片土地也发挥了其最大吸引力。

11.5.5 规划思路与方法

该方案旨在把周围的丰富的自然环境和遗址合为一体来保存，同时也有必要修建一处使国民容易利用的空间。

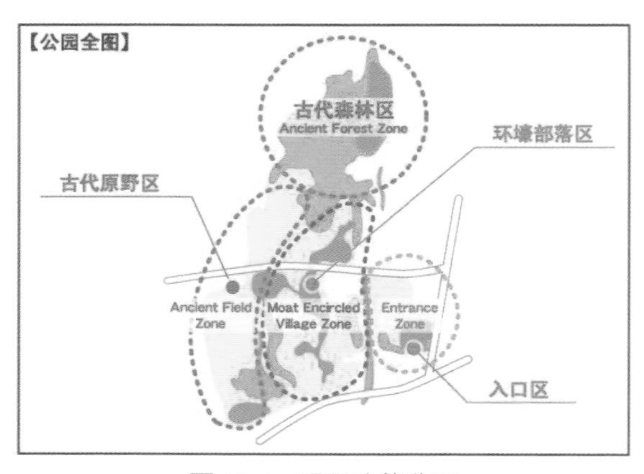

图 11-4 项目功能分区
（资料来源：吉野里历史公园网站）

园内大概分为四个区域。以历史公园中心为主的拥有影像设备以及饮食设施的“入口区”，被认为是“高身份人”居住的南内城以及举行国家祭祀活动的北内城的“环壕部落区”，面积达20万平方米且可进行各种娱乐活动的“古代原野区”，公园北侧的“古代森林区”建成了既能保存绿色自然，又能进行各种学习及生活体验的区域。

遗址本体的保护是遗址保存中最重要的内容。为了不损伤遗址，在遗址上面先铺一层30厘米厚的土，然后铺上修建需要的土层，再在上面修建复原建筑。根据发掘调查结果证实的地形和保护复原后的地形几乎一致，从而实现了“环境复原”的目的。

设计者们规划了聚落立体复原展示的建筑位置、空间格局和建筑物的类别，并加入了“生活场景复原”，再现了1700余年前古代聚落的风貌。园区内的植物也尽可能采用了从弥生时代就存在的古老品种，如当时的代表作物——红米。

图 11-5 场景复原
（资料来源：吉野里历史公园网站）

11.6　日本平泉骨寺村庄园

11.6.1　项目概况

平泉保留着许多体现佛教净土思想的寺院庭园。这些寺院与庭院是为了开创出一个理想世界，在接受海外的影响后由日本发展出独自的理念所完成的建筑。平泉所表现的理想世界是独一无二的。而骨村是平泉其中一个特别的遗产项目，它代表日本中世纪农耕文化的景象，保留着日本最纯粹的农业景观。

11.6.2　价值分析

中世纪的骨寺村，即位于现在的一关市本寺地区的“骨寺村庄园遗迹”，遗存着许多日本国家重要文化财“陆奥国骨寺村绘图”中所描绘的堂社等遗迹，很好地整体保存了与中世纪相联系的景观，可亲身感受绘图中的世界，具有极高的历史文化价值。2005年3月，绘图与实地能够对比的堂社及岩屋等九个区域被指定为国家史迹“骨寺村庄园遗迹”。

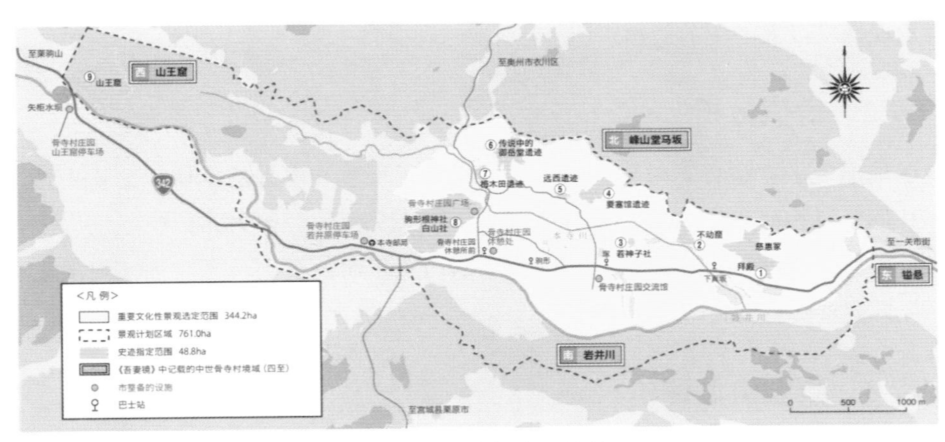

图 11-6　骨寺村庄园遗迹

（资料来源：平泉观光协会网站）

该地区的景观除了国家指定的史迹外，还得到了多重的保护。遗存着中世纪以来风貌的本寺地区的农村景观，被认为具有不可替代的价值。

11.6.3　景观价值评价

该遗址以农业景观为主，在景观恢复时也是以打造中世纪日本农村景象为主，被誉为“活着的文化财”，而且继续在该地区生活并从事农业的农民，还能够获得可观的旅游收益，足以见得该遗址的保护和维护工作是十分出色的。

11.6.4 规划思路与方法

该地区的规划与保护旨在再现中世纪农业景观，打造成为日本农业历史的展示平台。为了最大限度地减少人为干预和设施建设，该区域由自然生长的杂树林、顺应地形起伏而建的稻田，以及被住宅周围的林地和旱地环绕的房屋组成，共同在多样化且复杂的生态环境中维系着丰富的生物多样性。此外，为了维护景观美观，对影响视觉的大型废弃物进行了清理，并实施了必要的景观保护性农地整治，以确保农耕活动的可持续性。同时，通过举办体验交流活动来传播农村的魅力，开展了广泛的工作以促进参与和了解。在未来的推广和维护计划中，还将组织各种农业活动，以增强当地遗址的生机和活力。

11.7 英国弗拉格考古遗址公园

11.7.1 项目概况

弗拉格遗址位于英格兰彼得伯勒，是距今3500年前的一个青铜时代遗址。考古学研究的彼得伯勒地区有着悠久历史，可以追溯到18世纪中期，但直到1982年，才在彼得伯勒地区发现规模巨大的史前遗物。

11.7.2 价值分析

该遗址出土了大量青铜时代的器具，并发现了垂直和水平的木材、动物头骨、青铜短剑、其他金属物品和碎片等，具有极高的历史人文价值。因为弗拉格遗址出土类似宗教碑以及木材平台的遗物和建筑，众多学者认为对于研究英国乃至欧洲宗教文化和祭祀礼仪等都具有重要意义。

11.7.3 景观价值评价

英国建立遗址公园时十分重视遗址的原真性保护，依照出土文物的工艺特点进行原真性复原，基于这个原则，英国政府对公园内的所有遗址都采取原地保护、原地修复的方式进行保护。

11.7.4 规划思路与方法

该遗址公园主要通过建筑复原、保护展厅、公众参与三种方式来展示，对游客开放的区域大约有8万平方米，虽然与其他遗址比起来，面积较小，但是麻雀虽小却五脏俱全。遗址公园主要分为两个区域，即户外区域和游客中心。户外区域主要包括青铜时代和铁器时代的圆房子，一段罗马道路，花园农场等。游客中心主要包括博物馆、保护展厅和游客服务区域。

11.8　日本飞鸟历史公园

11.8.1　项目概况

飞鸟历史公园是在飞鸟地区考古发掘基础上建立起来的位于奈良县高市郡明日香村的国营公园，有效利用面积和保护面积约60万平方米，是日本众多遗址公园中最杰出的代表。

11.8.2　价值分析

飞鸟是大约1400年前日本国家的发源地，在大约100年的时间里它一直是政治、经济和文化的中心。这里建造了许多宫殿和寺庙，历经白凤文化、天平文化，被称为飞鸟风格的寺庙和佛教雕塑被奈良都城平城京继承，成为当今日本文化的基石。飞鸟公园拥有极其丰富的自然资源以及文物遗产，历史悠久、自然环境优越的飞鸟被称为“日本人心灵的故乡”，具有极高的历史和自然价值。

11.8.3　景观价值评价

日本历史公园的建设方法主要是露天保护展示、覆土保护展示、地上复原展示、陈列和发掘现场。经过考古学的调查与发掘，现在飞鸟地区保留着众多的遗存，这些遗迹包括飞鸟稻渊宫殿遗址、水落遗址等等。除此之外，还发现许多皇陵，而日本的景观保护也是十分到位的，植物配置以当地物种为主，结合各种草坪广场、舞台等要素，将飞鸟地区打造成日本一个重要的遗址公园，在那里不仅可以学习到历史文化，还可以感受美丽的自然景色。

11.8.4　规划思路与方法

在进行遗址公园规划时，从空间利用的角度出发，结合不同区域的特色，进行景观打造，设立了“KITORA古坟周边环境维护区”“桧前寺遗迹周边环境保护区”“历史体验学习区”“历史风土保护活用区”等四个区域以推进该地区的建设。

在整个公园内，为了充分向游客展示遗址的魅力，设置了陈列和模型展示区、多媒体展示区、复原建筑和回填保护展示区，每个展示区都精心设计，以求最大程度还原飞鸟地区的历史场景。

整个园区，最有亮点的便是瞭望台的设置，在瞭望台上能将以大和三山为背景扩展开来的飞鸟古京和被称为奥飞鸟的稻谷地区的美丽梯田景色尽收眼底。

参考文献

[1] 熊寰. 略论文化遗产的概念、分类与方法论[J]. 内蒙古大学艺术学院学报，2016（6）：9-13.

[2] 刘世锦. 中国文化遗产事业发展报告（2008）[R]. 北京：社会科学文献出版社，2008.

[3] 刘娟. 中国遗址景观的保护与利用[D]. 合肥：安徽大学，2009.

[4] 陈胜前. 考古遗址学-考古信息的嬗变与传递研究[J]. 南方文物，2016（2）：72-77.

[5] 陈同滨. 中国大遗址保护规划与技术创新简析[J]. 东南文化，2009（2）：23-28.

[6] 王婷婷，黄文华. 大遗址的价值分析及保护方法初探[J]. 华中建筑，2016:107-109.

[7] 夏晓伟. 考古与遗址公园——国家考古遗址公园建设中的两个定位[J]. 东南文化，2011（1）：23-25.

[8] 姚冬晖，李荣华. 原真性和修辞性——历史保护地带相关公共空间设计研究[J]. 中国园林，2016，32（6）：72-76.

[9] 镇雪峰. 文化遗产的完整性与整体性保护方法[D]. 上海：同济大学，2007.

[10] 朱光亚. 《威尼斯宪章》的足迹与中国遗产保护的行踪——纪念《关于古迹遗址保护与修复的国际宪章》问世50年[J]. 中国文物科学研究，2014（2）：15-17.

[11] 傅岩. 历史园林："活"的古迹——《佛罗伦萨宪章》解读[J]. 古建园林技术，2004（2）：46-48.

[12] 朱枫. 紫线规划的思考与探索——以深圳为例：规划50年——2006中国城市规划年会论文集[C]. 北京：中国建筑工业出版社，2006.

[13] 王冬阳. 唐五代渤海国上京龙泉府遗址保护研究[D]. 石家庄：河北师范大学，2014.

[14] 钟瑾. 大遗址环境整治基础上的遗址公园规划研究[D]. 合肥：安徽农业大学，2016.

[15] 侯廷生，刘东光. 赵文化论集[M]. 武汉：崇文书局，2006：276.

[16] 路方芳. 日本历史文化遗产保护体系概述[J]. 华中建筑，2019，37（1）：9-12.

[17] 赵文斌. 国家考古遗址公园规划设计模式研究[D]. 北京：北京林业大学，2012.

[18] 许凡，张谨，刘硕，等. 史前遗址的展示——以日本吉野里国家历史公园为例[J].

小城镇建设，2008（6）：63.

[19] 袁媛．遗址公园展示规划设计研究[D]．北京：北京工业大学，2008.

[20] 金晟均，迪丽娜．韩国传统风景园林设计观：“楼亭苑”[J]．中国园林，2013，29（11）：9-13.

[21] 孟青. 良渚大遗址保护规划研究[D]. 上海：复旦大学，2008.

[22] TURNER S.Historic landscape characterisation: a landscape archaeology for research, management and planning[J]. Landscape Research，2006，31（4）: 385-398.

[23] 李华东．英国历史景观特征评估及应用[J]．建筑学报，2012（6）：40-43.

[24] 汪伦．英国历史景观特征识别（HLC）体系的研究与启示[J]．城市建筑，2019，16（16）：110-113.

[25] WALSH D. Historic Townscape Characterisation-The Lincoln Townscape Assessment: a case study[R]. 2012.

[26] 林铁南．基于历史景观特征评估（HLC）的历史性城镇景观评价与保护研究——以福州烟台山历史风貌区为例：中国风景园林学会2016年会论文集[C]．北京：中国建筑工业出版社，2016.

[27] 邹颖，刘靖怡．“原型”的思考[J]．天津大学学报（社会科学版），2008（1）：14-18.

[28] 金云峰，姚吉昕，顾丹叶．景观社会策略：基于原型理论的佛山新城文化中心景观设计[J]．风景园林，2015（10）：94-99.

[29] 金云峰，俞为妍．基于景观原型的设计方法：以浮山“第一情山”为例的情感空间塑造[J]．华中建筑，2012（10）：92-95.

[30] 金云峰，项淑萍．类推设计：基于历史原型的风景园林设计方法[C]//中国风景园林学会．中国风景园林学会2009年会论文集．北京：中国建筑工业出版社，2009.

[31] 金云峰，杜伊．景观原型设计方法讨论——基于风景园林学途径的城市设计[J]．中国园林，2017（6）：48-52.

[32] 金云峰，项淑萍．原型激活历史：风景园林中的历史性空间设计[J]．中国园林，2012（2）：53-57.

[33] 马智慧，江山舞．HUL方法对我国历史城镇保护和发展的借鉴与启示研究[J]．浙江学刊，2016（5）：218-224.

[34] Federal Ministry for the Environment, NatureConservation, Building and Nuclear Safety. Act on Nature Conservation and Landscape Management[EB/OL]. [2015-09-23]. http://www.bmub.bund.de/fileadmin/Daten_BMU/Download_PDF/Naturschutz/bnatschg_ en_bf.pdf.

[35] 杜爽，韩锋，罗婧. 德国城市历史景观遗产保护实践：波茨坦柏林宫殿及公园的启示[J]. 中国园林，2016，32（6）：61-66.

[36] 波泰格，普灵顿．景观叙事——讲故事的设计实践[M]．北京：中国建筑工业出版社，2015.

[37] W S ANNE．The Language of Landscape[M]．New Haven：Yale University Press，1998.

[38] 安琪．景观叙事方法在遗址景观设计中的应用研究[D]．西安：西安建筑科技大学，2012.

[39] JORGENSEN A, DOBSON S, HEATHERINGTON C.Parkwood Springs–A fringe in time: Temporality and heritage in an urban fringe landscape[J]. Environment and Planning A, 2017，49（8）：1867-1886.

[40] 王志芳，孙鹏．遗产廊道——一种较新的遗产保护方法[J]．中国园林，2001（5）：85-88.

[41] 李伟，俞孔坚，李迪华．遗产廊道与大运河整体保护的理论框架[J]．城市问题，2004（1）：28-31.

[42] 谢敬风，艾进，刘亚男．国外城市遗址博物馆管理开发实例的经验与启示[J]．旅游管理研究，2015（2）：49-50.

[43] 俞峰. 唐大明宫遗址公园可行性研究[D]. 西安：西安建筑科技大学，2006.

[44] PRENTICE R C, WITT S F, HAMER C. Tourism As Experence-The Case of Heritage Parks[J]．Annals of Tourism Research, 1998，25（1）：1-24.

[45] 刘桂庭. 意大利的名城保护城市发展研究[J]. 城市发展研究，1996（5）：29-30.

[46] TEO P, HUANG S. Tourisn and heritage conservation in Singapore[J]．Annals of Tourism Research，1995，22（3）：589-615.

[47] 杜久明. 殷墟遗址与日本奈良平城宫遗址保护展示的比较研究[J]. 殷都学刊，2006（3）：24-28.

[48] 齐一聪，张兴国. 中日建筑遗产对比视野下的中国建筑遗产机制研究[J]. 现代城市研究，2013（11）:52-56.

[49] 邵甬，阮仪三．关于历史文化遗产保护的法制建设——法国历史文化遗产保护制度发展的启示[J]．城市规划汇刊，2002（3）：57-60.

[50] 尹卫国．用可持续旅游保护世界遗产[J]．中国经济周刊，2004（30）：38.

[51] 李华明，李莉．制度创新：世界遗产法律保护的新思维[J]．广西民族学院学报（哲学社会科学版），2005（6）：149-151.

[52] 邓明艳．国外世界遗产保护与旅游管理方法的启示——以澳大利亚大堡礁为例[J].

生态经济，2005（12）：76-79.
[53] 张朝枝，保继刚．美国与日本世界遗产地管理案例比较与启示[J]．世界地理研究，2005（4）：105-112.
[54] 乌丙安．学习国际先进经验做好我国非物质文化遗产保护工作[G]//《中国世界遗产年鉴》编纂委员会．中国世界遗产年鉴．北京：中华书局，2024：71-72.
[55] 傅佳锋．孤景及其周边建筑环境设计手法研究[D]．武汉：华中科技大学，2013.
[56] 李晓东．中国特色文物保护理论体系述略[J]．中国文物科学研究，2014（3）：33-39.
[57] 杜爽，韩锋，罗婧．德国城市历史景观遗产保护实践：波茨坦柏林宫殿及公园的启示[J]．中国园林，2016（6）：61-66.
[58] 宋言奇．社区的本质：由场所到场域[J]．城市问题，2007（12）：64.
[59] 吕舟．《威尼斯宪章》与中国文物建筑保护[N]．中国文物报，2002-12-27.
[60] 周小棣，沈旸，肖凡．从对象到场域：一种文化景观的保护与整合策略[J]．中国园林，2011（4）：4-9.
[61] 汤茂林，汪涛，金其铭．文化景观的研究内容[J]．南京师大学报（自然科学版），2000，23（1）：111-115.
[62] 邓辉，世界文化地理[M]．北京：北京大学出版社，2012.
[63] 华晓宁．建筑与景观的形态整合：新的策略[J]．东南大学学报（自然科学版），2005（7）：236.
[64] LENNON J, TAYLOR K. Prospects and challenges for cultural landscape management [M]//TAYLOR K, LENNON J. Managing Cultural Landscapes. Oxford: Routledge, 2012: 345-364.
[65] 韩锋．亚洲文化景观在世界遗产中的崛起及中国对策[J]．中国园林，2013，29（11）：5-8.
[66] 赤坂信．乡土风景[J]．日本造園学会誌，2005，8（12）：59-65.
[67] 恵谷浩子．農村計画学・造園学における文化的景観[G]//国立文化財機構奈良文化財研究所．文化的景観研究集（第4回）報告書：文化的景観の現在—保护行政・学術研究の中間総括．京都：国立文化財機構奈良文化財研究所，2012：101.
[68] 高橋康夫．都市・建築史学と文化的景観[G]//国立文化財機構奈良文化財研究所．文化的景観研究集（第4回）報告書：文化的景観の現在—保护行政・学術研究の中間総括．京都：国立文化財機構奈良文化財研究所，2012：65-75.
[69] 国立文化財機構奈良文化財研究所．文化的景観研究集（第1回）報告書：文化的景観とは何か?：その輪郭と多様性をめぐって[G]．京都：国立文化財機構奈良文

化财研究所，2009.
[70] 汪民. 日本“文化的景观”发展及其启示[J]. 中国园林，2013，29（11）：14-17.
[71] 徐凤阳. 陕西神木石峁遗址公园展示设计研究[D]. 西安：西安建筑科技大学，2016.
[72] 赵文斌. 大遗址保护与展示规划初探：中国风景园林学会2012年会论文集[C]. 北京：中国建筑工业出版社，2012.
[73] 杜晓帆，王一飞. 世界遗产的知识体系与学科建设初探[J]. 复旦学报（社会科学版），2023（6）：43-49.
[74] 单霁翔. 大型考古遗址公园的探索与实践[J]. 中国文物科学研究，2010（1）：2-12.
[75] 邱建，张毅. 国家考古遗址公园及其植物景观设计——以金沙遗址公园为例[J]. 中国园林，2013（4）：13-17.
[76] 汤倩颖. 关于考古遗址公园规划设计原则与理念的探讨[J]. 遗产与保护研究，2018，3（6）：37-40.
[77] 王璐艳. 国家考古遗址公园绿化的原则与方法研究[D]. 西安：西安建筑科技大学，2013.
[78] 王宇. 大遗址保护利用探讨[D]. 郑州：郑州大学，2017.
[79] 安琪，景观叙事方法在遗址景观设计中的应用研究[D]. 西安：西安建筑科技大学，2016.
[80] 范风华，基于心理安全的城市公共空间景观研究[D]. 武汉：华中科技大学，2011.
[81] 林奇，城市意象 [M]. 北京：华夏出版社，2001.
[82] 钱学森. 社会主义中国应该建山水城市[J]. 城市规划，1993（3）：18-19.
[83] 阿恩海姆. 视觉思维 [M]. 北京：光明日报出版社，1986：4.
[84] 宗白华. 美学散步 [M]. 上海：上海人民出版社，1981：59.
[85] 彭一则. 中国古典园林分析[M]. 北京：中国建筑工业出版社，2004.
[86] 张家骥. 中国造园论 [M]. 太原：山西人民出版社，2003.
[87] 周维权. 中国古典园林史[M]. 北京：清华大学出版社，2004.
[88] 胡长龙. 园林规划设计[M]. 北京：中国农业出版社，2000.
[89] 柳泽，毛锋，周文生，等. 基于空间数据库的大遗址文化遗产保护[J]. 清华大学学报（自然科学版），2010：338-341.
[90] 单霁翔. “活态遗产”：大运河保护创新论[J]. 中国名城，2008（2）：2-12.
[91] 谢花林，刘黎明，乡村景观评价研究进展及指标体系初探[J]. 生态学杂志，2003，22（6）：97-101.

[92] 谢花林，刘黎明，赵英伟. 乡村景观评价指标体系与研究方法研究[J]. 农业现代化研究，2003，24（2）：95-98.

[93] 刘滨谊，王云才. 论中国乡村景观评价的理论基础与指标体系[J]. 中国园林，2002，18（5）：76-79.

[94] 王云才. 论中国乡村景观评价的理论基础与评价体系[J]. 华中师范大学学报（自然科学版），2002，36（3）：389-393.

[95] 刘黎明. 乡村景观规划的发展历史及其在我国的发展前景[J]. 农村生态环境，2001，17（1）：52-55.

[96] 李贞，刘静艳，张宝春，等. 广州市城郊景观的生态演化分析[J]. 应用生态学报，1997，8（6）：633-638.

[97] 申佳可，高嘉，徐凌云，等. 基于4I体系的21世纪风景园林设计语汇探索[J]. 中国园林，2015（10）：56-60.

[98] 彭程雯. 运河景观使用状况评价研究[D]. 杭州：浙江农林大学，2014.

[99] 邹统钎，江璐虹，唐承财. 基于层次分析法的遗产地旅游智慧化建设评价指标体系研究[J]. 遗产与保护研究，2016，1（4）：43-48.

[100] 周彬，宋宋，黄维琴. 基于层次熵分析法的文化遗产旅游发展评价——以山西平遥古城为例[J]. 干旱区资源与环境，2012，26（9）：190-194.

[101] 郭鹏磊，武凤文，张曦. 基于SD和FA的北京旧城历史街区景观评价初探：新常态：传承与变革——2015中国城市规划年会论文集（04城市规划新技术应用）[C]. 北京：中国建筑工业出版社，2015.

[102] 张泉. 基于SD法的历史文化名镇景观评价研究——以合肥市三河古镇为例[J]. 南京理工大学学报，2013，37（增刊）：56-59.

[103] 王帅. 基于SD法的云台山国家森林公园景观评价研究[D]. 长沙：中南林业科技大学，2015.

[104] 于苏建，袁书琪. 基于SD法的公园景观综合感知研究——以福州市为例[J]. 旅游科学，2012，26（5）：85-94.

[105] 汪伟. 昙华林历史文化街区保护性改建设计研究[D]. 武汉：湖北工业大学，2017.

[106] 林敏慧，骆桃桃. 中心城区遗产型城市广场的使用后评价研究——以广州陈家祠岭南文化广场为例[J]. 城市观察，2016（1）：70-84.

[107] 夏绚绚. 城市综合性公园的使用后评估研究初探[D]. 南京：南京林业大学，2008.

[108] 黎洋佟. 基于使用后评估的综合性城市公园景观设计评价——以厦门中山公园为例[J]. 广东园林，2016，38（6）：50-56.

[109] 郝新华，王鹏，段冰若，等. 基于多源数据的奥林匹克森林公园南园使用状况评

估[C]//中国城市规划学会．规划60年：成就与挑战——2016中国城市规划年会论文集．北京：中国建筑工业出版社，2016.

[110] 王炜，陈益，韦钰，等．南宁人民公园使用后状况评估（POE）研究[J]．大众科技，2012，14（3）：241-243.

[111] 刘歆，邵燕妮，王映昀．基于POE面向创意产业的工业遗产改造优化策略研究[J]．现代城市研究，2017（5）：58-66.

[112] 郑华敏．武夷山风景名胜区景观评价及优化设计研究[D]．福州：福建农林大学，2013.

[113] 齐津达，傅伟聪，李炜，等．基于GIS与SBE法的旗山国家森林公园景观视觉评价[J]．北林学院学报，2015，30（2）：245-250.

[114] 韩霄．明长城文化遗产整体性价值评估研究[D]．天津：天津大学，2015.

[115] 刘艳芬．艺术价值结构新探[J]．济南大学学报（社会科学版），2005（6）：43-46.

[116] 孙伟平．关于科学的社会价值的几个问题[J]．首都师范大学学报（社会科学版），1999（1）：38-46.

[117] 范凌云，郑皓．世界文化和自然遗产地保护与旅游发展[J]．规划师，2003，19（6）：26-28.

[118] 单雾翔．关注新型文化遗产——工业遗产的保护[J]．中国文化遗产，2006（4）:10-47.

[119] 冯革群，陈芳．德国鲁尔区工业地域变迁的模式与启示[J]．世界地理研究，2006（3）：93-98.

[120] 康漩．基于产业集群的老工业基地振兴研究——以沈阳铁西工业区为例[J]．规划师，2006，22（9）：84-87.

[121] 刘翔．文化遗产的价值及其评估体系[D]．长春：吉林大学，2009.

[122] 张广海，李苗苗．中国考古遗址公园保护利用研究综述[J]．中国园林，2016（5）：113.

[123] 吴隽宇．广东增城绿道系统使用后评价研究[J]．中国园林，2011（4）：39-43.

[124] LINTON D L. The assessment of scenery an a natural resource[J]. Scottish Geographical Magazine, 1986, 84: 219-238.

[125] PALMER J F. Visual quality and visual impact assessment [M]. Los Angeles: Sage Publications, 1983.

[126] KAPLAN R, KAPLAN S, BROWN T.Environmental preference: a comparison off ourdomians of predictors[J]. Environment and Behaviour, 1989, 21: 509-529.

[127] CROFTS R S.The landscape component approach to landscape evaluation[J]. Transactions of the Institute of British Geographers, 1975, 66: 124-129.
[128] 张东荪. 认识论[M]. 北京：商务印书馆，2011.
[129] 金云峰，杜伊. 景观原型设计方法讨论——基于风景园林学途径的城市设计[J]. 中国园林，2017（6）：48-52.
[130] 李岩. 传播与文化[M]. 杭州：浙江大学出版社，2009：10.
[131] 梁志刚. 遗址保护与遗址公园规划设计[D]. 北京：北京工业大学，2010.
[132] 李滇，雷冬霞. 情境再生与景观重塑——文化空间保护的方法探讨[J]. 建筑学报，2007（5）：1-4.
[133] 焦鑫. 遗址公园景观空间营造探究[D]. 上海：华东理工大学，2013.
[134] 宋本明. 从价值论到方法论——现代景观批评研究[D]. 北京：北京林业大学，2007.
[135] 尤基莱托. 建筑保护史[M]. 郭旃，译. 北京：中华书局，2011.
[136] 荣芳杰. 文化遗产管理之常道：一个管理动态变化的维护观点[D]. 台南：台湾成功大学，2008.
[137] 唐军. 追问百年：西方景观建筑学的价值批判[M]. 南京：东南大学出版社，2004.
[138] 单霁翔. 走进文化景观遗产的世界[M]. 天津：天津大学出版社，2009.
[139] 何平立. 崇山理念与中国文化[M]. 济南：齐鲁书社，2001.
[140] 普列汉诺夫. 美学论文集[M]. 北京：人民出版社，1983：346.
[141] 张家骥. 中国造园论[M]. 太原：山西人民出版社，2003.
[142] 刘纲纪. 文征明[M]. 长春：吉林美术出版社，1997.
[143] 田国行. 绿地景观规划的理论与方法[M]. 北京：科学出版社，2006.
[144] 周维权. 中国古典园林史[M]. 北京：清华大学出版社，2004.
[145] 王军围. 城市遗址景观空间的符号化解析——以南京市午朝门公园为例[J]. 大众文艺，2014（24）：47-48.
[146] 巴尔特. 符号学原理[M]. 李幼蒸，译. 上海：生活·读书·新知三联书店，1988.
[147] 陈玉锡，李静. 符号学理论在纪念性景观设计中的应用[J]. 安徽农学通报，2009（9）：233-234.
[148] 鲍赞巴克，索莱尔斯. 建筑与文学的对话[M]. 桂林：广西师范大学出版社，2010.
[149] 王长俊. 景观美学[M]. 南京：南京师范大学出版社，2002.
[150] ZHANG Y, QIU J.Value Analysis of Immovable Cultural Relics from Landscape Perspective [J]. Journal of Landscape Research, 2017，9（3）：57-63.
[151] 谢敬颖，王葆华. 地域性文化在景观设计中的传承与发展研究——以济南市为例

[J]. 科教导刊，2010（17）：173.
[152] 郭希彦. 地域文化在景观设计中的应用研究[D]. 福州：福建师范大学，2008.
[153] 苗阳. 我国传统城市文脉构成要素的价值评判及传承方法框架的建立[J]. 城市规划学刊，2005（4）：40-44.
[154] 何伟. 景观设计中地域文化的运用方法研究[D]. 西安：长安大学，2013：10.
[155] 魏雯，汪燕，苗宝成. 地域文化在景观设计中的应用研究——以革命老区环县环江风情线设计为例[J]. 西北林学院学报，2014（1）：222-227.
[156] 蔡志强. 地域文化在旅游景区标识系统设计中的应用研究[J]. 艺术研究，2014（1）：1-5.
[157] 杨婷，季菲菲，吉文丽，等. 地域文化在城市景观设计中的表达——以吴起城区景观为例[J]. 西北林学院学报，2013（3）：240-244.
[158] 李和平，肖竞. 我国文化景观的类型及其构成要素分析[J]. 中国园林，2008，25（2）：90-94.
[159] 蒂莫西，博伊德. 遗产旅游[M]. 程尽能，译. 北京：旅游教育出版社，2007.
[160] 奈斯比特. 世界大趋势[M]. 魏平，译. 北京：中信出版社，2010：142.
[161] 杨锐. 关于世界遗产地与旅游之间关系的几点辨析[J]. 旅游学刊，2002（6）：7-8.
[162] 单霁翔. 保护参与共享[EB/OL].（2009-05-22）[2013-04-06]. http：//www.sach.gov.cn/ tabid/911/Info ID/18920/Default.aspx.
[163] 吕舟. 罗哲文先生的精神遗产[N]. 文汇报，2012-06-25（6）.
[164] 吕舟. 从文化的角度审视遗产价值——以故宫为例[N]. 中国文物报，2009-06-26（8）.
[165] 从桂琴. 价值建构与阐释——基于传播理念的文化遗产保护[D]. 北京：清华大学，2013.
[166] 徐婧. 基于考古遗址保护与展示的国内遗址博物馆案例调查研究[D]. 西安：西安建筑科技大学，2014.
[167] 杜特兰. 哲学的故事[M]. 蒋剑峰，张程程，译. 杭州：浙江大学出版社，2020.
[168] 亚里士多德. 物理学[M]. 张竹明，译. 北京：商务印书馆，1982：15.
[169] 李诗和. 系统哲学与整体性思维方式[J]. 系统辩证学学报，2005（2）：26-29.
[170] 黄小寒. 系统哲学的开端样式[J]. 自然辩证法研究，1999（7）：16-20.
[171] 黄麟雏. 再论系统的整体性[J]. 系统辩证学学报，1998，6（1）：1-7.
[172] 杨一博. 德国古典美学与德国历史主义理论的关联性[J]. 云南社会科学，2015（3）：35-40.

[173] 孙纪成．系统论的理论及其现实意义[J]．河北学刊．1985（6）：49-53.
[174] 恩格斯．自然辩证法[M]．北京：人民出版社，1984：252.
[175] 佚名．马克思恩格斯选集（第3卷）[M]．北京：人民出版社，1972.
[176] 张景环．系统论辨析[J]．学术交流，1988（1）：110-113.
[177] 张甜甜，王浩，连泽峰．从沧浪亭的变迁看苏州私园的历史保存和延续[J]．中国园林，2018（2）：133-137.
[178] 刘雪梅，保继刚．国外城市滨水区再开发实践与研究的启示[J]．现代城市研究，2005（9）：13-24.
[179] 朱祥贵．文化遗产保护法研究[M]．北京：法律出版社，2007.
[180] 单霁翔．留住城市文化的根与魂——中国文化遗产保护的探索与实践[M]．北京：科学出版社，2010.
[181] 张永平，龙瀛．利用规划师主体制定用地规划方案[J]．城市规划，2016（11）：49-59.
[182] 宋本明．从价值论到方法论[D]．北京：北京林业大学，2007.
[183] 刘晖，杨建辉，孙自然，等．风景园林专业教育：从认知与表达的景观理念开始[J]．中国园林，2013（6）：13-18.
[184] 埃亨，张英杰．可持续性与城市：一种景观规划的方法[J]．中国园林，2011（3）：62-68.
[185] 李其荣．城市规划与历史文化保护[M]．南京：东南大学出版社，2003.
[186] 段进．城市空间发展论[M]．南京：江苏科学技术出版，1999.
[187] 从桂琴．价值建构与阐释——基于传播理念的文化遗产保护[D]．北京：清华大学，2013.
[188] 刘滨谊．现代景观规划设计[M]．南京：东南大学出版社，2010.
[189] 杨海娟．西安汉城遗址保护区内发展都市农业的设想[J]．西北大学学报（自然科学版），2002（10）：3-7.
[190] 薛伟．遗址公园保护与景观规划研究[D]．合肥：安徽大学，2013.
[191] 马武定．对城市文化的历史启迪与现代发展的思考[J]．规划师，2004（12）：6-9.
[192] 樊淳飞．遗址保护建筑规划设计研究[D]．西安：西安建筑科技大学，2005.
[193] 陈玉锡，李静．符号学理论在纪念性景观设计中的应用[J]．安徽农学通报，2009（15）：233-234.
[194] 刘沛林．中国传统聚落景观基因图谱的构建与应用研究[D]．北京：北京大学，2011.
[195] 苗阳．我国传统城市文脉构成要素的价值评判及传承方法框架的建立[J]．城市规

划学刊，2005（4）：40-44.
[196] 黄琴诗，朱喜钢，陈楚文．传统聚落景观基因编码与派生模型研究[J]．中国园林，2016（10）：89-93.
[197] 王璐艳．国家考古遗址公园绿化的原则与方法研究[D]．西安：西安建筑科技大学，2013.
[198] 孟浩亮，谢纯，张泽岑．诗意栖居的成都杜甫草堂园林空间解析[J]．中国园林，2010（5）：96-100.
[199] 刘娟．中国遗址景观的保护与利用[D]．南京：南京林业大学，2008.
[200] 刘滨谊．现代景观规划设计[M]．南京：东南大学出版社，2005.
[201] BRICKER K S, KERSTETTER D L. Level of specialization and place attachment: an exploratory study of whitewater recreation [J]. Leisure Science, 2000, 22: 233-258.
[202] MOORE R L, GRAEFE A R. Attachments to recreation settings: the case of rail-trail users [J]. Leisure Science, 1994, 16: 17-31.
[203] 陈蔚镇,刘荃.城市更新中非正式开发景观项目的潜质与价值[J]．中国园林，2016（5）：32-36.
[204] SILLBERBERG S, LORAH K, DISBROW R. Place in the making :How placemaking builds places and communities[R]. MIT Department of Urban Studies and Planning, 2013.
[205] MARTIN J. GUERRERO PARK-Hall Horse Park[R]. Shift Design Studio, 2009.
[206] LA GANGA M. Tiny parks are on a roll in san francisco[EB/OL]. [2011-09-02]. http://articles. latimes.com/2011/sep/02/local/la-me-0902-dumpster-parks-20110902.
[207] BEEKMANS J. Picnurbia: an urban picnic landscape[EB/OL]. [2011-09-14]. http://popupcity.net/ picnurbia-an-urban-picnic-landscape.
[208] OCUBILLO R A. Experimenting with the Margin:Parklets and Plaza as Catalysts in Community and Government[D]. Los Angeles ：University of southern California, 2012.
[209] 宋园园．基于场所精神下的遗址公园景观设计研究[D]．合肥：安徽农业大学，2012.
[210] 林琴．考古遗址公园保护规划研究[D]．黄石：湖北师范大学，2012.
[211] 徐国祥．统计预测和决策[M]．3版．上海：上海财经大学出版社，2008.
[212] 马库斯，弗朗西斯．人性场所：城市开放空间设计导则[M]．俞孔坚，译．北京：中国建筑工业出版，2001.
[213] 张毅，邱建，贾玲利．金沙国家考古遗址公园开敞空间利用研究[J]．西南大学学

报（自然科学版），2016，38（9）：71-78.

[214] 金云峰，高一凡，沈洁. 绿地系统规划精细化调控——居民日常游憩型绿地布局研究[J]. 中国园林，2018（2）：112-115.

[215] 肖平. 地下成都[M]. 成都：成都时代出版社，2003：56-57.

[216] 王毅，张擎. 三星堆文化研究[J]. 成都考古研究，2009（3）：13-22.

[217] 王毅，江章华，李明斌，等. 四川新津宝墩遗址调查与试掘[J]. 考古，1997（1）：40-52.

[218] 江章华，张擎，王毅，等. 四川新津宝墩遗址1996年发掘简报[J]. 考古，1998（1）：29-50.

[219] 张学海. 浅说中国早期城的发现：长江中游史前文化暨第二届亚洲文明学术讨论会论文集[C]. 长沙：岳麓书社，1996.

[220] 张毅，邱建. 新津宝墩国家考古遗址公园景观规划理念的探讨[J]. 西南大学学报（自然科学版），2017，39（7）：155-160.

[221] 俞孔坚，韩毅，韩晓华. 将稻香溶入书声——沈阳建筑大学校园环境设计[J]. 中国园林，2005，21（5）：12-16.

[222] 孔祥伟. 稻田校园——一次简单置换带来的观念重建[J]. 建筑与文化，2007（1）：16-19.

[223] 施亚岚. 基于文化体验的遗址公园旅游开放模式研究[D]. 厦门：华侨大学，2011.

[224] 江玉祥. 雅安与茶马古道：茶马古道文化遗产保护（雅安）研讨会论文集[C]. 北京：文物出版社，2011：77-88.

[225] 徐海韵，徐峰. 茶马古道雅安段遗产廊道文化景观构建[J]. 中华文化，2012（6）：100-105.

[226] 雅安市文物管理所. 茶马古道（雅安段）文物撷珍[J]. 四川文物，2010（3）：97-100.

[227] 赵亮. 峡谷廊道景观：区域自然景观和文化景观的全面挖掘——大连十八盘“海底大峡谷”规划建设研究[J]. 中国园艺文摘，2014（1）：119-120.

[228] 何志印，齐晓玉，郭晓宁. 滨水生态文化廊道景观设计分析[J]. 河南科技，2015（10）：98-100.

[229] 孙悦. 考古遗址公园对公众考古的发展——以日本飞鸟、英国弗拉格和我国大明宫遗址公园为例[J]. 管子学刊，2018（3）：112-119.